建/筑/工/程/施/工/现/场/管/理/人/员/实/操/系/列

施工员

实操技能 全图解

吴斌成 编著

化学工业出版社

·北京·

内 容 简 介

本书依据《建筑与市政工程施工现场专业人员考核评价大纲》和《建筑与市政工程施工现场专业人员职业标准》（JGJ/T 250—2011），按照施工员的职业标准要求，介绍了该岗位必备的专业知识和专业技能。本书共分12章，内容包括施工员基础知识、施工图识图、施工组织设计的编制、房屋建筑构造、建筑施工测量、地基与基础工程、砌体工程、混凝土结构工程、钢结构工程、防水与屋面工程、建筑装饰装修工程和建筑工程施工现场管理。本书从基础知识着手，再结合现场施工经验，详细地介绍了现场施工相关知识，注重理论与实际的结合，在表现形式上运用图表的形式清晰地展现内容，简单易懂，针对性强，便于读者有目标地学习。书中还增加了施工现场视频，读者可以扫描书中的二维码进行观看。

本书可作为建筑与市政工程施工现场专业人员岗前培训教材，也可作为建筑与市政工程施工现场专业人员必备的技术手册，还可作为土建专业及工程类相关专业的快速培训教材或教学参考用书。

图书在版编目（CIP）数据

施工员实操技能全图解/吴斌成编著. —北京：化学
工业出版社，2021.8
建筑工程施工现场管理人员实操系列
ISBN 978-7-122-39101-8

Ⅰ.①施… Ⅱ.①吴… Ⅲ.①建筑工程-工程施工-
图解 Ⅳ.①TU758-64

中国版本图书馆 CIP 数据核字（2021）第 087485 号

责任编辑：彭明兰	文字编辑：邹　宁
责任校对：王素芹	装帧设计：史利平

出版发行：化学工业出版社（北京市东城区青年湖南街 13 号　邮政编码 100011）
印　　刷：北京京华铭诚工贸有限公司
装　　订：三河市振勇印装有限公司
787mm×1092mm　1/16　印张 17½　字数 453 千字　2021 年 9 月北京第 1 版第 1 次印刷

购书咨询：010-64518888　　　　　　　售后服务：010-64518899
网　　址：http://www.cip.com.cn
凡购买本书，如有缺损质量问题，本社销售中心负责调换。

定　　价：69.80 元

前言

为了加强建筑与市政工程施工现场专业人员队伍建设，规范专业人员的职业能力评价体系，指导专业人员的任用与教育培训，促进科学施工，确保工程质量和安全生产，住房和城乡建设部制定了《建筑与市政工程施工现场专业人员职业标准》（JGJ/T 250—2011）。同时，在建设行业开展关键岗位培训考核和持证上岗工作，这对提高从业人员的专业技术水平和职业素养、促进施工现场规范化管理、保证工程质量和安全、推动行业发展和进步，发挥了积极重要的作用。该制度以建立全面综合的职业能力评价制度为核心，是关键岗位培训考核工作的延续和深化。实施此制度的根本目的是提高建筑与市政工程施工现场专业人员的队伍素质，确保施工质量和安全生产。

为了响应住房和城乡建设部的号召、加强建筑工程施工现场专业人员队伍建设、促进科学施工、确保工程质量和安全生产，我们依据《建筑与市政工程施工现场专业人员考核评价大纲》和《建筑与市政工程施工现场专业人员职业标准》，按照施工员职业标准要求，针对施工现场管理人员的工作职责、专业知识、专业技能，遵循易学、易懂、能现场应用的原则，组织编写了本书。本书具有以下特点。

（1）突出实用性。内容全面、图表丰富，方便专业人员查阅。

（2）注重前瞻性。内容新颖，符合新规范、新技术、新材料、新工艺的要求。

（3）注重知识的系统性和完整性。全书贯穿施工员的岗位知识和技能知识。

（4）注重可操作性。突出实际操作，力求符合施工管理人员的实际工作需要。

（5）表达简单生动。采用图表结合的方式，使图书阅读更加流畅、舒心。

（6）视频支持。结合图书内容配有现场施工视频，读者可扫书中二维码观看，直观明了。

本书内容共分为12章，分别为施工员基础知识、施工图识图、施工组织设计的编制、房屋建筑构造、建筑施工测量、地基与基础工程、砌体工程、混凝土结构工程、钢结构工程、防水与屋面工程、建筑装饰装修工程和建筑工程施工现场管理。本书从基础知识着手，再结合现场施工经验，详细地介绍了现场施工相关知识，注重理论与实际的结合，在表现形式上运用图表的形式清晰地展现内容，简单易懂，针对性强，便于读者有目标地学习。

本书在编著过程中，得到了许多同行的支持与帮助，在此一并表示感谢。

由于时间仓促和能力有限，本书难免有不完善的地方，敬请读者批评指正，以期通过不断修订与完善，使本书能真正成为施工员岗位工作的必备助手。

编著者
2021.4

目 录

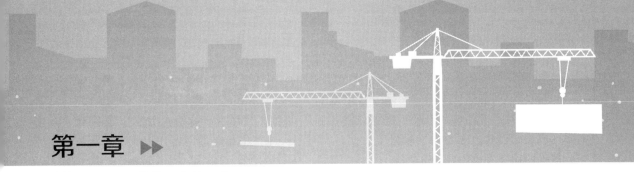

第一章

施工员基础知识

第一节 岗位职责

施工员的职责是由其承担的任务决定的。在工程施工阶段，施工员根据项目经理的委派，具体负责某一管段或某一单项工程的现场管理工作。施工员应认真细致地查阅施工图、技术资料，对现场各种情况要做到了如指掌，加强与工程管理部的联系。

一、施工企业施工员的职责

施工员在项目经理的领导下，对主管项目的各项生产、管理等负有全部责任。

① 认真贯彻并执行项目部对施工项目下达的年、季、月、旬生产计划，负责完成计划所定的各项指标。在施工过程中，可对设计提出意见和要求，协助工程部做好施工图设计变更工作。

② 在确保完成项目部下达的生产计划指标的前提下，合理组织人力、物力，安排好班组生产计划（任务书、承包合同），并向班组进行工期、质量、安全、技术、管理、物资准备和经济效益交底，做到使参与施工的成员人人心中有数。

③ 抓好、抓细施工准备工作，为班组创造好的施工条件，搞好与分包单位的协调配合，避免等工、窝工的现象。在工程开工前，认真学习施工图纸、技术规范、工艺标准，对施工图纸、技术交底中发现的问题及时提出意见和建议。

④ 按工程建设合同条款，核实并接收业主提供的施工条件及资料，如施工用水、施工用电、临时设施用地、运输条件、坐标点、水准点等。

⑤ 制定施工工作规划、施工统筹计划，送项目部认可后执行。

⑥ 参与合同签订，并提出自己的意见和建议。

⑦ 制定现场的施工组织系统、工作程序和商定现场岗位负责人；负责管理施工现场所有的施工人员；根据施工需要，对现场人员进行合理调配。

⑧ 根据工程技术人员对施工现场的规划和整体布置及施工总图进行管理。

⑨ 检查和督促各分包单位执行工程进度计划的措施。

⑩ 建立施工材料和工程设备供应情况的检查程序。

⑪ 建立工程费用检查系统，并向费用控制部门提供有关资料。

⑫ 参与施工组织设计及分项施工方案的讨论及编制工作；随时提供较好的施工方法和施工经验；与各分包单位及施工班组共同讨论有关施工方案、进度以及安全施工等方面的问题；认真贯彻项目施工组织设计所规定的各项施工要求，组织实施铁路、公路等工程的平面布置规划。

⑬ 监督执行质量检查规程。

⑭ 对于重要部位拆模，必须办好申请手续，经技术和质检部门批准后方可拆模。

⑮ 根据施工部位、进度，组织并参与施工过程中的预检、隐检及分项工程检查，督促抓好班组的自检、互检及交接检等工作，及时解决施工中出现的问题，把质量问题消灭在施工过程的萌芽中。

⑯ 坚持上班前、下班后对施工现场班组作业进行巡视检查，对危险部位做到跟踪检查；参加小组每日班前安全检查，制止违章操作，并做到不违章指挥，发现问题及时解决。

⑰ 掌握工程进度，坚持填写、填好施工日志，将施工的进展情况和发现的技术、质量、安全、消防等问题的处理结果逐一记录下来，做到一日一记、一事一记。

⑱ 认真积累和提供有关技术资料，包括经济技术洽商、隐蔽工程预检资料、各项交底资料以及其他各项经济技术资料。

⑲ 认真做好施工交底书的下达，施工班组所负责的施工单项任务完成后，严格组织按施工交底书考核验收。

⑳ 认真贯彻技术节约措施计划，做到落实到班组和个人，确保各项技术节约措施实施，保证各项节约指标的完成。

㉑ 对所管辖施工班组要求严格执行限额领料，对不执行限额领料的小组不予办理结算任务书。

㉒ 认真做好场容管理，要经常检查、督促各生产班组做好文明施工，做到工完料净场地清。

㉓ 参与竣工验收工作，并提供施工竣工资料编制和施工总结的有关资料。

二、施工员的安全职责

施工员作为施工现场生产一线的组织者和管理者，其安全职责如下。

① 学习、贯彻国家关于安全生产的规程、法令，认真执行上级有关安全技术、工业生产和本企业安全生产的各项规定；对自己负责的工号或施工区域职工的安全健康负责。

② 认真贯彻执行本工程的各项安全技术措施，在每项工程施工前，向班组人员进行有针对性的书面安全交底或口头交底。对本工程搭设的架子、垂直运输设施、机械设备、临时用电设施等有关安全防护措施，使用前要组织有关人员验收，把安全工作认真贯彻到每个环节。

③ 认真执行企业制订的安全生产奖惩制度。对严格遵守安全规章、避免事故者提出奖励意见；对违章蛮干、造成事故者提出惩罚意见。

④ 经常对工人进行安全生产教育，组织工人学习操作规程，及时传达安全生产有关文件，推广安全生产经验；领导本人管辖范围的班组开展安全日活动；检查班组长每日上班前的安全讲话；做好安全记录，其内容包括安全教育、安全交底等安全活动情况，隐患立项消项记录，奖惩记录，未遂和已遂工伤事故的等级和处理结果等。

⑤ 组织本工地的安全员、机械管理员和班组长定期检查安全，每日巡视施工作业面，及时消除隐患或采取紧急防护措施，坚决制止违章指挥。严格执行有关特殊工种持证上岗制度。

⑥ 监督检查职工正确使用个人劳动保护用品。

⑦ 发生工伤事故后，及时组织抢救，保护现场并立即上报；配合上级查明发生事故的原因，提出防范重复发生事故的措施。

三、施工员的质量职责

施工员作为施工现场生产一线的组织者和管理者，其质量职责如下。

① 学习、贯彻国家关于质量生产的法规、规定，认真执行上级有关工程质量和本企业质量生产的各项规定；对自己负责的工号或项目的施工工程质量负责。

② 制定并认真贯彻执行切实可行的保证本工程质量的技术措施并付诸实施；使用符合标准的建筑材料和构配件；认真保养、维修施工用的机具和设备。

③ 认真执行本企业制订的质量生产奖惩制度。对严格遵守操作规程、避免质量事故者提出奖励意见；对违章蛮干、造成质量事故者提出惩罚意见。

④ 经常对工人进行工程质量教育，组织工人学习操作规程，及时传达保证工程质量的有关文件，推广质量保证生产经验；领导本人管辖范围的班组开展质量日活动；检查班组长每天上班前的质量讲话；加强工程施工质量专业检查；做好记录，其内容包括质量教育，自检、互检和交接检记录，质量隐患立项消项记录，奖惩记录，未遂和已遂质量事故的等级和处理结果等。

⑤ 组织本工地的质量检查员和班组长等有关人员认真执行自检、互检和交接检制度，每日巡视施工作业面，及时消除质量隐患或采取紧急措施。

⑥ 创造良好的施工操作条件，加强成品保护。

⑦ 发生质量事故后，应保护现场并立即上报；配合上级查明事故原因，提出防范重复发生事故的措施。

第二节 主要任务

施工员在施工全过程中的主要任务是结合现场施工条件，把参与施工的人员、施工机具和建筑材料、构配件等，科学地、有序地协调组织起来，并使它们在时间和空间上取得最佳的组合，取得较好的经济效益和社会效益。

一、准备工作

这里指的是施工现场的作业准备工作，它贯穿于工程开工前和各道施工工序的整个施工过程中，共分为三个部分，如图 1-1 所示。

二、施工交底

施工交底，是在某一单位工程开工前，或一个分项工程施工前，由相关专业技术人员向参与施工的人员进行的技术性交代，其目的是使施工人员对工程特点、技术质量要求、施工方法与措施和安全等方面有一个较详细的了解，以便于科学地组织施工，避免技术质量事故等的发生。各项技术交底记录也是工程技术档案资料中不可缺少的部分。

施工交底分类如图 1-2 所示。

三、组织协调

在施工中施行有目标的组织协调控制是施工员的一项关键性的工作。做好施工准备，向

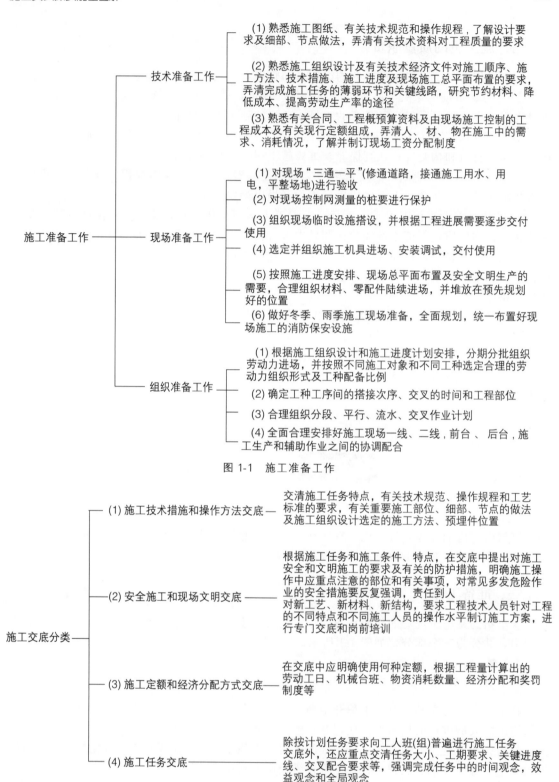

图 1-1　施工准备工作

图 1-2　施工交底分类

施工人员交代清楚施工任务要求和施工方法，只是为完成施工任务、实现建筑施工整体目标创造了一个良好的施工条件，更为重要的是要在施工全过程中按照施工组织设计和有关技术、经济文件的要求，围绕着质量、工期、成本等既定施工目标，在每个阶段、每一工序、每张交底书中积极组织平衡，严格协调控制，使施工中人、财、物和各种关系能够保持最好的良性循环状态，

确保工程顺利进行。一般应抓好以下几个环节，如图1-3所示。

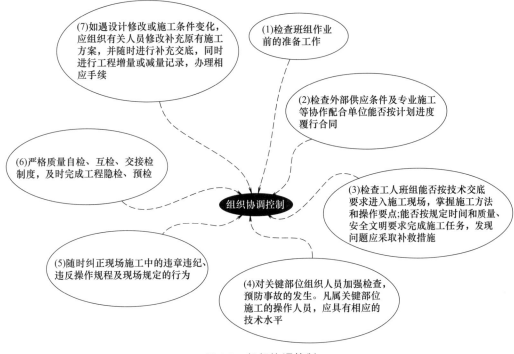

图 1-3 组织协调控制

四、现场资料留存

在施工过程中，施工员应及时做好施工技术资料和交工验收资料的积累，包括：每日施工任务进展情况，工人调动使用情况，物资供应情况，操作中的经验教训，质量、进度、安全、文明施工情况。

第二章 ▶▶

施工图识图

第一节 施工图的基础知识

一、施工图的组成

建筑施工图是按照正投影原理和建筑工程施工图的规定，把建筑物的平面布置、外形轮廓、尺寸大小、结构构造和材料做法等内容完整地表达出来并用于指导施工的图纸。

一套完整的施工图一般按顺序编排，就是平时我们常说的"建施""结施""水施""暖施""电施"，如图 2-1 所示。

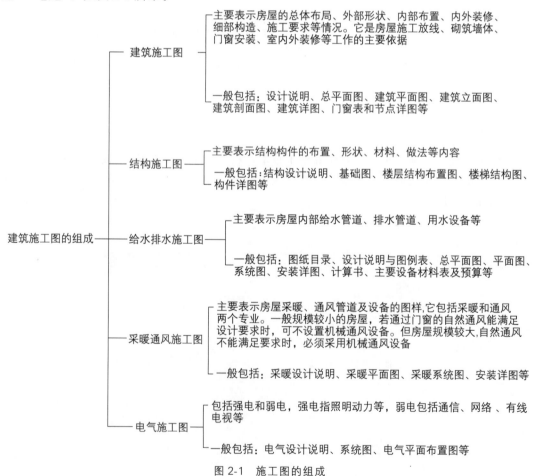

图 2-1　施工图的组成

二、建筑施工图的特点

建筑施工图的特点如图 2-2 所示。

建筑施工图的特点

— 采用正投影法绘制 —— 施工图中的各图，主要是用正投影法绘制的。在图幅大小允许时，可将平面图、立面图、剖面图按投影关系画在同一张图样上，如图幅过小，可分别画在几张图样上

— 选取适当的比例 —— 由于建筑物形体较大，因此施工图一般采用较小比例绘制。在小比例图中无法表达清楚的细部构造，需要配以比例较大的详图来表达，并用文字加以说明

— 采用国标规定的图例和标注符号 —— 建筑施工图由于比例较小，构配件和材料表达不清，国家标准规定了一系列的图形符号来代表建筑构配件、卫生设备、建筑材料等，这些图形符号称为图例。为识图方便，国家标准还规定了许多标注符号。这些国家标准包括《房屋建筑制图统一标准》(GB/T 50001—2017)、《总图制图标准》(GB/T 50103—2010)、《建筑制图标准》(GB/T 50104—2010)等

— 采用不同的线型和线宽 —— 施工图中的线条采用不同的形式和粗细来表达不同的内容，以反应建筑物轮廓线的主次关系，使图样清晰分明

图 2-2　建筑施工图的特点

三、施工图的阅读步骤

要准确、快速地阅读施工图纸，除了要具备上面所说的基本知识外，还需掌握一定的方法和步骤。施工图纸的阅读可分三大步骤进行，如图 2-3 所示。

阅读施工图的步骤

— 第一步：按图纸编排顺序阅读 —— 通过对建筑的地点、建筑类型、建筑面积、层数等的了解，对该工程有一个初步的了解；再看图纸目录，检查各类图纸是否齐全；了解所采用的标准图集的编号及编制单位，将图集准备齐全，以备查看；然后按照图纸编排顺序，即建筑、结构、水、暖、电的顺序对工程图纸逐一进行阅读，以便对工程有一个概括、全面的了解

— 第二步：按工序先后，相关图纸对照读 —— 先从基础看起，根据基础了解基坑的深度，基础的选型、尺寸、轴线位置等，另外还应结合地质勘探图，了解土质情况，以便施工中核对土质构造，保证施工质量；然后按照基础-结构-建筑的顺序，并结合设备施工程序进行阅读

— 第三步：按工种分别细读 —— 由于施工过程中需要不同的工种完成不同的施工任务，所以为了全面准确地指导施工，考虑各工种的衔接以及工程质量和安全作业等措施，还应根据各工种的施工工序和技术要求将图纸进一步分别细读。例如砌砖工序要了解墙厚、墙高、门窗洞口尺寸、窗口是否有窗套或装饰线等；钢筋工程施工工序则应注意凡是有钢筋的图纸，都要细看，这样才能配料和绑扎

图 2-3　阅读施工图的步骤

施工图阅读的总原则是，从大到小、从外到里、从整体到局部，有关图纸对照读，并注意阅读各类文字说明。看图时应将理论与实践相结合，联系生产实践，不断反复阅读，才能尽快地掌握方法，全面指导施工。

第二节 施工图的识读方法

一、总平面图的识读

1. 形成与作用

在画有等高线或坐标方格网的地形图上，画上新建工程及其周围原有建筑物、构筑物及拆除房屋的外轮廓的水平投影以及场地、道路、绿化等的平面布置图形，即为总平面图。

总平面图是新建建筑物或构筑物在基地范围内的总体布置图，是用来作为新建房屋的定位、施工放线、土方施工和布置现场（如建筑材料的堆放场地、构件预制场地、运输道路等）以及设计水、暖、电、煤气等管线总平面图的依据。

2. 基本内容

总平面图包括以下基本内容。

① 总平面图常采用较小的比例绘制，如1：500、1：1000、1：2000。总平面图上坐标、标高、距离，均以"m"为单位。

② 表明新建区的总体布局，如拨地范围、各建筑物及构筑物的位置、道路、管网的布置等。

③ 表明新建房屋的位置、平面轮廓形状和层数；新建建筑与相邻的原有建筑或道路中心线的距离；还应表明新建建筑的总长与总宽；新建建筑物与原有建筑物或道路的间距，新增道路的间距等。

④ 表明新建房屋底层室内地面和室外整平地面的绝对标高，说明土方填挖情况、地面坡度及雨水排除方向。

⑤ 标注指北针或风玫瑰图，用以说明建筑物的朝向和该地区常年的风向频率。

⑥ 根据工程的需要，有时还有水、暖、电等管线总平面图、各种管线综合布置图、竖向设计图、道路纵横剖面图以及绿化布置图。

3. 阅读步骤

① 看图样的比例、图例及相关的文字说明。

② 了解工程的性质、用地范围和地形、地物等情况。

③ 了解地势高低。

④ 明确新建房屋的位置和朝向、层数等。

⑤ 了解道路交通情况，了解建筑物周围的给水、排水、供暖和供电的位置，了解管线布置走向。

⑥ 了解绿化、美化的要求和布置情况。

当然这只是阅读平面图的基本要点，每个工程的规模和性质各不相同，阅读的详略也各不相同。

4. 施工总平面图示例

某学校学生宿舍区总平面图如图2-4所示。

① 看图纸名称、比例和文字说明：从图名可知该图为某学校学生宿舍区总平面图，比例为1：500。

② 看指北针或风向玫瑰图：通过指北针的方向可知，所有已建和新建的宿舍楼及餐饮

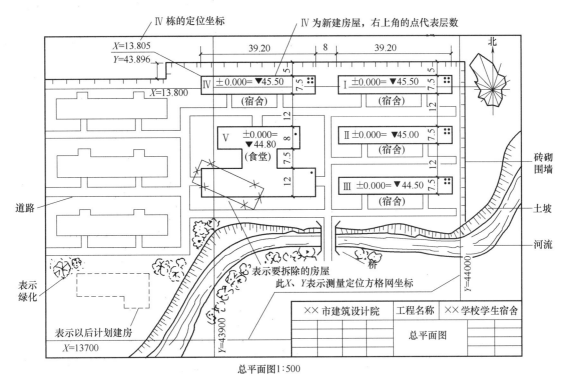

总平面图1:500

图2-4 某学校学生宿舍区总平面图

楼的朝向一致（准备拆除的宿舍楼除外），均为坐北朝南。通过风向玫瑰图可知，该地区全年以西北风为主导风向。

③ 熟悉相应图例：图中Ⅰ号、Ⅱ号、Ⅲ号、Ⅳ号宿舍楼及食堂都是新建建筑，轮廓线用粗实线表示。图中左侧位置处为已建宿舍楼，轮廓线为细实线。图中中间位置处的宿舍楼为要拆除的房屋，轮廓线用细线并且在四周画了"×"。

④ 从图中三栋办公楼的右上角点数可知，Ⅰ号、Ⅱ号、Ⅲ号、Ⅳ号新建宿舍楼都是3层。

⑤ 从图中可以看出Ⅰ号、Ⅳ号新建宿舍楼的标高为45.500m，Ⅱ号新建宿舍楼的标高为45.000m，Ⅲ号新建宿舍楼的标高为44.500m。食堂的标高为44.800m。

⑥ 图中在Ⅳ号新建宿舍楼的西北角给出两个坐标用于其他建筑的定位。

⑦ 从尺寸标注可知Ⅰ号、Ⅱ号、Ⅲ号、Ⅳ号新建宿舍楼的长度为39.2m，宽度为7.5m，东西间距为8m，南北间距为12m。

二、建筑平面图的识读

1. 形成与作用

建筑平面图是假想用一水平的剖切平面沿房屋的门窗洞口将整个房屋切开，移去上半部分，对其下半部分作出水平剖面图。如图2-5所示。

建筑平面图是表达了建筑物的平面形状，走廊、出入口、房间、楼梯卫生间等的平面布置以及墙、柱、门窗等构配件的位置、尺寸、材料和做法等内容的图样。

建筑平面图是建筑施工图中最重要、最基本的图样之一，它用以表示建筑物某一层的平面形状和布局，是施工放线、墙体砌筑、门窗安装、室内外装修的依据。

2. 基本内容

① 通过图名，可以了解这个建筑平面图表示的是房屋的哪一层平面，比例根据房屋的

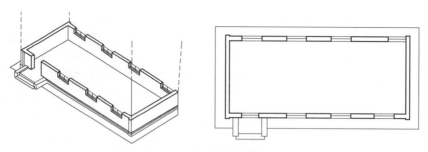

图 2-5　建筑平面图的形成

大小和复杂程度而定。建筑平面图的比例宜采用 1：50、1：100、1：200。

　　② 通过建筑平面图，可以知道建筑物的朝向、平面形状、内部的布置及分隔，墙（柱）的位置、门窗的布置及其编号（如图 2-6 所示）。

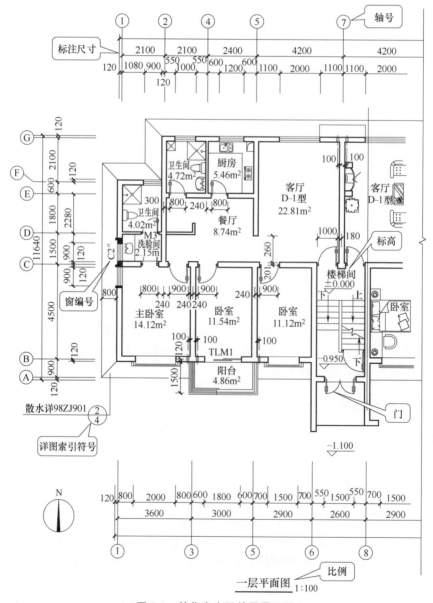

图 2-6　某住宅小区首层平面图

③ 通过建筑平面图，可以读出纵横定位轴线及其编号，如图2-6所示。

3. 建筑平面图示例

某培训大楼二层～四层建筑平面图，如图2-7、图2-8所示。

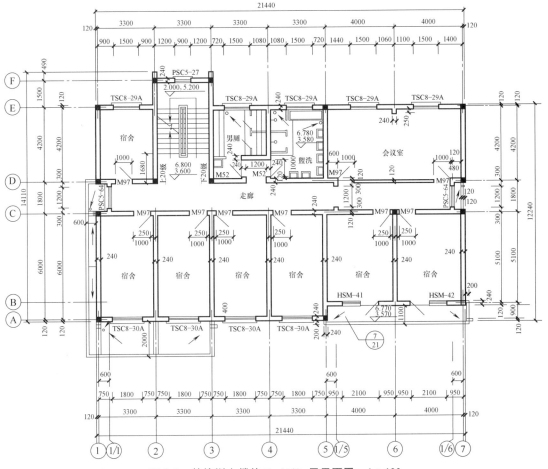

图2-7 某培训大楼的二（三）层平面图 1：100

一般而言，多层房屋应该画出每一层的平面图。但是，当有些楼层的平面布置相同，或仅有局部不同时，则只需画出一个共同的平面图（也称为标准层平面图）。对于局部不同的地方，只需另绘局部平面图。某培训大楼的二层和三层的内部平面布置完全相同，因此可以合画为"二（三）层平面图"。但应注意在绘制平面图时，如进口踏步、花台、雨水管、明沟等只在底层平面图上表示；进口处的雨篷等只在二层平面图上表示，二层以上的平面图就不再画上踏步、进口雨篷等位置的内容。

如图2-9所示的"二（三）层平面图"实际上是二层平面图，因为三层平面图上是无须画上雨篷的顶面图形的。除了底层平面图和屋顶平面图与标准层平面图不会相同而必须另外画出外，该房屋的四层平面布置与二、三层平面布置也不同，所以还需要画出该四层平面图，如图2-10所示。

在图2-10中的楼梯间处，因看到了下行梯段的全部梯级及四层楼面上的水平栏杆，因此画法不同。

应注意的是，在平面图中的楼梯休息平台处，应注写各层休息平台的标高。

在图2-9的阳台部位，画有详图索引符号，它表示阳台另有建筑详图。

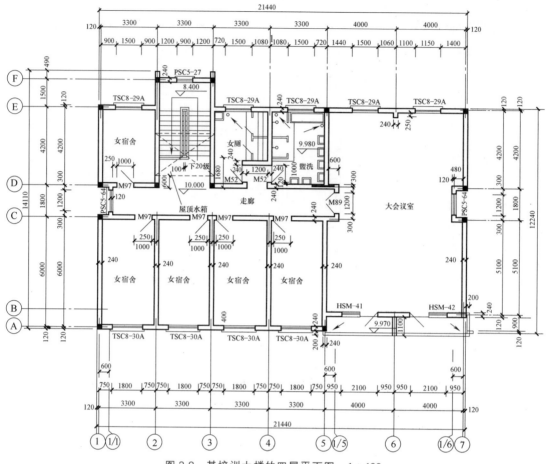

图 2-8　某培训大楼的四层平面图　1：100

　　如果顶层的平面布置与标准层的平面布置完全相同，而顶层楼梯间的布置及其画法与标准层不完全相同时，可以只画出局部的顶层楼梯间平面图。

三、建筑立面图、剖面图的识读

1. 建筑立面图

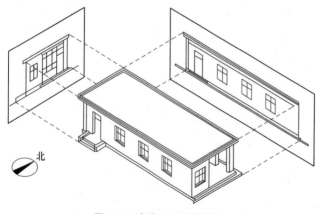

图 2-9　建筑立面图的形成

　　（1）建筑立面图的形成与作用

　　为了表示房屋的外貌，通常将房屋的四个主要的墙面向与其平行的投影面进行投射，所画出的图样称为建筑立面图，如图 2-9 所示。

　　立面图表示建筑的外貌、立面的布局造型，门窗位置及形式，立面装修的材料，阳台和雨篷的做法以及雨水管的位置。立面图是设计人员构思建筑艺术的体现。在施工过程中，立面图主要用于室外装修。

（2）建筑立面图的命名

① 以建筑墙面的特征命名。将反映主要出入口或比较显著地反映房屋外貌特征的墙面，称为"正立面图"。其余立面称为"背立面图"和"侧立面图"。

② 按各墙面朝向命名，如"南立面图""北立面图""东立面图""西立面图"等。

③ 按建筑两端定位轴线的编号命名。如①～⑨立面图或Ⓐ～Ⓗ立面图等。

（3）建筑立面图的基本内容

建筑立面图的基本内容如图 2-10 所示。

① 建筑立面图的比例与平面图的比例一致，常用 1：50，1：100，1：200 的比例尺绘制。

② 室外地面以上的外轮廓、台阶、花池、勒角、外门、雨篷、阳台、各层窗洞口、挑檐、女儿墙、雨水管等的位置。

③ 外墙面装修情况，包括所用材料、颜色、规格。

④ 室内外地坪、台阶、窗台、窗上口、雨篷、挑檐、墙面分格线、女儿墙、水箱间及房屋最高顶面等主要部位的标高及必要的高度尺寸。

⑤ 有关部位的详图索引，如一些装饰、特殊造型等。

⑥ 立面左右两端的轴线标注。

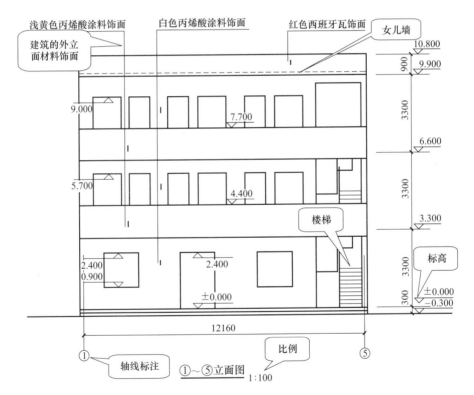

图 2-10　某宿舍楼立面图

（4）建筑立面图示例

某物业楼的①～⑥立面图如图 2-11 所示。

图 2-11 所示为①～⑥立面图，图名与图中建筑物两侧的轴线的编号可以对应起来，比例为 1：100，以便于对照阅读。

从图中可以看到该楼①～⑥立面的整个外貌形状，还可了解该侧的屋顶、门窗、雨篷、

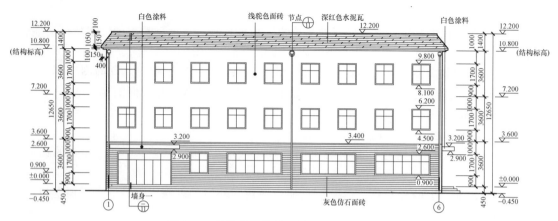

图 2-11　某物业楼的①～⑥立面图　1：100

阳台、台阶等细部的形式和位置。如正门在①轴旁边，正门下有台阶、上有雨篷，⑥轴线所在的一侧（即该楼的东侧）有一侧门，侧门也是下有台阶、上有雨篷。从图中引线所标示的外装材料可知，正门和侧门的雨篷均用白色涂料刷面。图中①、⑥轴线和楼房的中间位置共设有三处雨水管。整个外墙面装修分成两部分：二层楼面以下部分外墙面采用灰色仿石面砖，二层楼面及以上部分墙面用浅驼色面砖，屋顶檐口用深红色水泥瓦铺面。

从图中给出的标高可知高度关系。在立面图的左侧和右侧都标注有标高，从左侧所标注的标高，可知该房屋室外地坪标高为 $-0.450\mathrm{m}$，比室内标高 ± 0.000 低 450mm，即室内外标高差为 450mm；一层窗台标高为 0.900m，窗顶标高为 2.600m，表示窗洞高度为 1.7m，二层和三层依次相同。屋顶最高处为 12.200m，所以该建筑的总高度为（12.200＋0.450）m ＝12.650m。标高一般注在图形外，并做到符号排列整齐、大小一致。若房屋左右对称时，一般标注在左侧。不对称时，左右两侧均应标注。必要时为了更清楚，可标注在图内（如正门上方的雨篷底面标高为 2.900m）。

2. 建筑剖面图

（1）建筑剖面图的形成与作用

建筑剖面图主要用来表达房屋内部沿垂直方向各部分的结构形式、组合关系、分层情况、构造做法以及门窗高、层高等，是建筑施工图的基本样图之一。

通常假想用一个或多个垂直于外墙轴线的铅垂剖切平面将整幢房屋剖开，经过投射后得到的正投影图，称为建筑剖面图，如图 2-12 所示。

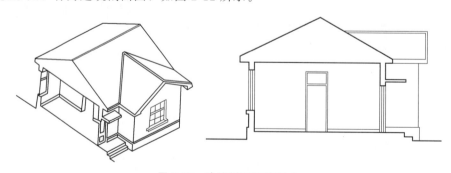

图 2-12　建筑剖面图的形成

剖面图的数量根据房屋的具体情况和施工的实际需要而决定。一般剖切平面选择在房屋内部结构比较复杂、能反映建筑物整体构造特征以及有代表性的部位，例如楼梯间和门窗洞口等。剖面图的剖切符号应标注在底层平面图上，剖切后的方向宜向上、向左。

（2）建筑剖面图的基本内容

① 剖面图的比例应与建筑平面图、立面图一致，宜采用 1∶50、1∶100、1∶200 的比例尺绘制。

② 剖面图应表明剖切到的室内外地面、楼面、屋顶、内外墙及门窗的窗台、过梁、圈梁、楼梯及平台、雨篷、阳台等，如图 2-13 所示。

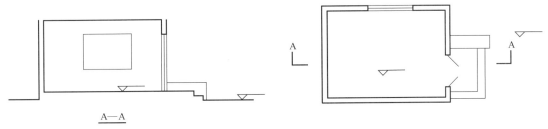

图 2-13　室外地面表示

③ 表明主要承重构件的相互关系，如各层楼面、屋面、梁、板、柱、墙的相互位置关系。

④ 标高及相关竖向尺寸，如室内外地坪、各层楼板、吊顶、楼梯平台、阳台、台阶、卫生间、地下室、门窗、雨篷等处的标高及相关尺寸。

⑤ 剖切到的外墙及内墙轴线标注。

⑥ 需另见详图部位的详图索引，如图 2-14 所示。

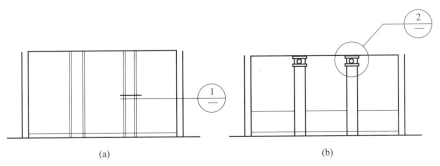

（a）　　　　　　　　　　　　　　（b）

图 2-14　剖面上的详细索引

（3）标高

标高分为绝对标高和相对标高两种。

① 绝对标高。在我国，以山东省青岛市青岛验潮站 1952～1979 年的观测资料确定的黄海平均海平面定为绝对高程基准面，其他各地标高都以它作为基准。

② 相对标高。除总平面图外，一般都用相对标高，即是把房屋底层室内主要地面定为相对标高的零点，写作"±0.000"，读作正负零点零零零，简称正负零。高于它的为正，但一般不注"＋"符号；低于它的为"负"，必须注明符号"－"，比如图 2-13 中的"－0.150"，表示比底层室内主要地面标高低 0.150m；图 2-13 中的"6.400"，表示比底层室内主要地面高 6.400m。

剖面图上不同高度的部位，都应标注标高，如各层楼面、顶棚、屋面、楼梯休息平台、地面等。在构造剖面图中，一些主要构件必须标注其结构标高，如图 2-15 所示。

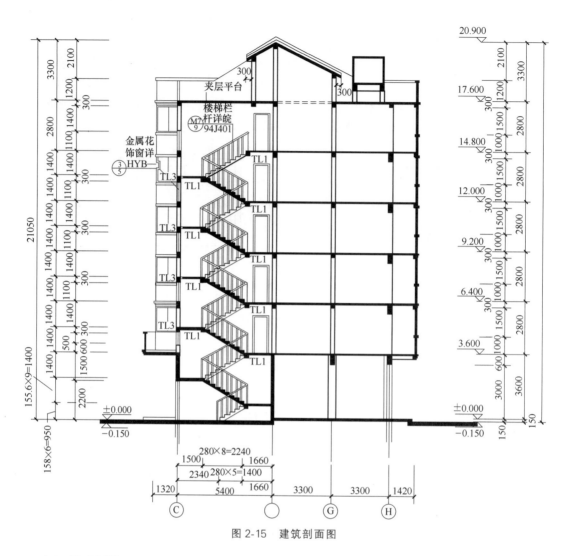

图 2-15　建筑剖面图

（4）尺寸标注

剖面图一般注有外部尺寸和内部尺寸，如图 2-15 所示。

外部高度尺寸注有三道。

① 第一道尺寸，最接近图形的一道尺寸，以层高为基准，标注窗台、窗洞顶（或门）以及门窗洞口的高度尺寸。

② 第二道尺寸，标注两楼层间的高度尺寸（即层高）。

③ 第三道尺寸，标注总高度尺寸。

主要内墙的门窗洞口一般注有尺寸及其定位尺寸，称内部尺寸。

（5）建筑剖面图示例

某物业楼剖面图如图 2-16 所示。

图 2-16 所示反映了该楼从地面到屋面的内部构造和结构形式，该剖面图还可以看到正门的台阶和雨篷。基础部分一般不画，它在"结施"基础图中表示。图中右侧给出的标高可知该楼地面以上总高度为 12.65m（12.20m＋0.45m），楼层高 3.6m，屋顶围墙高 1.4m。外墙面上的窗洞高 1.7m，窗台面至本层楼面高度为 900mm，窗顶至上层楼面高度为 1000mm。内部办公室门洞高 2.1m。屋面标高 10.800m，该标高为结构标高。

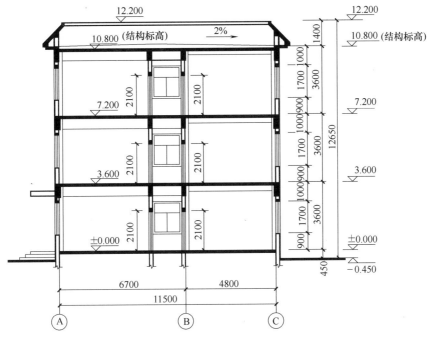

图 2-16　某物业楼剖面图　1∶100

四、建筑详图的识读

1. 建筑详图比例及符号

① 详图常用比例为 1∶20、1∶10、1∶5、1∶2、1∶1 等。

② 详图尺寸标注齐全、准确，文字说明全面。

③ 详图与其他图的联系主要采用索引符号和详图符号，有时也用轴线编号、剖切符号等。常用的索引和详图符号见表 2-1。

如是用标准图或通用详图上的建筑构配件和剖面节点详图，则应注明所用图集的名称、编号或页次，而不画出详图。

表 2-1　常用的索引和详图符号

名称	符　号	说　明
详图的索引	5 —— 详图的编号 — —— 详图在本张图纸上 6 —— 剖面详图的编号 —— 剖面详图在本张图纸上 —— 剖切位置线	详图在本张图上
	6 —— 详图的编号 3 —— 详图所在图纸的编号	详图不在本张图上

续表

名称	符 号	说 明
详图的索引	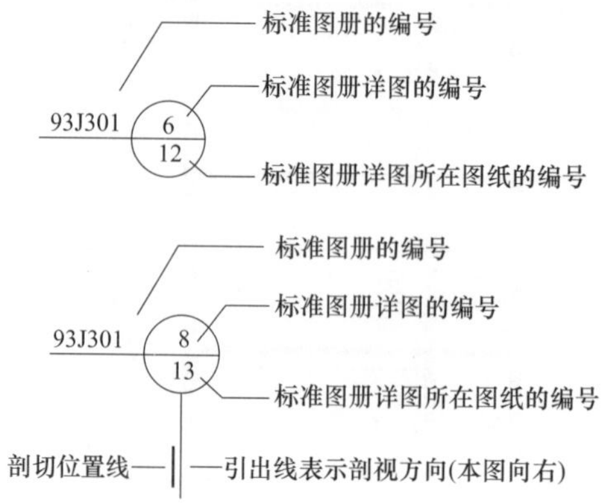 93J301 ⑥/12 标准图册的编号 标准图册详图的编号 标准图册详图所在图纸的编号 93J301 ⑧/13 标准图册的编号 标准图册详图的编号 标准图册详图所在图纸的编号 剖切位置线——引出线表示剖视方向(本图向右)	标准详图
详图的标志	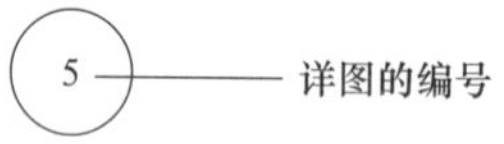 ⑤——详图的编号	被索引的详图在本张图纸上

2. 建筑详图的图示内容和识图要点

建筑详图的内容、数量以及表示方法，都是根据施工的需要而定的。一般应表达出建筑局部、构配件或节点的详细构造，所用的各种材料及其规格，各部位、各细部的详细尺寸，需要标注的标高，有关施工要求和做法的说明等。当表示的内容较为复杂时，可在其上再索引出比例更大的详图。

在建筑详图中，墙身详图、楼梯详图、门窗详图是详图表示中最为基本的内容。

（1）墙身详图

墙身详图与平面图配合，是砌墙、室内外装修、门窗洞口、编制预算的重要依据。识读墙身详图时应从以下几点入手（以图 2-17 为例）。

① 根据墙身的轴线编号，查找剖切位置及投影方向，了解墙体的厚度、材料及与轴线的关系。如该详图是Ⓐ轴、Ⓒ轴线上的外墙，墙体材料为黏土砖。墙厚为 360mm，轴线外 240mm，轴线内 120mm，因在各层窗台下留有暖气槽，局部墙厚变为 240mm。

② 看各层梁、板等构件的位置及其与墙身的关系。如图 2-17 所示，各层窗上设有钢筋混凝土过梁，截面为矩形；过梁抹灰，在外侧梁底部做了滴水线；过梁处墙内侧设有窗帘盒；各层楼板支撑在横墙上，平行于外纵墙布置，靠外纵墙处有一现浇板带；楼板层的材料、构造、尺寸见引出的分层说明。

③ 看室内楼地面、门窗洞口、屋顶等处的标高，识读标高时要注意建筑标高与结构标高的关系，如图中门窗洞口和屋顶处标高为结构标高，楼地面标高为建筑标高。

④ 看墙身的防水、防潮做法：如檐口、墙身、勒脚、散水、地下室的防潮、防水做法。图中在室内地坪高度处，墙身设了钢筋混凝土防潮层；散水与墙身之间用沥青砂浆嵌缝。

⑤ 看详图索引：如图中雨水管及雨水管进水口、踢脚、窗帘盒、窗台板、外窗台等处均引有详图。

（2）楼梯详图

楼梯详图主要表示楼梯的类型、结构形式及梯段、栏杆扶手、防滑条等的详细构造方式、尺寸和材料。楼梯详图一般由楼梯平面图、剖面图和节点大样图组成。一般楼梯的建筑

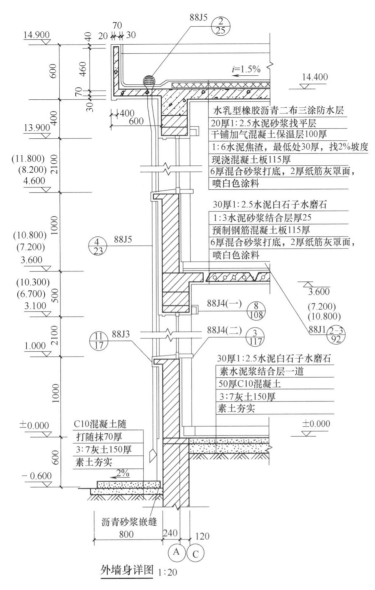

图 2-17 某墙身详图

详图与结构详图是分别绘制的，但比较简单的楼梯有时也可将建筑详图与结构详图合并绘制，编入结构施工图中。楼梯详图是楼梯施工的主要依据。

① 楼梯平面图。可以认为是建筑平面图中局部楼梯间的放大，它用轴线编号表明楼梯间的位置，并须注明楼梯间的长宽尺寸、楼梯级数、踏步宽度、休息平台的尺寸和标高等。

② 楼梯剖面图。主要表明各楼层及休息平台的标高，楼梯踏步数，构件搭接方法，楼梯栏杆的形式及高度，楼梯间门窗洞口的标高及尺寸等。

③ 节点大样图。即楼梯构配件大样图，主要表明栏杆的截面形状、材料、高度、尺寸以及与踏步、墙面的连接做法，踏步及休息平台的详细尺寸、材料、做法等。

节点大样图多采用标准图，对于一些特殊造型和做法的，还须单独绘制详图。

图 2-18、图 2-19 为常见现浇钢筋混凝土板式及梁板式楼梯。

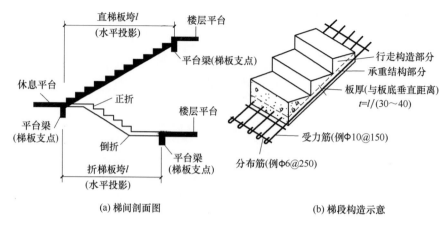

(a) 梯间剖面图

(b) 梯段构造示意

图 2-18　板式楼梯段

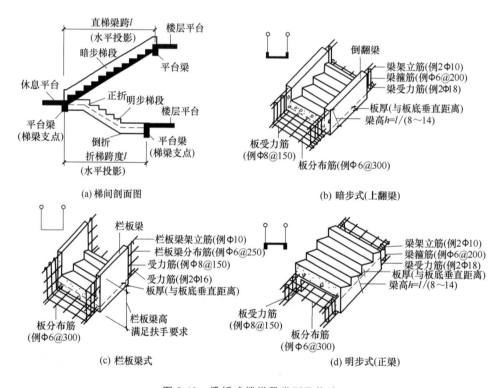

(a) 梯间剖面图

(b) 暗步式 (上翻梁)

(c) 栏板梁式

(d) 明步式 (正梁)

图 2-19　梁板式楼梯段类型及构造

（3）门窗详图

门、窗详图一般由立面图、节点大样图组成。立面图用于表明门、窗的形式，开启方式和方向，主要尺寸及节点索引号等；节点大样用来表示截面形式、用料尺寸、安装位置、门窗扇与门窗框的连接关系等。

目前，对于塑钢门窗、铝合金门窗等，国家或地区的标准图集对各种门窗，就其形式到尺寸表示得较为详尽，门窗的生产、加工也趋于规模化、统一化，门窗的加工已从施工过程中分离出来。因此施工图中关于门、窗详图内容的表达上，一般只需注明标准图集的代号，以便于预算、订货即可。

第三节 施工图会审

一、图纸审核的步骤

1. 预审

① 设计图纸与说明是否齐全，有无分期供图的时间表。

② 总平面图与施工图的几何尺寸、平面位置、高程是否一致，各施工图之间的关系是否相符，预埋件是否表示清楚。

③ 工程结构、细节、施工做法和技术要求是否表示清楚，与现行规范、规程有无矛盾，是否经济合理。

④ 建筑材料质量要求和来源是否有保证。

⑤ 地质勘探资料是否齐全，地基处理方法是否合理。

⑥ 设计地震烈度是否符合当地要求。

⑦ 防火要求是否满足，有无公安消防部门的审批意见。

⑧ 施工安全是否有保证。

⑨ 室内外管线排列位置、高程是否合理。

⑩ 设计图纸的要求与施工现场能否保证施工需要。

⑪ 工程量计算是否正确。

⑫ 对设计和施工方案的完善建议。

2. 专业审查

① 各单位在设计交底的基础上，应分别组织有关人员分专业、分工种细读文件，进一步吃透设计意图、质量标准及技术要求。

② 针对本专业的审查内容，详细核对图纸，提出问题，确定会审重点。

3. 内容会审

① 各单位在专业审查的基础上组织各专业技术人员一起讨论、分析、核对各专业间的图纸，检查相互之间有无矛盾、漏项。

② 提出处理、解决的方法或建议。

③ 将提出的问题及建议分别整理成文，监理内部的和施工承包方的应在会审前由监理方汇总后及时提交给设计承包方，以便设计承包方在图纸会审前有所准备。

4. 正式会审

① 施工图会审由总监理工程师发联系单通知业主、设计承包方、施工承包方，指明具体时间、会议地点、会审内容。

② 根据会审内容由总监理工程师或监理工程师组织施工图审查会议，并指定记录员。

③ 根据设计图纸交付情况（进度），会议可以以综合或分专业形式进行。

④ 对于图纸交付比较齐全的项目，宜采取大会→分组→大会的审查形式审查。首先由设计方解答监理方（包括施工方）提交的问题或建议及一些综合性问题。然后专业分组由设计承包方解答各专业提出的问题或对问题共同协商解决。最后大会由设计承包方解答或共同协商解决在分组审查中提出的专业交叉问题或其他的新问题。

⑤ 记录员（监理方）整理会议记录并形成施工图会审纪要，经与会单位（必要时相关专业人员）会签后由总监理工程师批准并分发到各有关单位。会审纪要应附施工图审查问题清单。

⑥ 需要由设计承包方变更和完善的，由设计承包方与业主联系解决，监理负责督促和检查。

⑦ 对小型项目或分项分部项目，施工图会审可与设计交底结合起来进行。

⑧ 会审纪要作为工程项目技术文件归档。

二、建筑施工图审核

1. 审查流程

（1）项目审查登记

办理项目审查登记，并进行政策性审查，审查完成后，建设单位报请施工图技术性审查的资料应包括：

① 作为设计依据的政府有关部门的批准文件及附件；

② 审查合格的岩土工程勘察报告（详细勘察）；

③ 全套设计文件（含计算书并注明软件的名称及版本）；

④ 审查需要提供的其他资料。

（2）项目文件的技术性审查

设计文件的技术性审查，并出具初步审查意见，施工图技术性审查主要内容包括：

① 审查是否符合《工程建设标准强制性条文》和其他有关工程建设强制性标准，审查地基基础和结构设计等是否安全，审查是否符合公众利益；

② 审查施工图是否达到规定的设计深度要求；

③ 审查是否符合作为设计依据的政府有关部门的批准文件的要求。

（3）出具审查合格书

对修改后的设计文件进行复审，合格后出具审查合格书，对不合格的设计文件，重新报审。

2. 施工图文件审查的内容

① 检查总说明是否与本工程相符；所用的建筑材料是否符合本地区使用条件。

② 检查总平面图中建筑的外形及角点坐标换算值是否与各平面图相一致；各平面图的分尺寸是否与总尺寸相符；总图室外标高是否与其施工图的剖面图相一致；复核施工图中所有异形平面及形体（圆形、椭圆、弧形、非直角形等）的数学计算值是否正确。

③ 门窗表是否能与平面图对应，其统计数量有无差错，分隔形式是否合理，门窗的详图是否明确；门窗上口至结构梁或板底间如有竖向空隙，其设计处理是否明确；门的设计宽度是否符合相应规范的规定；门窗与墙体的连接构造是否合理。检查卫生间、厨房和窗台是否有防水构造措施；防水层的材料、防水道数和材料做法是否符合建筑物类别及防水层耐用年限对应的设防要求；检查预制楼板的端头缝、纵向缝处楼面面层及天棚底面等的防裂构造是否符合要求。

④ 检查楼梯平面尺寸与各层建筑平面相应位置尺寸是否相符；楼梯的踏步级数、步高及竖向尺寸是否与建筑剖面图层高相符；楼梯的最小步宽、最大步高尺寸、梯段净高、平台宽度及梯梁底距楼地面的净高是否满足相应规定。

⑤ 检查栏杆、外窗窗台的高度和构造是否符合安全要求；建筑内防火分区、疏散通道

安全出口等设计是否符合建筑防火规范要求。

⑥ 屋面工程防水、隔热、泛水等设计是否符合规范或《设计任务书》的要求。

⑦ 内外墙的材料、厚度、墙体中心线与建筑物轴线的关系尺寸等是否明确；靠积水的墙体是否有防水处理和泛水构造。

⑧ 检查建筑外观装饰的大样构造做法是否与效果图相一致；背面、侧立面的外观是否与正面效果图相协调；其预埋件、连接节点、防火、防雷构造及与其外装饰材料的交接节点是否符合规范要求；外装饰材料及做法是否明了；不同基层上做装饰抹灰的防裂措施是否遵守设计规定。

3. 设计总说明审查的内容

① 设计的依据性文件和主要规范、标准是否列明齐全、正确。

② 项目概况，包括建筑名称、建设地点、建筑面积、建筑基底面积、建筑工程等级、设计使用年限、建筑层数和建筑高度、防火设计建筑分类和耐火等级（地上、地下）、火灾危险性类别（厂房、仓库）、人防工程防护等级、屋面防水等级（构造做法及防水材料厚度、斜屋面瓦材固定措施）、地下室防水等级（构造做法及防水材料厚度）、抗震设防烈度等。

③ 设计标高的确定是否与城市已确定的控制标高一致。审图时要特别注意±0.000 相对应的绝对标高是否已标注清楚、正确。

④ 建筑墙体和室内外装修用材料，不得使用住房和城乡建设部及本地省建设厅公布的淘汰产品。采用的新技术、新材料须经主管部门鉴定认证，有准用证书。

⑤ 门窗框料材质、玻璃品种及规格要求须明确，整窗热导率、气密性等级应符合相关规定。

⑥ 外门窗类型与玻璃的选用，气密性等级；木制部位的防腐（禁用沥青类材料）；玻璃幕墙的防火封堵做法，气密性等级；使用安全玻璃的部位及大玻璃落地门窗的警示标志。

⑦ 卫生间等有水房间的楼地面及墙脚的防水处理；变形缝的防水、防火、保温节能构造；管道井每层的防火封堵（非 2~3 层）。

⑧ 建筑防火设计、无障碍设计和建筑节能设计说明应与图纸的表达一致。

⑨ 电梯（自动扶梯）的选择及性能说明（功能、载重量、速度、停站数、提升高度等）及无障碍电梯（公建）的配置。

⑩ 阳台、楼梯栏杆及低窗护栏的安全要求。

⑪ 节能设计专篇。

4. 总平面图审查的内容

① 总平面设计深度是否符合要求，是否符合城市规划部门批准的总平面规划。

② 消防道路、出入口、工程周围相邻建（构）筑物的使用性质、房屋间距（日照、防火要求）、消防登高面等是否满足相应规范的要求。

③ 无障碍设计（人行道交叉路口缘石坡道、盲道，区内道路纵坡坡度应小于2.5%，无障碍坡道坡度小于1:12、宽度大于1.5m）。

④ 汽车库出入口与城市道路红线的距离（7.5m）及视线遮挡问题。

⑤ 住宅至道路边缘的最小距离应符合《住宅建筑规范》（GB 50368—2005）第 4.1.2 条的规定。

⑥ 绿化设计。

⑦ 广场、停车场、运动场、道路、无障碍设施、排水沟、挡土墙、护坡的定位坐标或相互尺寸。

⑧ 场地四邻的道路、水面、地面的关键性标高。

⑨ 建筑物室内外地面的设计标高，地下建筑的顶板面标高及覆盖土的高度限制。

⑩ 道路的设计标高、纵坡度、纵坡距、关键性标高；广场、停车场、运动场地的设计标高以及院落的控制性标高。

⑪ 挡土墙、护坡或土坎顶部和底部的主要标高及护坡坡度。

5. 民用建筑审查的部分内容

（1）公共建筑

① 审查托儿所、幼儿园施工图纸的内容。

a. 楼梯除设成人扶手外，应在靠墙一侧设幼儿扶手，其高度不应大于0.6m；楼梯栏杆的净距不应大于0.11m，当梯井净宽度大于0.2m时，必须采取安全措施；楼梯踏步的高度不应大于0.15m，宽度不应小于0.26m。

b. 活动室、寝室、音体活动室应设双扇平开门，其宽度不应小于1.2m。疏散通道中不应使用转门、弹簧门和推拉门。

c. 阳台、屋顶平台的护栏净高不应小于1.2m，内侧不应设有支撑。

② 审查中小学校室施工图纸的内容。中小学校室外楼梯及水平栏杆（或栏板）的高度不应小于1.1m。楼梯不应采用易于攀登的花格栏杆。

③ 审查商店建筑营业部分施工图纸的内容。室内楼梯的每梯段净宽不应小于1.4m；踏步高度不应大于0.16m，踏步宽度不应小于0.28m；室外台阶的踏步高度不应大于0.15m，踏步宽度不应小于0.3m。

④ 审查隔墙施工图纸的内容。商店建筑营业厅与空调机房之间的隔墙应为防火兼隔声构造，并不得直接开门相通。

⑤ 审查医院施工图纸的内容。综合医院四层及四层以上的门诊楼或病房楼应设电梯，且不得少于两台；三层及三层以下无电梯的病房楼以及观察室与抢救室不在同一层又无电梯的急诊部，均应设置坡道（坡度不宜大于1/10）。

⑥ 审查电梯施工图纸的内容。疗养院建筑超过四层时应设置电梯；五层及五层以上办公建筑应设电梯。

（2）居住建筑

① 审查套型设计图纸。住宅应按套型设计，每套住宅应设卧室、起居室（厅）、厨房和卫生间等基本生活空间。

② 审查建筑是否能满足人体健康所需的要求。住宅应满足人体健康所需的通风、日照、自然采光和隔声要求。

a. 住宅应充分利用外部环境提供的日照条件，每套住宅至少应有一个居住空间能获得冬季日照。

b. 卧室、起居室、厨房应设置外窗，窗地面积比不应小于1/7。

c. 电梯不应与卧室、起居室紧邻布置。受条件限制需要紧邻布置时，必须采取有效的隔声和减振措施。

③ 审查卫生间图纸。

a. 住宅卫生间不应直接布置在下层住户的卧室、起居室（厅）、厨房、餐厅的上层。

b. 卫生间地面和局部墙面应有防水构造。

④ 审查外部设施。

a. 住宅外窗窗台距楼面、地面的净高低于0.9m时，应有防护设施。

b. 六层及六层以下住宅的阳台栏杆（包括封闭阳台）净高不应低于1.05m，七层及七层以上住宅的阳台栏杆（包括封闭阳台）净高不应低于1.1m。

c. 阳台栏杆应有防护措施。防护栏杆垂直杆件间的净距不应大于0.11m。

⑤ 审查栏杆图纸。

a. 住宅外廊、内天井及上人屋面等临空处栏杆净高，六层及六层以下不应低于1.05m；七层及七层以上不应低于1.1m。

b. 栏杆应防止攀登，垂直杆件间的净距不应大于0.11m。

⑥ 审查楼梯图纸。

a. 住宅楼梯梯段净宽不应小于1.1m。六层及六层以下住宅，一边设有栏杆的梯段净宽不应小于1m。

b. 楼梯踏步宽度不应小于0.26m，踏步高度不应大于0.175m。

c. 扶手高度不应小于0.9m。

d. 楼梯水平段栏杆长度大于0.5m时，其扶手高度不应小于1.05m。

e. 楼梯栏杆垂直杆件间的净距不应大于0.11m。

f. 楼梯井净宽大于0.11m时，必须采取防止儿童攀滑的措施。

⑦ 审查出入口图纸。

a. 住宅与附建公共用房的出入口应分开布置。

b. 住宅的公共出入口位于阳台、外廊及开敞楼梯平台的下部时，应采取防止物体坠落伤人的安全措施。

⑧ 审查电梯设置。七层以及七层以上的住宅或住户入口层楼面距室外设计地面的高度超过16m的住宅必须设置电梯。

⑨ 审查燃气灶的设置。燃气灶应安装在通风良好的厨房内，利用卧室的套间或用户单独使用的走廊作厨房时，应设门并与卧室隔开。

⑩ 审查宿舍建筑楼梯门、楼梯及走道图纸。宿舍建筑楼梯门、楼梯及走道总宽度应按每层通过人数每100人不小于1m计算，且梯段净宽不应小于1.2m，楼梯平台宽度不应小于楼梯梯段净宽。

⑪ 审查小学宿舍图纸。

a. 小学宿舍楼梯踏步宽度不应小于0.26m，踏步高度不应大于0.15m。

b. 楼梯扶手应采用竖向栏杆，且杆件间距净宽不应大于0.11m。

c. 楼梯井净宽不应大于0.2m。

⑫ 审查设置电梯要求的内容。七层及七层以上宿舍或居室最高入口层楼面距室外设计地面的高度大于21m时，应设置电梯。

6. 防火设计审查的内容

（1）审查建筑设计说明

施工图的建筑设计说明中，应有防火设计专项说明，明确建筑物的耐火等级，高层建筑应明确该工程属一类或二类。

（2）审查总平面图

① 明确各单体之间的防火间距。

② 按规定设消防车道、环形消防车道、进入内院的消防车道、穿过建筑物的消防车道。

（3）审查防火分区的划分

应画防火分区示意图，在图中应注明每个分区的面积、安全出口位置。

（4）审查危险性类别和耐火等级

审查建筑的火灾危险性类别和耐火等级是否符合要求。

（5）审查防火疏散区域

防火疏散区：按面积计算人数，按人数计算疏散宽度及疏散距离。

（6）审查防火构造

防火构造包括封闭楼梯间、防烟楼梯间、防火隔间、跨越楼板的玻璃幕墙、消防电梯等，应画详图并附说明。

（7）审查防爆设计

审查有爆炸危险性的甲类、乙类厂房的防爆设计是否符合要求。

（8）审查有关消防设计的其他内容

审查图纸是否符合国家工程建筑标准及地方消防部门有关消防设计的其他内容。

7. 建筑节能设计审查的内容

（1）居住建筑节能设计的规定性指标

① 建筑各朝向的窗墙面积比。

② 天窗面积及其热导率、本身的遮阳系数。

③ 屋面、外墙、不采暖楼梯间隔墙、接触室外空气的地板、不采暖地下室上部地板、周边地面与非周边地面的热导率 K。

④ 外门窗的热导率 K 和综合遮阳系数 S_W。

⑤ 外门窗的可开启面积。

⑥ 外门窗的气密性。

（2）公共建筑节能设计的规定性指标

① 屋面、外墙（加权平均）、底面接触室外空气的架空楼板或外挑楼板的热导率 K。

② 外门窗、屋顶透明部分的热导率 K、遮阳系数 S_C。

③ 地面、地下室外墙热阻 R。

④ 建筑各朝向的窗墙面积比；当窗墙面积比小于 0.4 时，玻璃的可见光透射比。

⑤ 屋顶透明部分占屋顶总面积的比。

⑥ 外门窗的可开启面积。

⑦ 外门窗、玻璃幕墙的气密性。

（3）性能化评价

规定性指标不满足要求时，应进行性能化评价（居住建筑对比评定法、公共建筑权衡判断）。

（4）节能设计深度

设计说明中的节能专篇深度是否符合规定，是否与节能计算书、节能备案表相一致。

三、结构施工图审核

1. 审查流程

建设项目从报审到出具施工图审查合格书，其基本流程如下。

① 办理项目审查登记，并进行政策性审查。审查完成后，建设单位报请施工图技术性审查的资料应包括：

a. 作为设计依据的政府有关部门的批准文件及附件；

b. 审查合格的岩土工程勘察报告（详细勘察）；

c. 全套设计文件（含计算书并注明软件的名称及版本）；

d. 审查需要提供的其他资料。

② 设计文件的技术性审查，并出具初步审查意见。施工图技术性审查的主要内容包括：

a. 是否符合《工程建设标准强制性条文》和其他有关工程建设的强制性标准；

b. 地基基础和结构设计等是否安全；

c. 是否符合公众利益；

d. 施工图是否达到规定的设计深度要求；

e. 是否符合作为设计依据的政府有关部门的批准文件要求。

③ 对修改后的设计文件进行复审，合格后出具审查合格书，对不合格的设计文件重新报审。

2. 设计总说明审查内容

① 设计采用的规范、规程及标准图，计算软件应为有效版本。

② 设计参数取值正确，包括结构安全等级、设计使用年限、耐火等级、抗震设防类别、抗震设防烈度、抗震等级、场地类别、地基基础的设计等级、地下室防水等级、砌体施工质量控制等级等。

③ 设计 ±0.000 标高所对应的绝对标高、基础选用的持力层及承载力特征值与勘察报告相符，防水设计水位和抗浮设计水位取值正确。

④ 主要荷载（作用）取值：楼（屋）面活荷载、特殊设备荷载、风荷载、雪荷载、地震作用（包括设计基本地震加速度、设计地震分组）；温度作用及地下室水浮力的有关设计参数应正确。

⑤ 混凝土结构的环境类别、地下结构防腐措施、材料选用、强度等级、材料性能应标注准确、清楚。

⑥ 主要结构材料：混凝土强度等级、钢筋种类、钢绞线或高强钢丝种类、钢材牌号、砌体材料的说明等应正确。

⑦ 建筑物的耐火等级、构件耐火极限、钢结构防火、防腐蚀及施工安装要求。

⑧ 钢筋混凝土保护层厚度、钢筋锚固和连接，钢材的焊接，预埋件及吊环的材料要求。

⑨ 后浇带设置、专业配合和施工质量验收等施工要求表述正确。

⑩ 地下工程施工停止降水的条件及对邻近建筑物影响的措施。

⑪ 专业配合要求（电梯及装饰预埋件，设备留洞，电气避雷措施，二次设计内容要求）是否已考虑齐备。

3. 结构计算书审查内容

① 所用计算软件的技术条件符合现行标准且通过鉴定。

② 提供的计算书内容完整（包括总信息、周期、振型、地震作用、位移；荷载、配筋平面简图；地基、基础、挡土墙计算；楼梯、水池计算等）。

③ 计算模型与实际工程相符合。

④ 结构构件的承载力及变形控制满足规范、规程规定。

⑤ 分析判断计算结果的合理性，包括以下内容。

a. 结构延性：轴压比。

b. 控制结构的扭转效应：周期比和位移比。

c. 控制结构的竖向不规则性：层刚度比、楼层受剪承载力比、剪重比。

d. 结构的整体稳定：刚重比。

⑥ 复杂结构应采用不少于两个不同的力学模型的软件进行计算。

4. 地基与基础审查内容

① 采用的地基参数与《岩土工程勘察报告》中的数据是否符合。

② 基础埋置深度，持力层选择及桩进入持力层的深度是否符合要求。

③ 地基或桩基承载力计算（包括软弱下卧层验算）是否符合要求。

④ 不良地基处理措施（含抗液化措施）是否符合要求。

⑤ 沉降计算及控制（含独立基础倾斜率）是否符合要求。

⑥ 地基基础抗震验算和措施（包括稳定和抗浮）是否符合要求。

⑦ 减少和适应地基变形的措施是什么。

⑧ 基础或桩承台的强度计算和构造是否正确。

5. 混凝土结构审查内容

（1）结构布置

① 房屋结构高度和结构竖向高宽比的控制是否符合要求。

② 结构平面布置和竖向布置得是否合理。

③ 竖向抗侧力构件的连续性及截面尺寸、结构材料强度等级变化是否合理。

④ 抗震墙、抗侧力体系及底部加强区的布置是否符合要求。

⑤ 三缝（伸缩缝、沉降缝和抗震缝）的设置和构造是否符合规范要求。

⑥ 非主体结构（如小型钢网架、钢桁架、钢雨篷等）与主体结构的连接是否安全可靠。

（2）结构计算

① 材料强度设计值及选用的结构和承载力计算是否符合要求。

② 荷载取值及有关系数的采用是否符合要求。

③ 设防烈度、场地类别、抗震等级和地震作用的计算原则。

④ 计算方法、计算原则、结构类型、程序和计算简图。

⑤ 输入信息、输出成果及判断。

⑥ 框支剪力墙结构转换层上下刚度比是否符合要求。

⑦ 短肢剪力墙和异形柱的计算是否符合要求，包括：抗震等级、轴压比、配筋率、配箍率。

⑧ 层间弹性位移（含最大位移与平均位移的比）、弹塑性层间位移；首层墙、柱轴压比；结构薄弱层的判断和验算是否符合要求。

⑨ 扭转位移比和周期比是否符合要求。

⑩ 大跨度梁板应验算其挠度和裂缝是否满足规范的要求。

（3）结构配筋

① 混凝土梁、柱和剪力墙的截面尺寸、配筋和构造（包括抗震设计时框架梁、柱箍筋的加密）是否符合要求。

② 短肢剪力墙和异形柱的配筋和构造是否符合要求。

③ 混凝土保护层、钢筋锚固和搭接是否符合要求。

④ 受力预埋件锚筋、吊环（HPB300级钢筋）的构造是否符合要求，并严禁使用冷加工钢筋。

⑤ 伸缩缝、沉降缝和抗震缝的构造或不设缝的措施是否满足需要。

⑥ 薄弱层的加强措施是否符合要求。

⑦ 转换层的框支梁、柱和剪力墙截面、配筋和构造是否符合要求。

⑧ 单元之间或主楼与裙房之间的处理是否符合要求。

6. 砌体结构施工图审核的内容

（1）结构布置

① 多层砌体结构。结构设计应符合抗震概念设计的要求。结构体系应符合《建筑抗震设计规范》（GB 50011—2010）第 7.1.7 强制性条文的要求。墙体材料（包括±0.000 以下的墙体材料）、房屋总高度、层数、层高、高宽比和横墙最大间距应符合《建筑抗震设计规范》（GB 50011—2010）第 3.9.2 强制性条文、第 7.1.2 条～第 7.1.5 条强制性条文的要求。平面布置应优先采用横墙承重或纵横墙共同承重。纵横墙上下应连续，传力路线应清楚。抗震设计时，多层砌体房屋墙上不应设转角窗。楼梯间布置应满足《建筑抗震设计规范》（GB 50011—2010）第 7.3.8 条的要求。墙梁的布置应符合《砌体结构设计规范》（GB 50003—2011）第 7.3.2 条强制性条文的要求。

② 底部框架-抗震墙砌体结构。房屋的总高度和层数及层高是否在规范限值以内。底部抗震墙的布置及抗震墙最大间距是否符合规范规定。

（2）结构计算

① 多层砌体结构。多层砌体房屋的抗震验算和静力计算，应按相应规范规定进行。抗震设防地区的砌体结构除审查砌体抗剪强度是否满足规范要求外，还要注意审查门窗洞边形成的小墙垛承压强度是否满足规范要求。悬挑结构构件应进行抗倾覆和砌体局部受压承载力验算。梁端支承处砌体的局部受压承载力验算应满足《砌体结构设计规范》（GB 50003—2011）第 5.2.4 条、第 5.2.5 条强制性条文的要求。对削弱墙体的承载力进行验算。屋面较高女儿墙应进行抗风与抗震验算。

② 底部框架-抗震墙砌体结构。框剪层与其相邻的砌体层侧向刚度的比值是否在规定限值以内。底部框架、底部混凝土抗震墙抗震等级的确定是否正确。

（3）结构构造

① 多层砌体结构。圈梁、构造柱（芯柱）截面尺寸和配筋构造。墙柱高厚比应满足《砌体结构设计规范》（GB 50003—2011）第 6.1.1 条的要求。按规范要求在梁支承处砌体中设置混凝土或钢筋混凝土垫块。填充墙、隔墙、砌块砌体应分别满足《砌体结构设计规范》（GB 50003—2011）第 6.2.3 条、第 6.2.10 条、第 6.2.11 条的要求。在较长阳台挑梁根部、较大窗洞口两侧、集中力较大处是否设置了构造柱。墙梁材料、构造应符合《砌体结构设计规范》（GB 50003—2011）第 7.3.12 条的要求。

② 底部框架-抗震墙砌体结构。不应采用底部大开间框架-抗震墙、上部横墙很少的结构。审查底部钢筋混凝土托墙梁构造是否符合规范规定。不应采用所谓"框混"结构，即：局部框架-局部砖砌体，局部框架-局部底框，部分底框-部分砖砌体，纵向或外纵向底框-横向砖砌体等。审查框架-抗震墙与砌体部分的构造是否符合框架-抗震墙结构与砌体结构的有关规定。

7. 钢结构施工图审核内容

（1）普通钢结构

材料或构件的选用和材质（钢材牌号、质量等级、力学性能和化学成分）是否符合要求。钢结构的每一个温度区段支撑系统设置是否符合要求。钢框架梁、柱、板件的宽厚比是多少。构件验算（包括强度、变形、平面内外及局部稳定、疲劳和长细比、宽厚比、轴压比）是否符合要求。计算单面连接的单角钢及施工条件较差的高空安装焊缝强度设计值折减。检查节点和支座节点设计与验算（包括焊缝、螺栓直径，高强度螺栓，强度余量控制）。钢结构柱脚设计和计算（包括地脚螺栓和抗剪件）是否符合要求。钢管外径与壁厚之比及钢管节点的构造要求是否符合要求。钢管主管与支管的连接焊缝设计计算和构造是否符合要求。钢结构的耐火等级、除锈等级、焊缝质量等级、防腐涂装要求和制造与安装是否符合规定。检查屋盖支撑系统设置是否符合要求。

（2）门式刚架

设计原则和指标应符合《冷弯薄壁型钢结构技术规范》（GB 50018—2002）第 4.1 节、第 4.2 节的要求。门式刚架不适用于直接承受动力荷载的承重结构和用在有强烈侵蚀的环境。钢材的牌号和质量等级及连接材料的型号应注明。防腐蚀措施及防火设计是否符合要求。钢架、屋架、檩条和墙梁应考虑由于风吸力作用而引起构件内力变化的不利影响，此时永久荷载的分项系数应取 1.0。弯、压构件应进行强度、稳定性及变形计算，并应满足构造要求。一般构造规定（如受压板件的宽厚比、构件长细比）应满足《冷弯薄壁型钢结构技术规范》（GB 50018—2002）第 4.3 节的要求。

门式刚架应设置完善的支撑体系（包括柱间支撑、屋盖横向水平支撑、刚性系杆）。屋盖应设置支撑体系形成支撑桁架；当支撑为圆钢时，必须设有拉紧装置。实腹式檩条跨度大于 4.0m 时，应在受压翼缘设置拉条和撑杆；圆钢拉条直径不宜小于 10mm，撑杆长细比不得大于 200；墙梁参照上述要求设置拉条。钢架横梁的受压翼缘及钢架柱顶内侧翼缘受压区，应按规范规定设置隅撑。在门式刚架设计中，不应采用以混凝土柱代替钢柱的设计方案。

四、水暖施工图审核

1. 施工图审查的程序

《建筑工程施工图设计文件审查暂行办法》规定：建设单位应将施工图连同项目批准立项的文件或初步设计批准文件及主要的初步设计文件一起报送建设行政主管部门，由建设行政主管部门委托有关审查机构进行审查。《建筑工程施工图设计文件审查暂行办法》详细规定了建筑工程施工图（建筑给水排水工程施工图）设计文件的审查要求、审查机构、审查项目、审查的工作期限、修改审查、审查经费等内容。

建筑给水排水工程设计文件审查的报送文件有：

① 建筑给水排水工程设计合同；

② 初步设计批准文件，主要初步设计文件等；

③ 签署齐全的建筑给水排水工程施工图设计文件；

④ 计算说明书；

⑤ 设计方如将工程设计中的某部分设计（如环保、消防等）转包给另外的单位分包设计，分包项目的设计文件必须经由总包单位技术审查后由总包单位技术负责人签署加盖公章后方可送审。

2. 给水设计审核的内容

① 从设计总平面图中查看供水系统水源的引入点在何处。查看管道的走向、管径大小、水表和阀门井的位置以及管道埋深。审核总入口管径与总设计用水量是否配合，以及当地的平均水压力与选用的管径是否合适。由于水质的洁净程度要考虑水垢沉积减小管径流量的发生，所以进水总管应在总用水量基础上适当加大一些管径。再有要看给水管道与其他管道或建筑、地物有无影响和妨碍施工之处，是否需要改道等，在审阅图纸时可以事先提出。

② 从给水管道平面布置图、系统（轴测）图中，了解给水干管、立管、支管的连接、走向、管径大小、接头、弯头、阀门开关的数量，还可看出水平管的标高与位置，所用卫生器具的位置、数量。在审核中主要应查看管道设置是否合理，水表设计放置的位置是否便于查看。要进行局部修理（分层或分户）时，是否有可控制的阀门。配置的卫生器具是否经济

合理，质量是否可靠。

③ 对于大型公共建筑、高层建筑、工业建筑的给水施工图，还应查阅有无单独的消防用水系统，这些情况下的消防用水系统不能混在一般用水管道中。它应有单独的阀门井、单独管道、单用阀门，否则必须向设计提出。同时图上设计的阀门井位置，是否便于开启、便于检修，周围有无障碍等也应审核，以保证消防时紧急使用。

3. 排水设计审核的内容

① 了解建筑物排出总管的位置及与外线或化粪池的联系。通过室内排水管道平面布置图与系统（轴测）图的阅读，从中知道排水管的管径、标高、长度以及弯头、存水弯头、地漏等零部件数量。此外，由于排水管压力很小，须知道坡度的大小。

② 要了解所用管道的材料和与排水系统相配合的卫生器具。审图中可以对所用材料的利弊提出问题或建议，供设计或使用单位参考。

③ 根据使用情况可审核管径大小是否合适。如一些公用厕所，由于使用条件及人员多杂，其污水总立管的管径不能按通常几个坑位来计算，有时设计 100mm 的管径往往需要加大到 150mm，使用上才比较方便，不易被堵塞。

对于带水的房间，审查它是否有地漏装置，假如没有则可建议设置。

④ 对排水的室外部分进行审阅。主要是管道坡度是否注写，坡度是否足够。有无检查用的窨井、窨井的埋深是否足够。还应注意窨井的位置，是否会污染环境及影响易受污染的地下物（如自来水管、燃气管、电缆等）。

4. 消防设计审核的内容

① 审查工程的设计规模及项目组成，火灾危险性类别等。

② 室内外消防水源、水量、水压、水箱、水池、水泵设备等各项设计参数是否符合要求。

③ 室内消火栓设置及布置是否合理。

④ 自喷系统选型、系统组件、管道、喷头布置是否符合要求。

⑤ 消防水系统、消防泵房、控制方式及其相关技术保障措施是否符合要求。

⑥ 消防电梯、消防泵房、自喷末端试水装置等消防排水是否符合要求。

⑦ 配电室、柴油发电机房等特殊功能用房的消防设施及建筑灭火器的配置设计是否符合要求。

5. 供暖与通风设施审核的内容

（1）供暖施工图的审核

供暖施工图可分为外线图和建筑内部供热施工图两部分。

① 外线图（即室外热网施工图）主要是从热源供暖到房屋入口处的全部图纸。在这部分施工图上主要可了解供热热源在外线图上的位置；其次是供热线路的走向，管道地沟的大小、埋深，保温材料和它的做法；热源供给单位工程的个数，管沟上膨胀穴的数量。

对外线图主要审核管径大小、管沟大小是否合理。如管沟的大小是否方便修理，沟内管子间距离是否便于保温操作；使用的保温材料的性能（包括施工性能）是否良好，施工中是否容易造成损耗过大。还可根据施工经验，对保温热耗少的材料和不易操作、损耗多的材料提出建议。

② 建筑内部供热施工图，主要了解暖气的入口及立管、水平管的位置走向；各类管径的大小、长度，散热器的型号和数量；弯头、接头、管堵、阀门等零件的数量。

审核主要是看它系统图是否合理，管道的线路应使热损失最小；较长的房屋室内是否有膨胀管装置；过墙处有无套管，管子固定处应采用可移动支座。有些管子（如通过楼梯间的）因不住人而应有保温措施减少热损失。这些都是审图时可以提出的建议。

（2）通风施工图的审核

通风施工图分为外线和建筑内部两部分。

① 外线图阅读时主要掌握了解空调机房的位置，所供空调的建筑的数量。供风管道的走向、架空高度、支架形式、风管大小和保温要求。

审核内容为依据供风量及备用量计算风管大小是否合适；风管走向和架空高度与现场建筑物或外界存在的物件有无碰撞的矛盾，周围有无电线影响施工和长期使用、维修；所用保温材料和做法选得是否恰当。

② 室内通风管道图，主要了解建筑物通风的进风口和回风口的位置，回风是地下走还是地上走；还应了解风道的架空标高，管道形式和断面大小，所用材料和壁厚要求；保温材料的要求和做法；管道的吊挂点和吊挂形式及所用材料。主要审核通风管标高和建筑内其他设施有无矛盾；吊挂点的设置是否足够，所用材料能否耐久；所用保温材料在施工操作时是否方便；还应考虑管道四周有没有操作和维修的余地。通过审核提出修改意见和完善设计的建议，可以使工程做得更合理。

五、电气施工图审核

电气施工图以用电量和电压高低不同来区分，一般工业用电电压为380V，民用用电电压为220V，因此审核电气施工图按此分别进行。这里只介绍一般的审阅图纸要点。

1. 一般民用电气施工图的审核

首先，要看总图，了解电源入口，并看设计说明了解总的配电量。这时应根据设计时与建设单位将来可能变更的用电量之差额来核实进电总量是否足够，避免施工中再变更。通常从发展的角度出发，设计的总配电量应比实际的用电量大一个系数。比如目前民用住宅中家用电器增加，如果原设计总量没有考虑余地，线路就要进行改造，这将是一种浪费。这是审核电气图纸首先要考虑的。

其次，电流用量和输导线的截面是否配合，一般都是输电导线应留有可能增加电流量的余地。以上两点审核的要点要掌握。

再次，主要是从图纸上了解线路的走向，线是明线还是暗线，暗线使用的材料是否符合规范要求。对于一座建筑上的电路先应了解总配电盘设计放置在何处，位置是否合理，使用时是否方便；每户的电表设在什么位置，使用观看是否方便合理。

审核一些电气器具（灯、插座）等在房屋内设计的位置是否合理，施工或以后使用是否方便。如一大门门灯开关设置在外墙上，这就不合理，因为易被雨水浸湿而漏电，应装在雨篷下的门侧墙上，并采用防雨拉线开关，这样才合理，这也符合安全用电原则。

最后，也可以在审图过程中提出合理化建议，如缩短线路长度、节约原材料等，使设计更完善。

2. 工业电气施工图的审核

工业电气施工图比民用电气施工图要复杂一些。在看图时要将动力用电和照明用电在系统图上分开审，重点应审动力用电施工图。

首先应了解所用设备的总用电量，同时也应了解实际的设备与设计的设备用电量是否有变化。在核实总用电量后，再看所用导线截面积是否足够和留有余地。其次应了解配变电系统的位置以及由总配电盘至分配电盘的线路。作为一个工厂，一般都设厂用变电所，分到车间里则有变电室（小车间是变电柜）。审图时从分系统开始，由小到大扩展，这可减少工作量。由分系统到大系统、再到变电所、到总图，这样便于核准总电量。如能在审阅各系统的电气施工图时做到准确，就可以在这系统内先进行施工了。

再次，对系统内的电气线路，则要查看是明线还是暗线；是架空绝缘线，还是有地下小电缆沟；线路是否可以以最短距离到达设备使用地点；暗管交错走时是否重叠，地面厚度能不能盖住。具体的一些问题还要与土建施工图核对。

六、图纸审核到会审的程序

施工图从设计院完成后，由建设单位送到施工单位。施工单位在取得图纸后就要组织阅图和审图。其步骤大致是：第一步，先由各专业施工部门进行阅图自审；第二步，在自审的基础上由主持工程的负责人组织土建和安装专业进行交流阅图情况和进行校核，把能统一的矛盾双方统一，不能由施工部门自身解决的，汇集起来等待设计交底；第三步，会同建设单位，邀请设计院进行交底会审，把问题在施工图上统一，做成会审纪要。设计部门在必要时再补充修改施工图。这样施工单位就可以按着施工图、会审纪要和修改补充图来指导施工生产了。

1. 各专业工种的施工图自审

自审人员一般由施工员、预算员、施工测量放线人员、木工和钢筋翻样人员等自行先学习图纸。先是看懂图纸内容，对不理解的地方、有矛盾的地方以及认为是问题的地方记在学图记录本上，以备工种间交流及在设计交底时提问用。

2. 工种间的学图审图后进行交流

目的是把分散的问题进行集中。在施工单位内，对能够自行统一的问题，先进行矛盾统一，并解决问题，留下必须由设计部门解决的问题由主持人集中记录，并根据专业的不同、图纸编号的先后不同编成问题汇总。

3. 图纸会审

会审时，先由该工程设计主持人进行设计交底，说明设计意图、应在施工中注意的重要事项。设计交底完毕后，再由施工单位把汇总的问题提出来，请设计部门答复解决。解答问题时可以分专业进行，各专业单项问题解决后，再集中起来解决各专业施工图校对中发现的问题。这些问题必须要在建设单位（俗称甲方）、施工单位（俗称乙方）和设计单位（俗称丙方）三方协商中取得统一意见、形成决定、写成文字（称为"图纸会审纪要"的文件）。

一般图纸会审的内容如下。

① 是否无证设计或越级设计，图纸是否经设计单位正式签署。

② 地质勘探资料是否齐全。

③ 设计图纸与说明是否齐全，有无分期供图的时间表。

④ 设计时采用的抗震烈度是否符合当地规定的要求。

⑤ 总平面图与施工图的几何尺寸、平面位置、标高是否一致。

⑥ 防火、消防是否满足规定的要求。

⑦ 施工图中所列的各种标准图册，施工单位是否具备。

⑧ 材料来源有无保证，能否代换；图中所要求的条件能否满足：新材料、新技术、新工艺的应用有无问题。

⑨ 地基的处理方法是否合理，建筑与结构构造是否存在不能施工、不便施工的技术问题，或容易导致质量、安全、工期、工程费用增加等方面的问题。

⑩ 施工安全、环境卫生有无保证。

第三章 ▶▶
施工组织设计的编制

第一节 施工组织设计的编制要求

一、施工组织总设计的编制要求

1. 满足工程施工和项目管理双重需要

在计划经济时期，施工组织设计的任务是满足施工准备和工程施工的需要。在全面推行工程项目管理以后，施工组织设计还要满足项目管理的需要，担负项目管理规划的作用。因此，编制施工组织设计就必须扩展内容，突出目标管理、组织结构设计、合同管理、风险管理规划、沟通管理、管理措施等项目管理内容，执行《建设工程项目管理规范》（GB/T 50326—2006）的相关要求。

2. 严格遵守工期定额和合同规定的工程竣工及交付使用期限

总工期较长的大型建设项目，应根据生产的需要，安排分期分批建设，配套投产或交付使用，从实质上缩短工期，尽早地发挥国家建设投资的经济效益。

在确定分期分批施工的项目时，必须注意使每期交工的一套项目可以独立地发挥效用，使主要的项目同有关的附属辅助项目同时完工，以便完工后可以立即交付使用。

3. 合理安排施工程序与顺序

建筑施工有其本身的客观规律，按照反映这种规律的程序组织施工，能够保证各项施工活动相互促进，紧密衔接，避免不必要的重复工作，加快施工速度，缩短工期。

建筑施工的特点之一是建筑产品的固定性，因而建筑施工的活动必须在同一场地上进行。这样，没有前一阶段的工作，后一阶段就不可能进行，即使它们之间交错搭接地进行，也必须严格遵守一定的顺序。顺序反映客观规律要求，交叉则体现争取时间的主观努力。因此，在编制施工组织设计时，必须合理地安排施工程序。虽然建筑施工程序会随工程性质、施工条件和使用要求而有所不同，但还是能够找出可以遵循的共同性规律。

在安排施工程序时，通常应当考虑以下几点。

① 要及时完成有关的施工准备工作，为正式施工创造良好条件。准备工作视施工需要，可以一次完成或是分期完成。

② 正式施工时应该先完成平整场地、铺设管网、修筑道路等全场性工程及可供施工使用的永久性建筑物，然后再进行各个工程项目的施工。在正式施工之初完成这些工程，有利于利用永久性管线与道路为施工服务，从而减少暂设工程，节约投资，并便于现场平面管理。在安排管线道路施工程序时，一般宜先场外、后场内，场外由远而近，先主干，后分支；地下工程要先深后浅，排水要先下游、后上游。

③ 对于单个房屋和构筑物的施工顺序，既要考虑空间顺序，也要考虑工种之间的顺序。空间顺序是解决施工流向的问题，它必须根据生产需要、缩短工期和保证工程质量的要求来决定。工种顺序是解决时间上搭接的问题，必须保证质量，工种之间互相创造条件，充分利用工作面，争取时间。

4. 用流水施工法和工程网络计划技术安排进度计划

采用流水施工法组织施工，以保证施工连续地、均衡地、有节奏地进行，合理地使用人力、物力和财力，好、快、省、安全地完成建设任务。

5. 恰当地安排冬雨期施工项目

对于那些必须进入冬雨期施工的工程，应落实季节性施工措施，以增加全年的施工日数，提高施工的连续性和均衡性。

6. 新技术应用及促进技术发展

贯彻多层次结构的技术政策，因时、因地制宜地促进技术进步和建筑工业化的发展。

要贯彻工厂预制、现场预制和现场浇筑相结合的方针，选择最恰当的预制装配方案或机械化现场浇筑方案，不能盲目追求装配化程度的提高。

贯彻先进机械、简易机械和改良机具相结合的方针，恰当选择自行装备、租赁机械或机械化分包施工等多方式施工，不能片面强调机械化程度指标的提高。

积极采用新材料、新工艺、新设备与新技术，努力为新结构的推行创造条件。采用先进技术和发展工业化施工要结合工程特点和现场条件，使技术的先进性、适用性和经济、合理性相结合，防止单纯追求先进而忽视经济效益的形式主义做法。

7. 资源合理应用

① 从实际出发，做好人力、物力的综合平衡，组织均衡施工。

② 尽量利用正式工程、原有或就近已有设施，以减少各种暂设工程；尽量利用当地资源，合理安排运输、装卸与储存作业，减少物资运输量，避免二次搬运；精心进行场地规划布置，节约施工用地，不占或少占农田，防止施工事故，做到文明施工。

8. 实施目标管理

施工组织设计的编制应当实行目标管理原则。施工组织总设计的目的是实现合同目标，故应以合同目标为准安排项目经理部的控制目标。编制施工组织设计的过程，也就是提出施工项目目标及其实现办法的规划过程。因此，必须遵循目标管理的原则，使目标分解得当、决策科学、实施有道。

二、单位工程施工组织设计的编制要求

单位工程施工组织设计是以单个建筑物，如一栋工业厂房、构筑物、公共建筑、民用房屋等为对象编制的，用于指导组织现场施工的文件。如果单位工程是属于建筑群中的一个单体的组成部分，则单位工程施工组织设计也是施工组织总设计的具体化。

1. 单位工程施工组织设计编制原则

① 做好现场工程技术资料的调查工作。

② 合理安排施工程序。

③ 采用先进的施工技术和施工组织手段。

④ 土建施工与设备安装应密切配合。

⑤ 确保工程质量和施工安全。

⑥ 备有特殊时期的施工方案。

⑦ 节约费用和降低工程成本。

⑧ 符合环境保护原则。

2. 单位工程施工组织设计编制程序

① 熟悉施工图，会审施工图，到现场进行实地调查并搜集有关施工资料。

② 计算工程量，注意必须要分部分项和分层分段分别计算。

③ 拟定项目的组织机构以及项目的施工方式。

④ 拟定施工方案，进行技术经济比较并选择最优施工方案。

⑤ 分析拟采用的新技术、新材料、新工艺的措施和方法。

⑥ 编制施工进度计划，进行方案比较，选择最优方案。

⑦ 根据施工进度计划和实际条件编制下列计划：原材料、预制构件、门窗等的需用量计划；列表做出项目采购计划；施工机械及机具设备需用计划；总劳动力及各专业劳动力需用量计划。

⑧ 计算施工及生活用的临时建筑数量和面积，如材料仓库及堆场面积、工地办公室及临时工棚面积。

⑨ 计算和设计施工临时用水、供电、供气的用量，加压泵等的规格和型号。

⑩ 拟定材料运输方案和制订供应计划。

⑪ 布置施工平面图，进行方案比较，选择最优施工平面方案。

⑫ 拟定保证工程质量措施、降低工程成本措施及确保冬雨期施工安全和防火措施。

⑬ 拟定施工期间的环境保护措施和降低噪声、避免扰民等措施。

第二节 施工组织设计的编制内容

一、工程概况编制内容

概括起来，工程概况就是对整个建设项目总的说明和分析，一般包括下述内容。

1. 建设项目的主要情况

建设项目的主要情况包括：建设地点、工程性质、建设总规模、总工期、分期分批投入使用的项目和期限、占地总面积、总建筑面积、总投资额；主要工程工程量、管线和道路长度、设备安装及其数量；建筑安装工作量、工厂区和生活区的工作量；生产流程和工艺特点；建筑结构类型特征以及新技术、新材料的复杂程度和应用情况等。

2. 建设地区的自然和技术经济条件

建设地区的自然和技术经济条件主要包括：建设地区的气象、地形、地质、水文情况；施工力量及条件（即施工单位、人力、机具、设备情况）；材料的来源及供应情况；交通运输能力及水、电和其他动力供应条件等。

3. 建设单位和上级主管部门对工程的要求

建设单位和上级主管部门对工程的要求包括有关建设项目的决议和协议，土地的征用范围、数量和居民的拆迁时间安排等。

二、施工部署编制内容

1. 施工部署概述

施工部署是在充分了解工程情况、施工条件和建设要求的基础上，对整个建设工程进行全面安排和制定解决工程施工中的重大问题的方案，是编制施工总进度计划的前提。施工部署重点要解决下述问题。

① 确定各主要单位工程的施工展开程序和开工日期、竣工日期。它一方面要满足上级规定的投产或投入使用的要求，另外也要遵循一般的施工程序，如先地下后地上、先深后浅等。

② 建立工程的指挥系统，划分各施工单位的工程任务和施工区段，明确主攻项目和辅助项目的相互关系，明确土建施工、结构安装、设备安装等各项工作的相互配合等。

③ 明确施工准备工作的规划。如土地征用、居民迁移、障碍物清除、"三通一平"的分期施工任务及期限、测量控制网的建立、新材料和新技术的试制和试验、重要建筑机械和机具的申请和订货生产等。

2. 工程开展程序

根据建设项目总目标的要求，确定工程分期分批施工的合理开展程序。一些大型工业企业项目都是由许多工厂或车间组成的，在确定施工开展程序时，应主要考虑以下几点。

（1）分期分批施工

在保证工期的前提下，实行分期分批建设，既可使各具体项目迅速建成，尽早投入使用，又可在全局上实现施工的连续性和均衡性，减少暂设工程数量，降低工程成本。至于分几期施工，各期工程包含哪些项目，应当根据业主要求、生产工艺的特点、工程规模大小和施工难易程度、资金、技术资源情况由施工单位与业主共同研究确定。按照各工程项目的重要程序，应优先安排如下工程项目。

① 按生产工艺要求，须先期投入生产或起主导作用的工程项目。

② 工程量大、施工难度大、工期长的项目。

③ 运输系统、动力系统，如厂区内外道路、铁路和变电站等。

④ 生产上需先期使用的机修、车床、办公楼及部分家属宿舍等。

⑤ 供施工使用的工程项目，如采砂（石）场、木材加工厂、各种构件加工厂、混凝土搅拌站等施工附属企业及其他为施工服务的临时设施。对于建设项目中工程量小、施工难度不大、周期较短而又不急于使用的辅助项目，可以考虑与主体工程相配合，作为平衡项目穿插在主体工程的施工中进行。

对小型企业或大型企业的某一系统，由于工期较短或生产工艺要求，可不必分期分批建设；亦可先建生产厂房，然后边生产边施工。

（2）按序施工

所有工程项目均应按照先地下、后地上，先深后浅，先干线后支线的原则进行安排。如地下管线和修筑道路的程序，应该先铺设管线，后在管线上修筑道路。

（3）考虑季节对施工的影响

例如大规模土方工程和深基础施工，最好避开雨季。寒冷地区入冬以后最好封闭房屋并转入室内作业和设备安装。

3. 施工任务划分与组织安排

由于建设项目是一个庞大的体系，由不同功能的部分所组成，每部分又在构造、性质上存在差异。同时，项目不同，组成内容又各不相同。因此，在实施过程中不可能简单化、统一化，必须有针对性地分别对待每一项具体内容，由部分至整体地实现生产。这就产生了如何对建设项目进行具体划分的问题。

工程项目结构分析，即按照系统分析方法将由总目标和总任务所定义的项目分解开来，得到不同层次的项目单元（工程活动）。

不同（规模、性质、工程范围）的项目，分解结果的差异很大，没有统一的分解方法，但有一些基本原则。

（1）按交付工程系统的分解

① 按照工程的系统功能分解。按照工程部分运行中所提供的产品或服务将工程分解为独立的单项工程（如分厂、车间）；按照平面位置分解为楼或区段；在整个工程中有独立作用的系统工程可以作为系统功能对待。

② 按照专业要素分解。结构又可分为基础、主体框架、墙体、楼地面等。水电又可分为水、电、卫生实施。设备又可分为电梯、控制系统、通信系统、生产设备等。

（2）按施工项目过程分解

整个工程、每个功能或要素作为一个相对独立的部分，必然经过项目实施的全过程，可以按照过程化的方法进行分解，只有按实施过程进行分解才能得到项目的实施活动。按照施工项目过程分解受合同所定义的承包人的合同责任约束。如：承包人是否承担设计责任；承包人承担的现场准备和周围场地准备的责任；承包人承担的材料和永久性工程设备的供应责任的大小，承包人承担建设项目管理的责任的大小。

一般可将建设工程项目分解为实施准备（现场准备、技术准备、采购订货、制造、供应等）、施工、试生产、验收等。

在上述分解的基础上进行专业工程活动的进一步分解，如基础、主体、屋面、设备安装、装修等。

4. 工程项目管理组织安排

在明确施工项目目标的条件下，合理安排工程项目管理组织，其目的是安排划分各参与施工单位的工作任务，明确总包与分包的关系，建立施工现场统一的组织领导机构及职能部门，明确各单位之间分工与协作的关系，按任务或职位制订好一套合适的职位结构，以使项目人员能为实现项目目标而有效地工作。作为组织，要建立起适当的职位体系，就应订出切实的目标，明确权责范围，对各职位的主要任务、职责应有清楚的规定，而且还应明确与其他部门、人员的工作关系，以便于相互协调。

在明确项目施工组织及各参与施工单位的工作任务后，根据划分的施工阶段，确定各单位分期分批的主导项目和穿插项目。

5. 施工准备工作规划

施工准备工作的顺利完成是建筑施工任务顺利完成的保证和前提，应根据施工开展程序和主要工程项目施工方案，从思想上、组织上、技术上、物资上、现场上全面规划施工项目全场性的施工准备工作，主要内容如下。

① 安排好场内外运输、施工用主干道，水、电、气来源及其引入方案。

② 安排场地平整方案和全场性排水、防洪方案。

③ 安排好生产和生活基地建设，包括商品混凝土搅拌站，预制构件厂，钢筋、木材加工厂，金属结构制作加工厂，机修厂等。

④ 安排建筑材料、成品、半成品的货源和运输、储存方式。

⑤ 安排现场区域内的测量工作，设置永久性测量标志，为放线定位做好准备。

⑥ 编制新技术、新材料、新工艺、新结构的试制试验计划和职工技术培训计划。

⑦ 安排冬期、雨期施工所需的特殊准备工作。

三、施工进度计划的编制

1. 编制要求

① 施工进度计划是施工组织设计的主要内容，也是现场施工管理的中心工作，它是对施工现场各项施工活动在时间上所做的具体安排。

② 施工进度计划应按照施工部署的安排进行编制，是施工部署和施工方法在时间上的具体反映，它反映的是该单位工程在具体的时间内产出的量化过程和结果，反映了施工顺序和各阶段的进展情况，应均衡协调、科学安排。

③ 正确地编制施工进度计划，是保证整个工程按期交付使用，充分发挥投资效果，降低工程成本的重要条件。

④ 单位工程施工进度计划是在确定了施工部署和施工方法的基础上，根据合同规定的工期、工程量和投入的资金、劳动力等各种资源供应条件，遵循工程的施工顺序，用图表的形式表示各分部分项工程搭接关系及工程开竣工时间的一种计划安排。其理论依据是流水施工原理，表达形式采用横道图或网络图。进度计划应分级进行编制，尤其是主体结构施工阶段，应编制二级网络进度计划。施工进度计划具有控制性的特点。

⑤ 施工进度计划主要突出施工总工期及完成各主要施工阶段的控制日期。

⑥ 编制施工进度计划及资源需求量计划是在选定的施工方案的基础上，确定单位工程的各个施工过程的施工顺序、施工持续时间、相互配合的衔接关系及反映各种资源的需求情况。编制得是否合理、优化，反映了施工单位技术水平和管理水平的高低。

2. 编制依据

① 建设单位提供的总平面图，单位工程施工图及地质、地形图，工艺设计图，采用的各种标准图纸及技术资料。

② 工程项目施工工期要求及开竣工日期。

③ 施工条件、劳动力、材料、构件及机械的供应条件、分包单位情况。

④ 确定的重要分部分项工程的施工方案，包括施工顺序、施工段划分、施工起点流向方法及质量安全措施。

⑤ 劳动定额及机械台班定额。

⑥ 招标文件的其他要求。

3. 编制步骤

(1) 划分施工过程

对控制性进度计划，其划分可较粗；对实施性进度计划，其划分要细；对主导工程和主要分部工程，要详细具体。

(2) 计算工程量、查相应定额

计算工程量的单位要与定额手册的单位一致；结合选定的施工方法和安全技术要求计算工程量；按照施工组织要求，分区、分段、分层计算工程量。

(3) 确定劳动量和机械台班数量

根据计算的分部分项工程量 q 乘以相应的时间定额或产量定额、计算出各施工过程的劳

动量或机械台班数 p（工日、台班）。若 s、h 分别表示该分项工程的产量定额和时间定额，则有：

$$p = q/s$$
$$p = qh$$

（4）计算各分项工程施工天数

① 反算法：根据合同规定的总工期和本企业的施工经验，确定各分部分项工程的施工时间；按各分部分项工程需要的劳动量或机械台班数量，确定每一分部分项工程每个工作台班所需要的工人数或机械数量：

$$n = \frac{q}{tsb}$$

式中　n——所需工人数或机械数量；

　　　q——分部分项工程量；

　　　t——要求的工期；

　　　s——分部分项工程产量定额；

　　　b——每天工作的班次。

② 正算法：按计划配备在各分部分项工程上的施工机械数量和各专业工人数确定工期：

$$t = \frac{q}{snb}$$

式中　t——要求的工期；

　　　q——分部分项工程量；

　　　s——分部分项工程产量定额；

　　　b——每天工作的班次。

（5）编制施工进度计划初步方案

① 首先划分主要施工阶段，组织流水施工。要安排主导施工过程的施工进度，使其尽可能连续施工。

② 按照工艺的合理性和工序间尽量穿插、搭接或平行作业的方法，编制单位工程施工进度计划的初始方案。

（6）施工计划的检查与调整

① 施工进度计划的顺序、平行搭接及技术间歇是否合理。

② 编制的工期是否满足合同规定的工期要求。

③ 对劳动力及物资资源是否能保证连续、均衡施工等方面进行检查并初步调整。通过调整，在满足工期要求的前提下，使劳动力、材料、设备需要趋于均衡，主要施工机械利用率比较合理。

4. 施工进度计划的表示方法

施工进度计划可采用横道图或网络图表示，并附必要说明；对于工程规模较大或较复杂的工程，宜采用网络图表示。

施工进度计划仅需要编制网络进度计划图或横道图确实无法用图表表述清楚时，可适当配文字进行说明。

5. 施工进度计划的编制技巧

在编制进度计划时，注意工序安排要符合逻辑关系。

① 按照各专业施工特点，土建进度按水平流水以分层、分段的形式反映，水、电等专

业进度按垂直流水以专业分系统、分干（支）线的形式反映。编制的计划应体现出土建以分层分段平面展开，竖向分系统配合专业施工，专业工种分系统组织施工，以干线垂直展开，水平方向分层按支线配合土建施工的特点。

② 装修施工按内外檐划分施工顺序：内檐施工体现房间与过道、顶棚与墙面和地面、房间与卫生间的施工顺序；外檐装修体现出与屋面防水的施工顺序；封施工洞、拆除室外垂直运输设备体现出与内外檐装修、专业施工的关系；首层装修体现出与门头、台阶、散水施工的关系，体现土建与专业、内檐与外檐、机械退场与装修收尾的配合协调。

四、施工准备与资源配置计划的编制

施工准备是为拟建工程的施工创造必要的技术、物质条件，是完成单位工程施工任务的首要条件，是为工程早日开工和顺利进行所必须做的一些工作。施工准备不仅存在于开工之前，而且贯穿于整个施工过程之中。

1. 技术准备

技术准备应包括施工所需技术资料的准备、施工方案编制计划、试验检验及设备调试工作计划、样板制作计划等。

（1）技术资料文件准备计划

技术资料文件准备计划主要指工程施工所需的国家、行业、地方和本企业的有关规范、标准、文件及标准图集配备计划。技术文件准备计划一览表见表3-1。

表 3-1　技术文件准备计划一览表

序号	文件名称	文件编码	配备数量	持有人

（2）施工方案编制计划

主要分部（分项）工程和专项工程在施工前应单独编制施工方案。施工方案可根据工程进展情况分阶段编制完成。需要编制单位（项）工程施工方案的工程包括分部分项工程、特殊工程，关键与特殊过程、特殊施工时期（冬季、雨季和高温季节）、结构复杂、施工难度大、专业性强的项目（建设部建质［2009］87号文规定）、规范标准规定、地方及业主规定、企业内控要求所规定的项目。对需要编制的主要施工方案应制定编制计划。施工方案编制计划表见表3-2。

表 3-2　施工方案编制计划表

序号	文件名称	编制单位	负责人	完成时间

（3）试验检验及设备调试工作计划

应根据现行规范、标准中的有关要求及工程规模、进度等实际情况制定试验检验及设备调试工作计划。

① 施工试验检验计划：主要指大宗材料的试验、土建施工过程的一些试验检验。土建施工过程的试验检验包括：屋面淋水试验、地下室防水效果检验、有防水要求的地面蓄水试验、建筑物垂直度标高全高测量、抽气（风）道检验、幕墙及外窗气密性水密性耐风压检

测、建筑物沉降观测、节能保温测试以及室内环境检测等，可采用表格形式编制试验检验计划。施工试验检验计划表见表3-3。

表 3-3　施工试验检验计划表

序号	工程部位	检验项目	单位	检验频率	检验时间	负责人

② 机电设备调试计划：主要指给水管道通水试验、暖气管道散热器压力试验、卫生器具满水试验、消防管道燃气管道压力试验、排水干管通球试验、照明全负荷试验、大型灯具牢固性试验、避雷接地电阻测试、线路插座开关接地检验、通风空调系统试运行、风量温度测试、制冷机组运行调试、电梯运行、电梯安全装置检测、系统试运行以及系统电源及接地检测等。可采用表格形式编制机电设备调试计划。机电调试计划表见表3-4。

表 3-4　机电调试计划表

序号	调测项目	工程部位	调测方法	调测时间	责任人

（4）技术复核和隐蔽验收计划

国家工程质量验收规范对技术复核和隐蔽验收的内容进行了规定，但项目经常会忽视一些应该进行复核或隐蔽的内容，因此项目应提前对此内容进行策划。可采用表格形式编制技术复核和隐蔽验收计划。技术复核和隐蔽验收计划表见表3-5。

表 3-5　技术复核和隐蔽验收计划表

序号	技术复核、隐蔽验收部位	复核和隐蔽内容	责任人

（5）样板制作计划

样板制作计划应根据施工合同或招标文件的要求并结合工程特点制定。实际上，工程施工每项工序都应该要有样板，这里样板主要指比较大的工程部位，尤其是新材料、新工艺等时，更应该先做样板。可采用表格形式编制样板制作计划。样板制作计划表见表3-6。

表 3-6　样板制作计划表

序号	工程部位	样板名称	样板工作量	制作时间	责任人

（6）施工图深化设计

包括：钢筋工程翻样、结构模板设计（排版、预留预埋分布）、板块地面排版设计、吊顶深化设计（吊筋布置、龙骨布置、排版布置）、装饰墙面深化设计、机电安装综合图等。可采用表格形式编制施工图深化设计计划。样板制作计划表见表3-7。

表 3-7　样板制作计划表

序号	分部工程名称	深化设计项目	出图时间	负责人

2. 现场准备

应根据现场施工条件和工程实际需要，准备现场生产、生活等临时设施。施工设施包括生产性施工设施和生活性施工设施，包括"四通一平"（水通、电通、道路畅通、通信畅通和场地平整），应根据其规模和数量。考虑占地面积和建造费用。施工设施准备计划表见表3-8。

表3-8 施工设施准备计划表

序号	设施名称	种类	数量(或面积)	规模(或可存储量)	设施构造	完成时间	负责人

3. 资金准备

资金准备应根据施工进度计划，与项目合约人员、成本管理员共同进行编制资金使用计划。资金使用计划表见表3-9。

表3-9 资金使用计划表

分项工程名称	工作量	工作安排	需要资金	资金到位时间

4. 劳动力配置计划

应按项目主要工种工程量，套用概（预）算定额或者有关资料，结合施工进度计划的安排，配置项目主要工种的劳动力。劳动力配置计划表见表3-10。

表3-10 劳动力配置计划表

序号	专业工种	劳动量/工日	需要量计划/工日										责任人
			年					年					
			1	2	3	4	…	1	2	3	4	…	

5. 施工物资配置计划

（1）原材料需要计划

原材料需要计划主要指工程用水泥、钢筋、砂、石子、砖、石灰、防水材料等主要材料需要量计划，采用表的形式表示。原材料需要量计划表见表3-11。

表3-11 原材料需要量计划表

序号	材料名称	规格	需要量		需要时间												负责人
			单位	数量	×　月				×　月				×　月				
					1	2	3	…	1	2	3	…	1	2	3	…	

（2）成品、半成品需要计划

成品、半成品需要计划主要指混凝土预制构件、钢结构、门窗构件等成品、半成品，以及安装、装饰工程成品、半成品需要量计划。成品、半成品需要量计划表见表3-12。

表 3-12 成品、半成品需要量计划表

序号	成品、半成品名称	规格	需要量		需要时间												负责人
			单位	数量	× 月				× 月				× 月					
					1	2	3	…	1	2	3	…	1	2	3	…	

（3）生产工艺设备需要计划

生产工艺设备需要计划主要指构成工程实体的工艺设备、生产设备等。生产工艺设备需要量计划表见表 3-13。

表 3-13 生产工艺设备需要量计划表

序号	生产设备名称	型号	规格	电功率/kVA	需要量/台	进场时间	责任人

（4）施工工具需要计划

施工工具需要计划主要指模板、脚手架用钢管、扣件、脚手板等辅助施工用工具需要量计划。施工工具需要量计划表见表 3-14。

表 3-14 施工工具需要量计划表

序号	施工工具名称	需要量	进场日期	出场日期	责任人

（5）施工机械、设备需要计划

施工机械、设备需要计划主要指施工用大型机械设备、中小型施工工具等需要量计划。施工机械、设备需要量计划表见表 3-15。

表 3-15 施工机械、设备需要量计划表

序号	施工机具名称	型号	规格	电功率/kVA	需要量/台	使用时间	责任人

（6）测量设备需用计划

测量设备需用计划主要指本工程用于定位测量放线用的计量设备、现场试验用计量设备、质量检测设备、安全检测设备、进场材料计量用设备等。测量设备需用量计划见表 3-16。

表 3-16 测量设备需用量计划表

序号	测量设备名称	分类	数量	使用特征	确认间距	保管人

五、施工现场平面布置

1. 现场平面布置图类别

单位工程施工现场平面布置图应参照施工总平面布置的规定，结合施工组织总设计，按

不同施工阶段（一般按地基基础、主体结构、装修装饰和机电设备安装三个阶段）分别绘制，包括：基础阶段施工平面布置图、主体阶段施工平面布置图、装饰装修阶段施工平面布置图、施工环境平面图、临建的用电和供水平面布置图。

2. 现场平面布置图设计内容

① 工程施工场地状况。

② 拟建建（构）筑物的位置、轮廓尺寸、层数等。

③ 工程施工现场的加工设施、存贮设施、办公和生活用房等的位置和面积。

④ 布置在工程施工现场的垂直运输设施、供电设施、供水供热设施、排水排污设施和临时施工道路等。

⑤ 施工现场必备的安全、消防、安保和环境保护等设施。

⑥ 相邻的地上、地下既有建（构）筑物及相关环境。

3. 现场平面布置图设计依据

施工现场平面布置图比例一般采用（1：500）～（1：200），设计的依据如下。

① 建筑总平面图及施工场地的地质地形。

② 工地及周围生活、道路交通、电力电源、水源等情况。

③ 各种建筑材料、预制构件、半成品、建筑机械的现场存储量及进场时间。

④ 单位工程施工进度计划及主要施工过程的施工方法。

⑤ 现有可用的房屋及生活设施，包括：临时建筑物、仓库、水电设施、食堂、锅炉房、浴室等。

⑥ 一切已建及拟建的房屋和地下管道，以便考虑在施工中利用或提前拆除影响施工的部分。

⑦ 建筑区域的竖向设计和土方调配图。

4. 现场平面布置图设计步骤

（1）布置起重机位置及开行路线

起重机的位置对仓库、料堆、砂浆和混凝土搅拌站的位置有直接影响。同时，还影响着道路和水电线路的布置，因此应优先布置。

（2）布置材料、预制构件仓库和搅拌站位置

① 布置材料、预制构件堆场及搅拌站位置，材料堆放尽量靠近使用地点。

② 如用固定式垂直运输设备如塔吊，则材料、构配件堆场应尽量靠近垂直运输设备，采用塔式起重机为垂直运输设施时，材料、构件堆场、砂浆搅拌站、混凝土搅拌站出口等，应布置在塔式起重机有效起吊范围内。

③ 预制构件的堆放要考虑吊装顺序。

④ 砂浆、混凝土搅拌站的位置应靠近使用位置或靠近运输设备。浇筑大型混凝土基础时，可将混凝土搅拌站设在基础边缘，待基础混凝土浇筑后再转移。砂、石及水泥仓库应紧邻搅拌站布置。

（3）布置运输道路

① 尽可能将永久性道路提前施工，以便后来为施工使用，或先铺设好永久性道路的路基，在交工前再铺路面。

② 现场的道路最好是环形布置，以利运输工具回转、调头。

③ 单位工程施工平面图的道路布置，应与施工总平面图相配合。

（4）布置行政管理及生活用临时性房屋

① 工地出入口要设门岗。

② 办公室布置应靠近现场。

③ 工人生活用房应尽可能利用建设单位永久性设施，若系新建工程，则生活区应与现场分隔开来。

④ 通常新建工程的行政管理及生活用临时房屋由施工总平面来考虑。

（5）布置水电管网

① 一般面积在 5000～10000m^2 的单位工程施工用水管管径为 100mm，支管管径为 40mm 或 25mm，100mm 管可供给一个消防龙头的水量。

② 施工现场应设消防水池、水桶、灭火器等消防设施，施工中的防火尽量利用建设单位永久性消防设备，新建工程则由施工总平面图考虑。

③ 当水压不够时可加设加压泵或设蓄水池解决。

④ 工地变压站的位置应布置在现场边缘高压线接入处，四周用铁丝网围住，变压站不宜布置在交通要道口。

⑤ 工地排水沟最好与永久性排水系统相结合，特别注意防洪，防止暴雨季节其他地区的地面水涌入现场。此时，在工地四周要设置排水沟。

⑥ 要充分考虑对周边环境的影响，尽可能保持原有的环境地貌，减少对周边环境的影响。同时，生活垃圾、工地废料等都应该采取环保的方法处理。

⑦ 施工环境平面图中应标注污水排放示意、消防点布置、噪声测试点分布、周边环境等。

⑧ 临时用水布置图应根据施工方案中所设计的临时给水系统进行给水管布置，包括水龙头等的布置。

⑨ 临时用电布置图应根据施工方案中所设计的临时用电系统进行电缆布置，包括配电箱、配电柜等的布置。

⑩ 临时道路应根据生产和生活的要求，考虑企业识别系统（Corporate Identity System）规划，明确道路的宽度、走向、厚度及材料等问题。

六、主要施工管理计划的编制

1. 施工进度管理计划

项目施工进度管理计划应按照项目施工的技术规律和合理的施工顺序，保证各工序在时间上和空间上顺利衔接。不同的工程项目其施工技术规律和施工顺序不同，即使是同一类工程项目，其施工顺序也难以做到完全相同。

因此，必须根据工程特点，按照施工的技术规律和合理的组织关系，解决各工序在时间和空间上的先后顺序和搭接问题，以达到保证质量、安全施工、充分利用空间、争取时间、实现经济合理安排进度的目的。

应针对不同施工阶段的特点，制定进度管理的相应措施，包括施工组织措施、技术措施等。进度控制的相应措施举例见表 3-17、表 3-18。

表 3-17　确保工期的组织措施表

序号	措施类别	措施内容
1	成立管理组织机构	为确保工程进度,成立由总包协调部和专业分包商及劳务作业层组成的组织机构

续表

序号	措施类别		措施内容
2	定期召开专题会议	总结经验	总结前一阶段工期管理方面的经验教训,提交并协调解决各类问题
		预测调整	根据前期完成情况和其他预测变化情况,及时调整后期计划并下达部署
3	开展工期竞赛活动		拿出一定资金作为工期竞赛奖励基金,引入经济奖励机制,结合质量管理情况,奖优罚劣,充分调动全体施工人员的积极性,确保各项工期目标顺利实现

表 3-18　确保工期的技术措施表

序号	新技术名称	保证措施
1	全站仪测量	空间定位速度快,精度高,可缩短测量技术间歇时间
2	定位技钢筋直螺纹连接技术	操作简单、质量可靠、能耗小,速度快且不受气候限制
3	泵送混凝土技术	混凝土质量稳定,施工速度快

2. 工程质量管理计划

（1）工程施工质量目标及其目标分解

工程质量目标应不低于工程合同明示的要求,并应具有可测量性,并分解为分部工程、分项工程和工序质量控制子目标,尽可能地量化和层层分解到最基层,建立阶段性目标。

（2）建立项目质量管理的组织机构并明确职责

应明确质量管理组织机构中各重要岗位的职责,与质量有关的各岗位人员应具备与职责要求匹配的相应知识、能力和经验。

（3）制订技术保障和资源保障措施

应采取各种有效措施,确保项目质量目标的实现,包括原材料、构配件、机具的要求和检验,主要的施工工艺、主要的质量标准和检验方法,暑期、冬期和雨期施工的技术措施,关键过程、特殊过程、重点工序的质量保证措施,成品、半成品的保护措施,工作场所环境以及劳动力和资金保障措施等。

① 确定质量控制点:控制阶段按照事前(施工准备阶段)、事中(施工阶段)、事后(检查验收阶段)三个阶段。控制环节主要指一些重要的管理活动,如建立机构、图纸会审、编制方案、技术交底、测量控制等,另外针对分部分项工种的施工活动,如基坑开挖、粗钢筋绑扎、预埋件埋设等,也应设置质量控制点。可采用表格形式表述质量控制点,见表 3-19。

表 3-19　质量控制点

控制阶段	控制环节	控制要点	控制人	参与控制人	主要控制内容	工作依据

② 关键过程和特殊过程质量控制

a. 关键过程控制。关键过程是指施工难度大、过程质量不稳定或出现不合格频率较高的过程;对产品质量特性有较大影响的过程;施工周期长,原材料昂贵,出现不合格后经济损失较大的过程;基于人员素质、施工环境等方面的考虑,认为比较重要的其他过程。例如测量放线、地基处理、基坑支护、钢筋焊接、混凝土浇筑等工程。

b. 特殊过程控制。特殊过程是对形成的产品是否合格不易或不能经济地进行验证的过程。例如桩基础工程、预应力工程、建筑防水工程等。

关键过程和特殊过程的确定,建议以表格形式表示,见表 3-20。

表 3-20　关键过程和特殊过程质量控制表

施工阶段	关键过程	特殊过程	责任人	实施时间	控制措施
基础阶段					
主体阶段					
安装阶段					
初安装阶段					
精安装阶段					

（4）制定现场质量管理制度

按照质量管理 8 项原则中的过程方法要求，将各项活动和相关资源作为过程进行管理，建立质量过程检查、验收以及质量责任制等相关制度，对质量检查和验收标准做出规定，采取有效的纠正和预防措施，保障各工序和过程的质量。质量管理制度的主要内容有：

① 培训上岗制度；

② 质量否决制度；

③ 成品保护制度；

④ 质量文件记录制度；

⑤ 工程质量事故报告及调查制度；

⑥ 工程质量检查及验收制度；

⑦ 样板引路制度；

⑧ 自检、互检和专业检查的"三检"制度；

⑨ 对分包工程的质量检查制度、对分包工程基础、主体工程的验收制度；

⑩ 单位（子单位）工程竣工检查验收；

⑪ 原材料及构件试验、检验制度；

⑫ 分包工程（劳务）管理制度等。

3. 施工安全管理计划

（1）安全生产策划的内容

针对工程项目的规模、结构、环境、技术方案、施工风险和资源配置等因素进行安全生产策划，策划的内容如下。

① 配置必要的设施、装备和专业人员，确定控制和检查的手段、措施。

② 确定整个施工过程中应执行的文件、规范，如脚手架工程、高空作业、机械作业、临时用电、动用明火、沉井、深挖基础施工和爆破工程等作业规定。

③ 确定冬季、雨季、雪天和夜间施工时的安全技术措施及夏季的防暑降温工作。

④ 对危险性较大的分部分项工程要制定安全专项施工方案；对于超出一定规模的危险性较大的分部分项工程，应当组织专家对专项方案进行论证。

⑤ 因工程项目的特殊需求所补充的安全操作规定。

⑥ 制定施工各阶段具有针对性的安全技术交底文本。

⑦ 制定安全记录表格、确定收集、整理和记录各种安全活动的人员和职责。

（2）安全生产管理机构及人员

专职安全生产管理人员主要负责安全生产，进行现场监督检查；发现安全事故隐患向项目负责人和安全生产管理机构报告；对于违章指挥、违章作业的，应立即制止。

项目经理部应建立以项目经理为组长的安全生产管理小组，按工程规模设安全生产管理机构或配专职安全生产管理人员。

班组设兼职安全员，协助班组长进行安全生产管理。

（3）安全生产责任体系

① 项目经理为项目经理部安全生产第一责任人。

② 分包单位负责人为单位安全生产第一责任人，负责执行总包单位安全管理规定和法规，组织本单位安全生产。

③ 作业班组负责人作为本班组或作业区域安全生产第一负责人，贯彻执行上级指令，保证本区域、本岗位安全生产。

（4）安全生产资金策划

施工现场安全生产资金主要包括如下组成：

① 施工安全防护用具及设施的采购和更新的资金；

② 安全施工措施的资金；

③ 改善安全生产条件的资金；

④ 安全教育培训的资金；

⑤ 事故应急措施的资金。

由项目经理部制定安全生产资金保障制度，落实、管理安全生产资金。

（5）安全生产管理制度

安全生产管理制度主要包括如下制度：

① 安全生产许可证制度；

② 安全生产责任制度；

③ 安全生产教育培训制度；

④ 安全生产资金保障制度；

⑤ 安全生产管理机构和专职人员制度；

⑥ 特种作业人员持证上岗制度；

⑦ 安全技术措施制度；

⑧ 专项施工方案专家论证审查制度；

⑨ 施工前详细说明制度；

⑩ 消防安全责任制度；

⑪ 防护用品及设备管理制度；

⑫ 起重机械和设备实施验收登记制度；

⑬ 三类人员考核任职制度；

⑭ 意外伤害保险制度；

⑮ 安全事故应急救援制度；

⑯ 安全事故报告制度。

（6）施工项目安全保证计划

根据安全生产策划的结果，编制施工项目安全保证计划，主要是规划安全生产目标，确定过程控制要求，制定安全技术措施，配备必要资源，确保安全保证目标实现。它充分体现了施工项目安全生产必须坚持"安全第一、预防为主"的方针，是生产计划的重要组成部分，是改善劳动条件，搞好安全生产工作的一项行之有效的制度，其主要内容如下。

① 项目经理部应根据项目施工安全目标的要求配置必要的资源，确保施工安全保证目标的实现。危险性较大的分部分项工程要制定安全专项施工方案并采取安全技术措施。

② 施工项目安全保证计划应在项目开工前编制，经项目经理批准后实施。

③ 施工项目安全保证计划的内容主要包括：工程概况、控制程序、控制目标、组织结构、职责权限、规章制度、资源配置、安全措施、检查评价、奖惩制度等。

④ 施工平面图设计是项目安全保证计划的一部分，设计时应充分考虑安全、防火、防爆、防污染等因素，满足施工安全生产的要求。

⑤ 项目经理部应根据工程特点、施工方法、施工程序、安全法规和标准的要求，采取可靠的技术措施，消除安全隐患，保证施工安全保护周围环境。

⑥ 对结构复杂、施工难度大、专业性强的项目，除制定项目总体安全保证计划外，还须制定单位工程或分部、分项工程的安全施工措施。

⑦ 对高空作业、井下作业、水上作业、水下作业、深基础开挖、爆破作业、脚手架上作业、有害有毒作业、特种机械作业等专业性强的施工作业，以及从事电气、压力容器、起重机，金属焊接，井下瓦斯检验，机动车和船舶驾驶等特殊工种的作业，应制定单项安全技术方案和措施，并应对管理人员和操作人员的安全作业资格和身体状况进行合格审查。

⑧ 安全技术措施是为防止工伤事故和职业病的危害从技术上采取的措施，应包括：防火、防毒、防爆、防洪、防尘、防雷击、防触电、防坍塌、防物体打击、防机械伤害、防溜车、防高空坠落、防交通事故、防寒、防暑、防疫、防环境污染等方面的措施。

⑨ 实行总分包的项目，分包项目安全计划应纳入总包项目安全计划，分包人应服从承包人的管理。

（7）施工项目安全保证计划的实施

施工项目安全保证计划实施前，应按要求上报，经项目业主或企业有关负责人确认审批，后报上级主管部门备案。执行安全计划的项目经理部负责人也应参与确认，主要是确认安全计划的完整性和可行性；项目经理部满足安全保证的能力；各级安全生产岗位责任制和与安全计划不一致的事宜都是否解决等。

施工项目安全保证计划的实施主要包括项目经理部制定建立安全生产管理措施和组织系统、执行安全生产责任制、对全员有针对性地进行安全教育和培训、加强安全技术交底等工作。

4. 现场环境管理计划

确定项目重要环境因素，制定项目环境管理目标。

（1）建筑工程常见的环境因素

建筑工程常见的环境因素包括：大气污染、垃圾污染、建筑施工中建筑机械发出的噪声和强烈的振动、光污染、放射性污染、生产、生活污水排放。

环境因素可用表格表示，表格示例见表3-21。

表3-21 环境因素评价表

序号	工序/工作活动	环境因素	环境影响	评价方法
1	混凝土搅拌	粉尘排放	污染大气	定性
		噪声排放	影响居民	定量
2				
3				
4				
...				

（2）环境管理目标

环境管理目标可用表格进行表示，并可对实现环境管理目标的方法和时间进行细化，见表3-22、表3-23。

（3）机构及资源配置

① 建立项目环境管理的组织机构并明确职责。

表 3-22　环境管理目标

序号	环境因素	环境指标	完成期限	完成期限	责任实施部门	协助管理部门	实施监控部门
1							
2							
3							
4							
...							

表 3-23　实现环境管理目标的方法和时间表

序号	环境目标和指标	实现方法	责任人	实施时间
1				
2				
3				
...				

② 资源配置应根据项目特点进行，可用表格表示，见表 3-24。环境保护资源包括洒水设施、覆盖膜等防护用品和粉尘测定仪、噪声测定仪以及有毒气体测定仪等环境检测器具。

表 3-24　环境保护的资源配置

序号	环境保护用资源名称	数量	使用特征	保管人
1				
2				
...				

（4）制定现场环境保护的控制措施

现场环境保护的控制措施包括现场泥浆、污水和排水；现场爆破危害防止；现场打桩震害防止；现场防尘和防噪声；现场地下旧有管线或文物保护；现场熔化沥青及其防护；现场及周边交通环境保护；现场卫生防疫和绿化工作等。

（5）建立现场环境检查制度

建立现场环境检查制度并对环境事故的处理做出相应规定，包括：施工现场卫生管理制度，现场化学危险品管理制度，现场有毒有害废弃物管理制度，现场消防管理制度，现场用水、用电管理制度等。

5. 施工成本管理计划

（1）施工成本管理计划的内容

① 根据项目施工预算，制定项目施工成本目标；

② 根据施工进度计划，对项目施工成本目标进行阶段分解；

③ 建立施工成本管理的组织机构并明确职责，制定相应管理制度；

④ 采取合理的技术、组织和合同等措施，控制施工成本；

⑤ 确定科学的成本分析方法，制定必要的纠偏措施和风险控制措施。

（2）施工成本目标及分解目标

成本目标分解至如合约与索赔、安全控制、技术方案、质量成品完工率、材料合格率、材料供应与管理、周转料具与机械、现场组织协调、电气工程、水暖通风工程、现场经费、临设管理等方面。

① 施工成本目标控制表见表 3-25。

② 施工成本目标分解表见表 3-26。

（3）施工成本控制措施

施工成本主要从技术、组织和合同方面采取措施进行控制，可用表格进行表示，见表 3-27、表 3-28。

表 3-25　施工成本目标控制表

项目	目标成本	项目	目标成本
1. 直接费		其他直接费	
人工费		2. 间接费	
材料费		施工管理费	
机械使用费			

表 3-26　施工成本目标分解表

规划项目名称	成本降低额/万元					
	总计	直接成本费				间接成本
		人工费	材料费	机械费	其他直接费	
合约和索赔						
安全控制						
技术方案						

表 3-27　技术节约降低成本措施计划表

序号	技术措施内容	计算依据	计划差异
1			
2			
...			

表 3-28　组织措施降低成本计划表

序号	分部分项工程名称	预算成本	计划成本	差异额	降低措施	责任人
1						
2						
...						

（4）风险控制措施

① 识别风险因素。风险类型一般分为：管理风险、人力资源风险、经济与管理风险、材料机械及劳动力风险、工期风险、技术质量安全风险、工程环境风险等，示例及内容见表 3-29。

表 3-29　风险因素表

序号	风险因素	产生原因	风险强度	可能产生的后果
1	管理风险	各级管理机构及制度不完善	中	造成经济及声誉损失；出现较严重的质量、安全等事故
2	人力资源风险	管理及操作人员的能力、素质和经验不够	中	可能产生意外的技术、安全事故；操作缓慢，满足不了进度要求
3	经济与管理风险	业主及总包资金供应不及时，市场价高于定额价	高	导致工程停工、窝工、机械停滞使用、资金沉没等严重经济损失
4	工期风险	劳动力、机械、天气、资金等造成工期延期	低	被业主索赔工期损失；工程无法按合同交付使用

② 估计风险出现概率和损失值示例见表 3-30。选择合理的风险估计方法（概率分析法、趋势分析法、专家会议法、德尔菲法或专家系统分析法）；估计风险发生概率，确定风险后果和损失严重程度。

③ 分析风险管理重点，制定风险防范控制对策。根据估计风险出现概率和损失值，列出重点风险因素，并提出防范对策。可用表格形式表述，示例见表 3-31。

④ 明确风险管理责任。根据所确定的重点风险，落实到人进行防范和控制。可用表格形式表述，示例见表 3-32。

表 3-30　估计风险出现概率和损失值表

序号	项目	风险因素						
		①	②	③	④	⑤	⑥	⑦
1	发生概率/%	20	20	50	5	40	10	25
2	对工程的影响程度（用成本来计算）/%	2	1	10	1	0.5	2	2
3	损失值/万元	520	260	2600	260	130	2600	520

表 3-31　风险防范控制对策

序号	重点风险因素	防范对策
1	经济与管理风险	做好与建设单位、监理单位的协调工作,争取工程款及时到位,准时发放劳务队工资,机械租赁费等;材料周转资金提前做好计划,确保不能因为资金方面问题耽误进场等
2		
3		
…		

表 3-32　风险管理责任

序号	风险名称	管理目标	防范对策	管理责任人
1	仅仅管理风险	规避	提前落实资金来源	×××
2				
…				

6. 绿色施工管理计划

（1）绿色施工管理要求

绿色施工管理要求主要包括组织管理、规划管理、实施管理、评价管理和人员安全与健康管理 5 个方面。

建设工程施工阶段应严格按照建设工程规划、设计要求，通过建立管理体系和管理制度，采取有效的技术措施，全面贯彻落实国家关于资源节约和环境保护的政策，最大限度地节约资源，减少能源消耗，降低施工活动对环境造成的不利影响，提高施工人员的职业健康安全水平，保护施工人员的安全与健康。

（2）绿色施工管理计划内容

① 环境保护措施，制定环境管理计划及应急救援预案，采取有效措施，降低环境负荷，保护地下设施和文物等资源。

② 节材措施，在保证工程安全与质量的前提下，制定节材措施。如进行施工方案的节材优化，建筑垃圾减量化，尽量利用可循环材料等。

③ 节水措施，根据工程所在地的水资源状况，制定节水措施。

④ 节能措施，进行施工节能策划，确定目标，制定节能措施。

⑤ 节地与施工用地保护措施，制定临时用地指标、施工总平面布置规划及临时用地节地措施等。

7. 施工项目信息管理计划

信息管理计划的制定应依据项目管理实施计划中的有关内容，一般包括信息需求分析，信息的编码和分类，信息管理任务分工和职能分工，信息管理工作流程，信息处理要求及方式，各种报表、报告的内容和格式。信息管理计划是现代管理制度中的重要一环，信息处理工作的规范化、制度化、科学化，将大大提高信息处理的效率和质量。同时，科学有效的信息处理系统也将能够很好地保障信息在管理运作过程中的顺畅与安全。

（1）信息需求分析

信息需求分析是要识别组织各层次以及项目有关人员的信息需求，应能明确项目有关人员成功实施项目所必要的信息。其内容不仅应包括信息的类型、格式、内容、详细程度、传递要求、传递复杂性等，还应进行信息价值分析。应满足信息格式标准，包括信息源标准、加工处理标准、输入输出标准，以信息目录表的形式进行规范统一；注意扩容性。进行项目信息需求分析时，应考虑项目组织结构图，项目组织分工及人员职责和报告关系，项目涉及的专业、部门，参与项目的人数和地点，项目组织内部对信息的需求，项目组织外部（如合同方）对信息的需求，项目相关人员的有关信息等。

（2）信息的编码和分类

主要包括项目编码、管理部门人员编码、进度管理编码、质量管理编码、成本管理编码。

（3）信息管理任务和职能分工

按照任务职责分工表的规定，对信息管理系统所有人员细化明确职责，包括信息收集、处理、输入、输出等环节的职责，且职责应进行量化或模拟量化。

（4）信息管理工作流程

信息管理工作流程应反映了工程项目组织内部信息流和有关的外部信息流及各有关单位、部门和人员之间的关系，并有利于保持信息畅通。确定信息管理工作流程时，应保证管理系统的纵向信息流、管理系统的横向信息流及外部系统信息流三种信息流有明晰的流线，并都应保持畅通。以模块化的形式进行编制，以适应信息系统运行的需要；必须进行优化调整，剔除冗余不合理的流程，并应充分考虑信息成本；每个模块内不得出现循环流程。

（5）信息处理要求及方式

为了便于管理和使用，必须对所收集到的信息、资料进行处理。信息处理要满足快捷、准确、适用、经济的目标，信息处理方式可以采用手工处理、机械处理、计算机处理。

在项目执行过程中，应定期检查计划的实施效果并根据需要进行计划调整。

第三节　单位工程施工组织设计的编制内容

一般来说，单位工程施工组织设计的编制内容主要有以下几个方面。

一、工程概况

这是对拟建工程的工程特点、现场情况、施工条件等所进行的一个简要的、突出重点的文字介绍，也可以采用简洁明了的表格形式。

（1）工程概况的主要内容

① 工程与施工特点，主要介绍工程设计图纸的情况，特别是设计中是否采用了新结构、新技术、新工艺、新材料等内容，提出施工的重点和难点，阅后使人对工程有个总体的了解。而不同类型的建筑，不同条件下的工程施工，均有其不同的施工特点，在单位施工组织设计中应予以体现。

② 建筑设计概况、结构设计概况、专业设计概况、工程的难点及特点等，包括平面组成、层数、建筑面积、抗震设防烈度、混凝土等级、砌体要求、主要工程实物量和内外装饰

情况等。

③ 现场情况，主要说明建筑物位置、地形、地质、地下水位、气温、冬雨季时间、主导风向以及地震烈度等情况。

④ 施工条件。简要介绍现场三通一平情况；当地的资源生产、运输条件；企业内部机械、设备、劳动力等落实情况及承包方式；现场供电、供水、供气情况等。

（2）工程概况的其他内容和可附示意图

在说明工程概况的时候，应指出单位工程的施工特点和施工中的关键问题和主要矛盾，并提出解决方案。工程概况中还可以附上一些示意图进一步加以说明。

① 周围环境条件图。主要说明周围建筑物与拟建建筑的尺寸关系，标高，周围道路，电源，水源，雨、污水管道及走向、围墙位置等，城市市政管网系统工程，（这点尤为重要）。

② 工程平面图。主要说明建筑物的尺寸、功用及围护结构等，这也是合理布置施工总平面的一个关键点。

③ 工程结构剖面图。主要说明工程的结构高度、楼层标高、基础高度及底板厚度等，这些是施工的依据。

二、主要施工方案

这是单位工程施工组织设计的核心内容，施工方案和施工方法选择得是否合理，将直接影响工程进度、施工质量、安全生产和工程成本。单位工程施工组织设计应着重于各施工方案的技术经济比较，力求采用新技术，选择最优方案。好的施工方案对组织施工有实际的经济效益，而且可缩短工期和提高质量。在确定施工方案时，应考虑主要施工机械选用，机械布置位置及其开行路线，现浇钢筋混凝土施工中各种模板的选用，混凝土水平与垂直运输方案的选择，降低地下水的方案比较，各种材料运输方案的选择等，尤其是对新技术，要求更为详细。

编制施工方案是在对工程概况和特点分析的基础上，确定施工顺序、施工起点和流向，主要分部分项工程的施工方法和机械的合理选择。

1. 确定施工程序

主要有以下四个方面的原则。

① 先地下后地上。先完成管道、管线等地下设施，土方工程的基础工程，然后开始地上工程施工。

② 先主体后围护。

③ 先结构后装饰。

④ 先土建后设备。

2. 确定施工流向

如果说施工程序是单位工程各分部工程或施工阶段在时间上的先后顺序，那么施工流水方向则是指单位工程在平面或空间上的施工顺序。它的合理确定，将有利于扩大施工作业面，组织多工种平面或立体流水作业，缩短施工周期和保证工程质量。施工流水方向的确定，是单位工程施工组织设计的重要环节，一般应考虑以下几个因素。

① 根据主导工程生产工艺或使用要求确定施工流向。通常情况下，应以工程量较大或技术上较复杂的分部分项工程为主导工程（序）安排施工流向，其他分部分项随之依序安排。

② 根据劳动力、机具设备配置情况确定施工流向。当用于某单位工程的各工种劳动力

能与其他单位工程进行施工流水作业安排时，则各工种劳动力可以在两个单位工程之间进行施工流水作业安排。

③ 根据施工的繁简程度确定施工流向。通常情况下，技术复杂、施工进度较慢、工期较长的部位或工段先行施工。如基础埋置深度不同时，应先施工深基础、后施工浅基础。

在确定施工流向的分段部位时，应尽量利用建筑物的伸缩缝、沉降缝、平面有变化处和留接茬缝不影响建筑结构整体性的部位。住宅一般按单元或楼层划分，建筑群可按区、幢号划分，工业厂房可按跨或生产线划分。

在确定施工流向分段时，还应使每段的工程量大致相等，以便组织等节拍施工流水，使劳动组织相对稳定，各班组能连续均衡施工，减少停歇和窝工。在确定施工流向分段后，还要配置相应的机具设备，如垂直运输设备、模板和脚手架等周转设备，以满足和保证各施工段施工操作的需要。

三、施工进度计划

单位工程施工进度计划，是以施工方案为基础，根据合同工期和技术物资供应条件，遵循合理安排施工工艺顺序和统筹安排各项施工活动的原则进行编制的，它的任务是为整个施工活动以及各分项活动指明一个确定的施工日期，即时间计划。反过来说，单位工程施工计划既是控制施工总进度和各分项工程施工进度的主要依据，也是编制季度、月度及旬施工作业计划以及各项资源需用量的依据。施工进度计划的主要作用是明确各分部分项工程的施工时间及其相互之间的衔接、配合关系；确定所需劳动力、机械、材料等资源随时间进展的供应计划，指导现场施工并确保施工任务的如期完成。

1. 计算合理的工期

为了确定合理工期，首先应分析施工工期与施工利润的关系。可将施工总成本分为两部分费用来考察计算，即固定费用和变动费用。固定费用是与施工产值的增减无关的费用，如周转材料按使用时间分摊的费用，施工机械设备按台班收取的费用，管理人员按月支付的工资，施工现场各种临时设施按使用时间收取的折旧费以及施工中一次性开支的费用，如修建的临时施工道路等。变动费用则是与施工产值成比例增减的工程费用，如各项建筑、构件、制品费、能源消耗、生产工人工资等。一般可以用以下公式来计算合理的工期

$$V=\frac{A}{1-X-i}$$

式中　V——施工速度，万元/月；

　　　A——单位时间施工产值的固定费用；

　　　X——变动费用率（可参考同类工程获得）；

　　　i——期望成本降低率。

则合理工期为

$$T=M/V$$

式中　T——合理工期；

　　　M——成本总额。

2. 施工进度计划的编制

当单位工程总的施工工期确定之后，应着手编制施工进度计划。施工进度计划一般采用横道图、斜道图、图像表示和网络图四种形式，其各有特点。通常是综合使用两种或两种以上来描述进度计划。编制施工进度计划的一般步骤如下。

（1）划分施工过程

编制施工进度计划时，首先应按照施工图的施工顺序将单位工程的各个施工过程列出，项目包括从准备工作直到交付使用的所有土建、设备安装工程，将其逐项填入表中工程名称栏内。划分施工过程的粗细程度，要依据进度计划的需要进行。对控制性进度计划，其划分可较粗，列出分部工程即可；对实施性进度计划，其划分应较细，特别是对主导工程和主要分部工程，要详细具体。除此外，施工过程的划分还要结合施工条件、施工方法和劳动组织等因素，凡在同一时期可由同一施工队完成的若干施工过程可合并，否则应单列。对次要零星工程，可合并为其他工程。水暖、电、卫生和设备安装工程通常由专业施工队负责，在施工进度计划中可只反映这些工程与土建工程的配合关系，即只列出项目名称并标明起止时间即可。

（2）计算工程量

应根据施工图和工程量计算规定计算工程量，计算时应注意以下问题：

① 计算工程量的单位与定额所规定的单位相一致；

② 结合选定的施工方法和安全技术要求计算工程量；

③ 结合施工组织要求，分区、分段、分层计算工程量。

（3）确定所需人工及机械台班数量

根据计算出的各分部分项的工程量与相应的时间或者产量定额，计算各施工过程的人工或机械台班数量，即

所需人工或者机械台班数量＝工程量/相应产量定额

所需人工或者机械台班数量＝工程量×相应时间定额

（4）计算各分项工程施工天数

按计划配备在各分部分项工程上的施工机械数量和各专业工人数确定工期（T），即

$$T = \frac{\text{分部分项工程量}}{\text{相应产量定额} \times \text{所需工人数或机械数} \times \text{每天工作的班次}}$$

在安排每班工人数和机械台数时，应综合考虑各分项工程各班组的每个工人都应有足够的工作面（每个工种所需的工作面各不相同，具体数据可查有关施工手册），以发挥高效率并保证施工安全；在安排班次时宜采用一班制；如工期要求紧时，可采用两班制或三班制，以加快施工速度，充分利用施工机械。

（5）编制施工进度计划的初步方案

各分部分项工程的施工顺序和施工天数确定后，应按照流水施工的原则，力求主导工程连续施工；在满足工艺和工期要求的前提下，尽可能使最多工作能平行地进行，使各个施工队的工人尽可能地搭接起来，其方法步骤如下。

① 首先划分主要施工阶段，组织流水施工。要安排其中主导施工过程的施工进度，使其尽可能连续施工，然后安排其余分部工程，并使其与主导分部工程最大可能地平行进行或最大限度地搭接施工。

② 按照工艺的合理性和工序间尽量穿插、搭接或平行作业方法，将各施工阶段流水作业用横线在表的右边最大限度地搭接起来，即实现单位工程施工进度计划的初步方案。

（6）施工进度计划的检查与调整

对于初步编制的施工进度计划要进行全面检查，看各个施工过程的施工顺序、平行搭接及技术间歇是否合理；编制的工期能否满足合同规定的工期要求；对劳动力及物资资源方面是否能连续、均衡施工等方面进行检查并初步调整，使不满足变为满足，使一般满足变成优化满足。

调整的方法一般有：增加或缩短某些分项工程的施工时间；在施工顺序允许的条件下将某些分项工程的施工时间向前或向后移动；必要时可以改变施工方法或施工组织。总之，通过调整，在工期能满足要求的条件下，使劳动力、材料、设备需要趋于均衡，主要施工机械利用率比较合理。

四、编制各项资源需用量计划

单位工程施工进度计划表编出后，应即编制各项资源的需用量计划，主要是劳动力需要量、机械设备需要量、主要建筑材料及构配件需要量等。这些计划是施工组织设计的组成部分，也是施工单位做好施工准备和物资供应工作的主要依据。

落实各项资源是实施工程的物质保证，离开了资源条件，再好的施工进度计划，也将成为一纸空文。因此，做好各项资源的供应、调度、落实，对保证施工进度，甚至质量、安全都极为重要，应充分予以重视。

① 编制施工进度计划表时所画出的劳动力动态图，只提供了单位工程施工过程中，施工总人数随时间进展而发生的动态变化。编制劳动力需要量计划时，应详细分析出各工种（或主要工种）人员的变化情况，最好能画出各工种人员的动态图或表，其形式见表 3-33。

表 3-33　劳动力需要量计划表

序号	工种名称	总工日	需要人数计划					
			1 月	2 月	3 月	4 月	5 月	…
1								
2								
…								

② 机械设备需要量计划是根据施工进度计划（方案）编制的，主要明确施工机具设备的名称、数量、规格、型号、进退场时间以及机具设备的来源（指添置或是企业内部调拨），其形式见表 3-34。

表 3-34　机械设备需要量计划表

序号	机械名称	型号	数量	现场试验起止时间	机械进场或安装时间	机械退场或拆卸时间	供应单位
1							
2							
…							

③ 主要建筑材料需用量计划是按照施工预算、材料耗用定额和施工进度计划编制的，作为备料、供料和确定仓库、堆场面积以及运输方式等的依据，编制时应明确材料名称、规格品种及使用时间等，其形式见表 3-35。

表 3-35　主要建筑材料需要量计划表

序号	建筑材料名称	单位	数量	规格	需要计划					
					1 月	2 月	3 月	4 月	5 月	…
1										
2										
…										

④ 构配件一般指金属构件（包括预埋件）、木构件和钢筋混凝土构配件等，根据施工图和施工进度计划分别进行编制，并落实加工单位，施工中按时、按数量规格组织进场，其形式见表 3-36。

表 3-36　预制构件需要量计划表

序号	构件名称	规格	型号	单位	数量	安装部位	运到现场日期	制作单位

五、施工平面图

单位工程施工平面图是施工组织设计的主要组成部分，是布置施工现场的依据。如果施工平面图设计不好或贯彻不力，将会导致施工现场混乱的局面，直接影响施工进度、生产效率和经济效果。如果单位工程是拟建建筑群的一个组成部分，则还须根据建筑群的施工总平面图所提供的条件来设计。一般单位工程施工平面图采用的比例是（1：500）～（1：200）。

1. 设计依据

① 建筑总平面图，包括等高线的地形图、建筑场地的原有地下管道位置、地下水位、可供使用的排水沟管。

② 建设地点的交通运输道路、河流、水源、电源、建材运输方式、当地生活设施、弃土、取土地点及现场可供施工的用地。

③ 各种建筑材料、预制构件、半成品、建筑机械的现场存储量及进场时间。

④ 单位工程施工进度计划及主要施工过程的施工方法。

⑤ 建设单位可提供的房屋及生活设施，包括临时建筑物、仓库、水电设施、食堂、宿舍、锅炉房、浴室等。

⑥ 一切已建及拟建的房屋和地下管道，以便考虑在施工中利用或将影响施工的则提前拆除。

⑦ 建筑区域的竖向设计和土方调配图。

⑧ 如该单位工程属于建筑群中的一个工程，则尚需全工地性施工总平面图。

2. 布置内容

① 已建及拟建的永久性房屋、构筑物及地下管道。

② 材料仓库、堆场，预制构件堆场、现场预制构件制作场地布置，钢筋加工棚、木工房、工具房、混凝土搅拌站、砂浆搅拌站、化灰池、沥青灶，生活及行政办公用房。

③ 临时道路、可利用的永久性或原有道路，临时水电气管网布置，水源、电源、变压站位置，加压泵房、消防设施、临时排水沟管及排水方向、围墙、传达室及现场出入口等。

④ 移动式起重机开行路线及轨道铺设，固定垂直运输工具或井架位置，起重机回转半径及相应幅度的起重量。

⑤ 测量轴线及定位线标志，永久性水准点位置。

3. 设计原则

① 在满足现场施工要求的条件下紧凑布置，便于管理，尽可能减少施工用地。

② 在满足施工顺利进行的条件下，尽可能减少临时设施，减少施工用的管线，尽可能利用施工现场附近的原有建筑物作为施工临时用房，并利用永久性道路供施工使用。

③ 最大限度地减少场内运输，减少场内材料、构件的二次搬运；各种材料按计划分期分批进场，充分利用场地；各种材料堆放的位置，根据使用时间的要求，尽量靠近使用地点，节约转运劳动力和减少材料多次转运中的损耗。

④ 临时设施的布置，应利于施工管理及工人生产和生活，办公用房应靠近施工现场，

福利设施应在生活区范围之内。

⑤ 施工平面布置要符合劳动保护、安保、防火和环境保护的要求。施工现场的一切设施都要有利于生产，保障安全施工。要求场内道路畅通，机械设备的钢丝绳、电缆、缆风绳等不得妨碍交通，如必须横过道路时，应采取措施。有碍工人健康的设施（如熬沥青、化石灰等）及易燃的设施（如木工棚、特殊物品仓库）应布置在下风向，离生活区远一些。工地内应布置消防设备，出入口应设置门卫。山区建设中还要考虑防洪、泄洪等特殊要求。

根据以上基本原则并结合现场实际情况，施工平面图可布置几个方案，选择技术上最合理、费用上最经济的方案。可以从以下几个方面进行定量比较：施工用地面积、施工用临时道路、管线长度、场内材料搬运量、临时用房面积等。

第四章

房屋建筑构造

第一节 房屋建筑的基础知识

一、建筑物的等级划分

1. 耐久等级

建筑物的耐久性等级主要根据建筑物的重要性和规模大小划分，并以此作为基建投资和建筑设计的重要依据。耐久等级的指标是使用年限，使用年限的长短是由建筑物的性质决定的。影响建筑寿命长短的主要因素是结构构件的选材和结构体系。

建筑物的设计使用年限见表 4-1。

表 4-1 建筑物的设计使用年限

类别	设计使用年限	示例
1	5	临时性建筑
2	25	易于替换结构构件的建筑
3	50	普通建筑和构筑物
4	100	纪念性建筑和特别重要的建筑

2. 耐火等级

建筑物的耐火等级是衡量建筑物耐火程度的标准，现行《建筑设计防火规范》（GB 50016—2014）将普通建筑的耐火等级划分为四级，见表 4-2。

表 4-2 建筑物构件的燃烧性能和耐火极限　　　　　　　　　　　单位：小时

构件名称		耐火等级			
		一级	二级	三级	四级
墙	防火墙	不燃性 3.00	不燃性 3.00	不燃性 3.00	不燃性 3.00
	承重墙	不燃性 3.00	不燃性 2.50	不燃性 2.00	难燃性 0.50
	非承重墙	不燃性 1.00	不燃性 1.00	不燃性 0.50	燃烧体
	楼梯间和前室的墙、电梯井的墙、住宅建筑单元之间的墙和分户墙	不燃性 2.00	不燃性 2.00	不燃性 1.50	难燃性 0.50
	疏散走道两侧的隔墙	不燃性 1.00	不燃性 1.00	不燃性 0.50	难燃性 0.25
	房间隔墙	不燃性 0.75	不燃性 0.50	难燃性 0.50	难燃性 0.25
柱		不燃性 3.00	不燃性 2.50	不燃性 2.00	难燃性 0.50
梁		不燃性 2.00	不燃性 1.50	不燃性 1.00	难燃性 0.50
楼板		不燃性 1.50	不燃性 1.00	不燃性 0.50	可燃性
屋顶承重构件		不燃性 1.50	不燃性 1.00	可燃性 0.50	可燃性
疏散楼梯		不燃性 1.50	不燃性 1.00	不燃性 0.50	可燃性
吊顶（包括吊顶搁栅）		不燃性 0.25	不燃性 0.25	难燃性 0.15	可燃性

注：1. 除规范另有规定外，以木柱承重且墙体采用不燃材料的建筑，其耐火等级应按四级确定。

2. 住宅建筑构件的耐火极限和燃烧性能可按现行国家标准《住宅建筑规范》（GB 50368—2005）的规定执行。

二、建筑物的构造组成

建筑物一般都可以看成是由基础、墙（柱）、楼板层、地坪层、屋顶、楼梯、门窗等几大部分组成，每一部分都起着不同的作用，如图 4-1 所示。除以上组成部分外，还可能有其他的构件和配件，如雨篷、排烟道、台阶、阳台等。

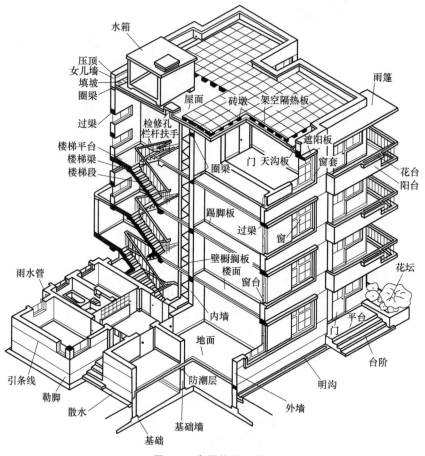

图 4-1　房屋构造示意

1. 基础

基础是房屋建筑中承受整个建筑物荷载，并把这些荷载传给地基的构件。根据房屋的高度和结构形式不同以及地基土的不同，房屋所采用的基础形式也不尽相同。一般基础的形式可分为条形基础、独立基础、筏板基础、箱形基础、桩基础等。

（1）条形基础

条形基础的基础形式为长条形，它又分为墙下条形基础和柱下条形基础，墙下条形基础适用于砌体结构的房屋，柱下条形基础适用于多层框架结构的房屋。砌体结构的墙下条形基础一般用砖、石、混凝土、钢筋混凝土等材料，如图 4-2 所示。框架结构的柱下条形基础由基础梁和翼缘板组成，材料一般采用钢筋混凝土，如图 4-3 所示。

（2）独立基础

独立基础一般用于框架结构或排架结构的柱子下面，一根柱子一个基础，因独立存在，所以称为独立基础。在排架结构中，柱子常采用预制柱，所以基础常做成杯口形式，如

图 4-4（a）所示。框架结构中基础和柱子常采用现浇结构，形成一个整体，如图 4-4（b）所示。

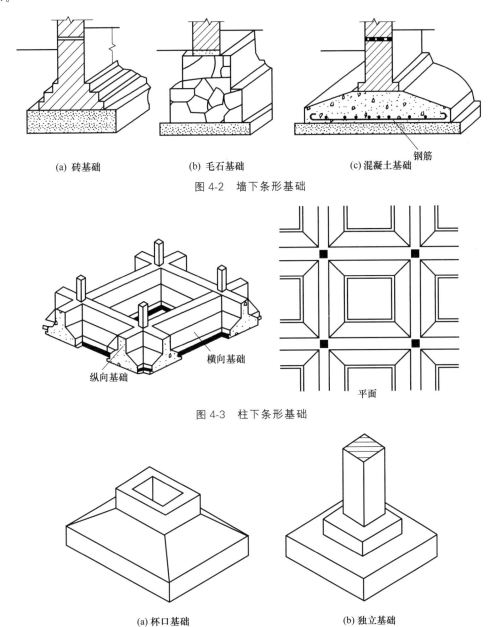

(a) 砖基础　　　　　　　(b) 毛石基础　　　　　　(c) 混凝土基础

图 4-2　墙下条形基础

图 4-3　柱下条形基础

(a) 杯口基础　　　　　　　　　　(b) 独立基础

图 4-4　独立基础

（3）筏板基础

筏板基础用于建筑物层数较多、荷载较大，或地基较差的情况下。筏板基础又分为平板式筏板基础和梁板式筏板基础。图 4-5 是梁板式筏板基础示意图。

（4）箱形基础

箱形基础用于建筑物层数较多，荷载较大，或地基较差的情况下。而且箱形基础主要用于有地下室的建筑，它把地下室做成上有顶板、下有底板、中间有隔墙的大箱子状，中间的空间作为地下室使用，所以称为箱形基础，如图 4-6 所示。

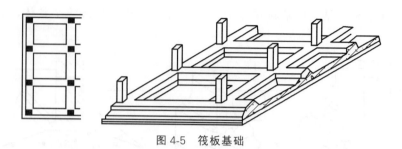

图 4-5　筏板基础

（5）桩基础

桩基础用于地基条件较差，或上部荷载较大的情况下。当基础下边的土质较差、承载力较低时，往往采用桩基础穿过土质较差的土层，将建筑物上部荷载传到下部较硬的土层或岩石上。桩基础常用钢筋混凝土材料，也可用型钢或钢管。桩的上部一般做有承台来支撑上部的墙或柱子，如图 4-7 所示。

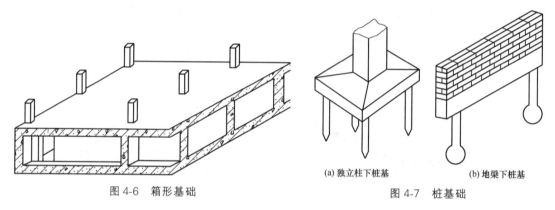

图 4-6　箱形基础

(a) 独立柱下桩基　　　(b) 地梁下桩基

图 4-7　桩基础

2. 墙体

房屋中的墙体根据其位置不同可分为外墙和内墙。外墙是指房屋四周与室外空间接触的墙，内墙是指位于房屋内部的墙。墙体根据受力情况可分为承重墙和非承重墙。凡承受上部梁板传来的荷载的墙称为承重墙，凡不承受上部荷载，仅承受自身重量的墙称为非承重墙。墙体在房屋中的构造如图 4-8 所示。

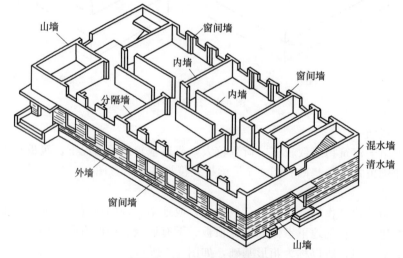

图 4-8　墙体在房屋中的构造

3. 梁、板、柱

柱子是房屋的竖向承重构件，它承受梁板传来的荷载。梁是房屋的横向承重构件，它承受支撑于其上的楼板传来的荷载，并将其传给柱子或墙体。楼板直接承受其上面的家具设备等的荷载，楼板一般支撑在梁或墙上，也可直接支撑在柱子上。板支撑在梁上，梁支撑在柱子上。梁板柱现浇成整体结构的房屋，称为框架结构。在框架结构的房屋中，墙体是不承重的，仅起围护和分隔房间的作用，如图 4-9 所示。板直接支撑在柱子上的结构称为无梁楼盖，这种结构可以增加房屋的净高，但配筋量较大，如图 4-10 所示。

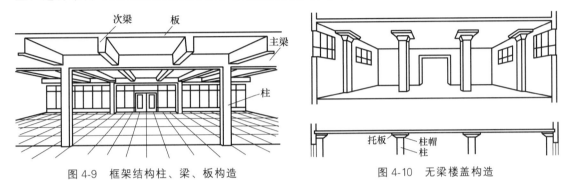

图 4-9 框架结构柱、梁、板构造

图 4-10 无梁楼盖构造

4. 楼梯

楼梯是楼房建筑的垂直交通构件。它主要由楼梯段、休息平台、栏杆和扶手组成。楼梯的一个楼梯段称为一跑，一般常见的楼梯为两跑楼梯，如图 4-11（a）所示。通过两个楼梯段上到上一层，两个楼梯段转折处的平台称为休息平台。除了两跑楼梯外还有单跑楼梯、三跑楼梯等。如图 4-11（b）所示为三跑楼梯示意图。楼梯根据受力形式可分为板式楼梯和梁式楼梯，如图 4-12 所示。板式楼梯是楼梯段的自重及其上的荷载直接通过梯段板传到楼梯段两端的楼层梁、休息平台梁上。梁式楼梯是楼梯段的自重及其上的荷载通过两侧的斜梁传到楼梯段两端的楼层梁、休息平台梁上。

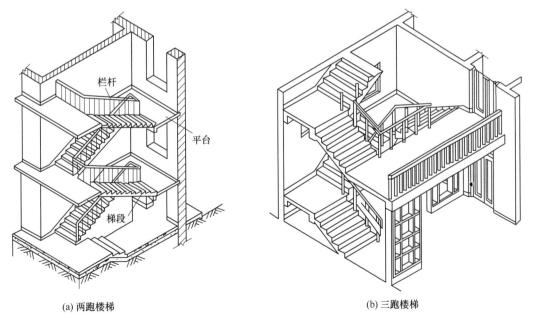

(a) 两跑楼梯

(b) 三跑楼梯

图 4-11 楼梯的组成

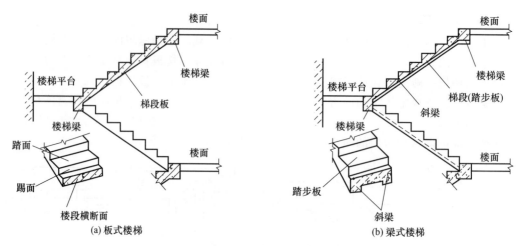

图 4-12　楼梯的形式

5. 门窗

门的主要作用是供人们内外交通和分隔房间。窗主要作用是采光通风，同时也起分隔和围护作用。门窗按其所用的材料不同，可分为木门窗、铝合金门窗、塑钢门窗等。门按其开启方式可分为平开门、推拉门、折叠门、旋转门等，窗按其开启方式可分为平开窗、推拉窗、固定窗、中悬窗、下悬窗、上悬窗、立转窗等。

常见平开窗的构造如图 4-13（a）所示，窗由窗框和窗扇构成，比较高的窗还设有亮子。窗框主要有窗框上槛、横档、窗框下槛、窗框边梃组成，窗扇由上冒头、中冒头、下冒头、窗边梃、玻璃等组成。

常见平开门的构造如图 4-13（b）所示，它由门框和门扇构成，比较高的门还设有亮子。门框主要有门框上槛、横档、门框边梃组成，门扇由上冒头、中冒头、下冒头、门边梃、门芯板等组成。

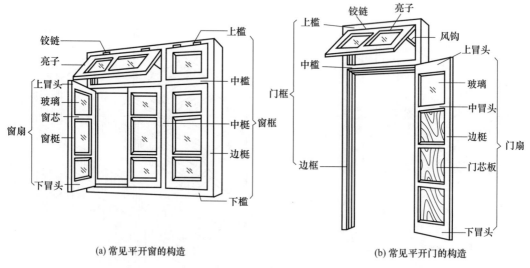

图 4-13　门窗的构造

6. 楼地面

楼地面是人们生活中经常接触行走的平面，楼地面的表面必须平整、清洁。现代建筑要求较低的一般用水泥地面，要求较高的可做瓷砖、大理石、水磨石等地面，有的还做木地板。楼地面的构造层次如图 4-14 所示。

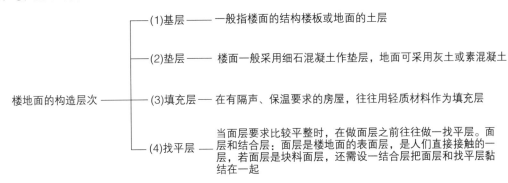

楼地面的构造层次
- (1)基层 —— 一般指楼面的结构楼板或地面的土层
- (2)垫层 —— 楼面一般采用细石混凝土作垫层，地面可采用灰土或素混凝土
- (3)填充层 —— 在有隔声、保温要求的房屋，往往用轻质材料作为填充层
- (4)找平层 —— 当面层要求比较平整时，在做面层之前往往做一找平层。面层和结合层：面层是楼地面的表面层，是人们直接接触的一层，若面层是块料面层，还需设一结合层把面层和找平层黏结在一起

图 4-14 楼地面的构造层次

7. 屋顶

房屋的屋顶分为坡屋顶和平屋顶。

坡屋顶通常由屋架、檩条、屋面板和瓦组成，现代楼房的坡屋顶也可直接将楼板做成斜楼板，再在斜楼板上做防水层和屋瓦。也可将结构楼板做成平板，再在其上增加一个坡屋顶，如图 4-15 所示。

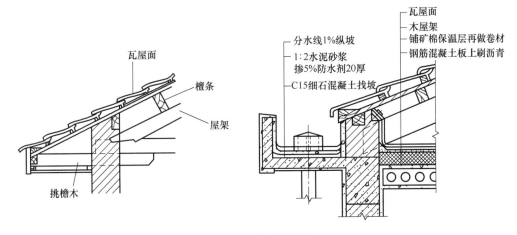

图 4-15 坡屋顶构造

平屋顶是现代建筑采用最多的屋顶形式，为了排水方便，平屋顶也有较小的坡度，一般小于 5%。屋顶是房屋最上部的围护结构，它有遮风挡雨、保温隔热的作用，所以房屋的屋顶由多层构造组成。一般屋顶的构造有基层、保温层、找坡层、找平层、防水层等，上人屋顶还有结合层和面层。

8. 阳台

阳台在住宅建筑中是不可缺少的部分，它是居住在楼房上的人们的室外空

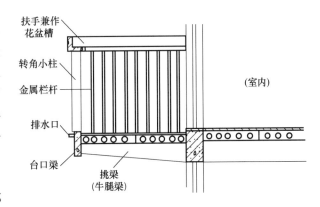

图 4-16 阳台剖面示意图

间，人们可以在其上晒晾衣服、种栽盆景、乘凉休闲。阳台也是房屋使用空间的一部分。阳台分为挑出式和凹进式两种，一般以挑出式为好。目前挑出部分多由钢筋混凝土材料做成，由栏杆、扶手、排水口等组成。图 4-16 所示是一个挑出阳台的剖面示意图。

第二节 结构施工图

一、结构施工图的组成与内容

结构施工图作为建筑结构施工的主要依据，为了保证建筑物的安全，其上应注明各种承重构件（如基础、墙、柱、梁、楼板、屋架和楼梯等）的平面布置、标高、材料、形状尺寸、详细设计与构造要求及其相互关系。

1. 结构设计说明

结构设计说明是对结构施工图用文字辅以图表来说明的，如设计的主要依据，结构的类型，建筑材料的规格形式，基础做法，钢筋混凝土各构件、砖砌体、套用标准图的选用情况、施工注意事项等。

2. 结构构件平面布置图

结构构件平面布置图通常包含以下内容：
① 基础平面布置图（含基础截面详图）；
② 楼层结构构件平面布置图；
③ 屋面结构构件平面布置图。

3. 结构构件详图

结构构件详图通常包含以下内容：
① 梁类、板类、柱类及基础详图等构件详图（包括预制构件、现浇结构构件等）；
② 楼梯结构详图；
③ 屋架结构详图（包括钢屋架、木屋架、钢筋混凝土屋架）；
④ 其他结构构件详图（如支撑等）。

二、结构施工图的表示方法

1. 图线功能

在结构施工图中，可以选用多种线型和不同线宽的图线来表达不同的结构内容，具体见表 4-3。表中 b 为基本线宽，与 $0.5b$、$0.25b$ 组成线宽组。

表 4-3　图线

名称		线型	线宽	用途
实线	粗		b	主要可见轮廓线
	中粗		$0.7b$	可见轮廓线
	中		$0.5b$	可见轮廓线、尺寸线、变更云线
	细		$0.25b$	图例填充线、家具线
虚线	粗		b	见各有关专业制图标准
	中粗		$0.7b$	不可见轮廓线

名称		线型	线宽	用途
虚线	中	——— ——— ———	0.5b	不可见轮廓线、图例线
	细	— — — — — —	0.25b	图例填充线、家具线
单点长划线	粗	———·———·———	b	见各有关专业制图标准
	中	———·———·———	0.5b	见各有关专业制图标准
	细	———·———·———	0.25b	中心线、对称线、轴线等
双点长划线	粗	———··———··———	b	见各有关专业制图标准
	中	———··———··———	0.5b	见各有关专业制图标准
	细	———··———··———	0.25b	假想轮廓线、成型前原始轮廓线
折断线	细	——————／————	0.25b	断开界线
波浪线	细	∿∿∿	0.25b	断开界线

2. 常见比例

在结构施工图中，一般一个图纸采用一种比例。根据图纸的用途和建筑物的复杂程度，结构施工图可选用不同的比例。但在有些结构施工图中（如剪力墙平法施工图和柱平法施工图）中，同一图纸的轴线尺寸与构件尺寸可选用不同的两种比例表示；当构件的纵、横向断面尺寸相差悬殊时，在同一详图中纵、横向也可采用不同的比例绘制。

3. 常用的构件代号

在结构施工图中，构件的名称一般用代号表示，代号后用阿拉伯数字标注该构件的型号、编号或者构件的顺序号。常用的构件代号如表4-4所示。

表 4-4 常用的构件代号

序号	名称	代号	序号	名称	代号	序号	名称	代号
1	板	B	24	边框梁	BKL	47	构造边缘暗柱	GAZ
2	屋面板	WB	25	暗梁	AL	48	构造边缘翼墙柱	GYZ
3	空心板	KB	26	悬挑梁	XL	49	构造边缘转角墙柱	GJZ
4	槽形板	CB	27	井字梁	JZL	50	扶壁柱	FBZ
5	折板	ZB	28	檩条	LT	51	构造柱	GZ
6	密肋板	MB	29	屋架	WJ	52	剪力墙	Q
7	楼梯板	TB	30	托架	TJ	53	矩形洞口	JD
8	盖板或沟盖板	GB	31	天窗架	CJ	54	圆形洞口	YD
9	挡雨板或檐口板	YB	32	框架	KJ	55	承台	CT
10	吊车安全走道板	DB	33	刚架	GJ	56	设备基础	SJ
11	墙板	QB	34	支架	ZJ	57	桩	ZH
12	天沟板	TGB	35	柱	Z	58	挡土墙	DQ
13	梁	L	36	框架柱	KZ	59	柱间支撑	ZC
14	屋面梁	WL	37	框支柱	KZZ	60	垂直支撑	CC
15	吊车梁	DL	38	芯柱	XZ	61	水平支撑	SC
16	圈梁	QL	39	梁上柱	LZ	62	梯	T
17	过梁	GL	40	剪力墙上柱	QZ	63	雨篷	YP
18	连系梁	LL	41	非边缘暗柱	AZ	64	阳台	YT
19	基础梁	JL	42	约束边缘端柱	YDZ	65	梁垫	LD
20	楼梯梁	TL	43	约束边缘暗柱	YAZ	66	预埋件	M
21	框架梁	KL	44	约束边缘翼墙柱	YYZ	67	天窗端壁	TD
22	框支梁	KZL	45	约束边缘转角墙柱	YJZ	68	钢筋网	W
23	屋面框架梁	WKL	46	构造边缘端柱	GDZ	69	基础	J

注：1. 预制钢筋混凝土构件、现浇钢筋混凝土构件、钢构件和木构件，一般直接采用本表中的构件代号。在绘图中，当需要区别上述构件的材料种类时，可在构件代号前加注材料代号，并应在图纸中加以说明。

2. 预应力钢筋混凝土构件的代号，应在构件代号前加注"Y"，如 Y-DL 表示预应力钢筋混凝土吊车梁。

第三节 建筑变形缝构造

一、建筑变形缝的分类

建筑变形缝的分类如图 4-17 所示。

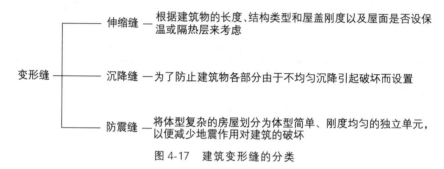

	伸缩缝 —— 根据建筑物的长度、结构类型和屋盖刚度以及屋面是否设保温或隔热层来考虑
变形缝	沉降缝 —— 为了防止建筑物各部分由于不均匀沉降引起破坏而设置
	防震缝 —— 将体型复杂的房屋划分为体型简单、刚度均匀的独立单元，以便减少地震作用对建筑的破坏

图 4-17　建筑变形缝的分类

二、变形缝的设置

1. 伸缩缝

伸缩缝将建筑物基础以上的建筑构件全部断开，基础不必断开，并在两个部分之间留出适当的缝隙，以保证伸缩缝两侧的建筑构件能在水平方向自由伸缩。伸缩缝缝宽一般为 20～30mm。

墙体伸缩缝一般做成平缝、错口缝、企口缝等截面形式，主要视墙体材料、厚度及施工条件而定，但地震地区只能用平缝，如图 4-18 所示。

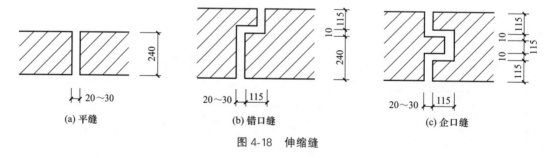

(a) 平缝　　(b) 错口缝　　(c) 企口缝

图 4-18　伸缩缝

建筑物设置伸缩缝的最大间距，应根据不同材料和结构而定，见表 4-5、表 4-6。

表 4-5　砌体结构伸缩缝的最大间距

房屋或楼盖类型	有无保温或隔热层	间距/m
整体式或装配整体式钢筋混凝土结构	有	50
	无	40
装配式无檩体系钢筋混凝土结构	有	60
	无	50
装配式有檩体系钢筋混凝土结构	有	75
	无	60
瓦材屋盖、木屋盖或楼盖、轻钢屋盖	—	100

表 4-6　钢筋混凝土伸缩缝最大间距

结构类型	施工方法	室内或土中/m	露天/m
排架结构	现浇式	100	70
	装配式	75	60
框架结构	现浇式	55	35
	装配式	65	40
剪力墙结构	现浇式	45	30
	装配式	40	30
挡土墙及地下室墙壁等类结构	现浇式	30	20

2. 沉降缝

下列情况下应考虑设置沉降缝。

① 同一建筑物相邻部分高度相差较大，或荷载大小相差悬殊，或结构形式变化较大，易导致地基沉降不均匀时，如图 4-19（a）所示。

② 当建筑物建造在不同地基上，且难以保证均匀沉降时。

③ 建筑物体型比较复杂、连接部位又比较薄弱时，如图 4-19（b）所示。

④ 新建筑物与原有建筑物相毗连时，如图 4-19（c）所示。

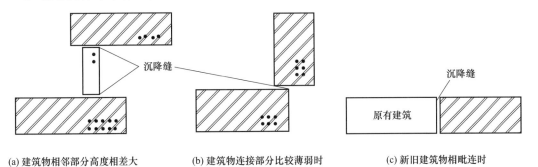

(a) 建筑物相邻部分高度相差大　　　(b) 建筑物连接部分比较薄弱时　　　(c) 新旧建筑物相毗连时

图 4-19　沉降缝

沉降缝的宽度随地基情况和建筑物的高度不同而定，见表 4-7。

表 4-7　沉降缝宽度

地基类型	建筑高度或层数	缝宽/mm
一般地基	<5m	30
	5~10m	50
	10~15m	70
软弱地基	2~3 层	50~80
	4~5 层	80~120
	≥6 层	>120
沉陷性黄土	—	30~70

3. 防震缝

在地震设防烈度为 7~9 度的地区，有下列情况之一时需设防震缝。

① 毗邻房屋立面高差大于 6m。

② 房屋有错层且楼板高差较大。

③ 房屋毗邻部分结构的刚度、质量截然不同。

防震缝的构造如图 4-20 所示。

防震缝的最小宽度应根据不同的结构类型和体系及设计烈度确定，见表 4-8。

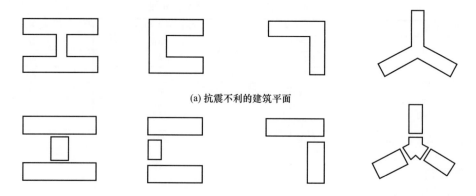

(a) 抗震不利的建筑平面

(b) 用防震缝分割成独立建筑单元

图 4-20　防震缝

表 4-8　防震缝最小宽度

结构类型		设计烈度			
		6 度	7 度	8 度	9 度
钢筋混凝土结构	框架	$H/250$	$H/200$	$H/150$	—
	框架-剪力墙	$H/300$	$H/250$	$H/200$	$H/120$
	剪力墙	$H/400$	$H/350$	$H/250$	$H/150$
砖石结构		$50\sim100mm$			

注：1. 表中 H 为相邻结构单元中较低单元的房屋高度。

2. H 不包括屋面凸出的电梯间、水箱间高度。

第五章 ▶▶

建筑施工测量

第一节 施工测量的方法

一、水平距离测设的一般方法

当已知方向在现场已用直线标定，且测设的已知水平距离小于钢卷尺的长度时，测设的一般方法很简单，只需将钢尺的零端与已知始点对齐，沿已知方向水平拉直拉紧钢尺，在钢尺上读数等于已知水平距离的位置定点即可。为了校核和提高测设精度，可将钢尺移动 10～20cm，用钢尺始端的另一个读数对准已知始点，再测设一次，定出另一个端点，若两次点位的相对误差在限差 [(1/5000)～(1/3000)] 以内，则取两次端点的平均位置作为端点的最后位置。如图 5-1 所示，M 为已知起点，M 至 N 为已知方向，D 为已知水平距离，P' 为第一次测设所定的端点，P'' 为第二次测设所定的端点，则 P' 和 P'' 的中点 P 即为最后所定的点。MP 即为所要测设的水平距离 D。

图 5-1 测距仪测设水平距离

若已知方向在现场已用直线标定，而已知水平距离大于钢卷尺的长度，则沿已知方向依次水平丈量若干个尺段，在尺段读数之和等于已知水平距离处定点即可。为了校核和提高测设精度，同样应进行两次测设，然后取中定点，方法同上。

当已知方向没有在现场标定出来，只是在较远处给出另一定向点时，则要先定线、再量距。对建筑工程来说，若始点与定向点的距离较短，一般可用拉一条细线绳的方法定线，若始点与定向点的距离较远，则要用经纬仪定线，方法是将经纬仪安置在 A 点上，对中整平，照准远处的定向点，固定照准部，望远镜视线即为已知方向，沿此方向边定线边量距，使终点至始点的水平距离等于要测设的水平距离，并且位于望远镜的视线上。

用经纬仪
检测塔吊

扫码观看视频

二、水平角的直接测设法

如图 5-2 所示，设 O 为地面上的已知点，OA 为已知方向，要顺时针方向测设已知水平角 β 的测设方法如下。

① 在 O 点安置经纬仪，对中整平。

② 盘左状态瞄准 A 点，调水平度盘配置手轮，使水平度盘读数为 $0°0'00''$，然后旋转照

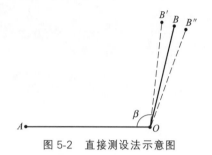

图 5-2　直接测设法示意图

准部，当水平度盘读数 β 时，固定照准部，在此方向上合适的位置定出 B' 点。

③ 倒转望远镜成盘右状态，用同上的方法测设 β 角，定出 B'' 点。

④ 取 B' 和 B'' 的中点 B，则 $\angle AOB$ 就是要测设的水平角。

三、简易方法测设直角

1. 勾股定理法测设直角

如图 5-3 所示，勾股定理指直角三角形斜边（弦）的平方等于对边（股）与底边（勾）的平方和，即

$$c^2 = a^2 + b^2$$

据此原理，只要使现场上一个三角形的三条边长满足上式，该三角形即为直角三角形，从而得到我们想要测设的直角。

2. 中垂线法测设直角

如图 5-4 所示，AB 是现场上已有的一条边，要过 P 点测设与 AB 成 90° 的另一条边，可用钢尺在直线 AB 上定出与 P 点距离相等的两个临时点 A' 和 B'，再分别以 A' 和 B' 为圆心，以大于 PA' 的长度为半径画圆弧，相交于 C 点，则 PC 为 A' 和 B' 的中垂线，即 PC 与 AB 成 90°。

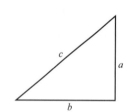

图 5-3　勾股定理法测设直角

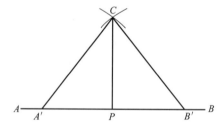

图 5-4　中垂线法测设直角

四、高程测设的一般方法

1. 视线高程法

如图 5-5 所示，欲根据某水准点 R 的高程 H_R，测设 A 点，使其高程为设计高程 H_A。则 A 点在尺上应读的前视读数为

$$b_{应} = (H_R + a) - H_A$$

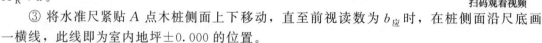

图 5-5　视线高程法

测设方法如下。

① 安置水准仪于 R、A 中间，整平仪器。

② 后视水准点 R 上的立尺，读得后视读数为 a，则仪器的视线高 $H_i = H_R + a$。

水平仪抄平

扫码观看视频

③ 将水准尺紧贴 A 点木桩侧面上下移动，直至前视读数为 $b_{应}$ 时，在桩侧面沿尺底画一横线，此线即为室内地坪 ±0.000 的位置。

2. 高程传递法

图 5-6 所示为深基坑的高程传递，将钢尺悬挂在坑边的木杆上，下端挂 10kg 重锤，在

地面上和坑内各安置一台水准仪，分别读取地面水准点 A 和坑内水准点 P 的水准尺读数 a_1 和 a_2，并读取钢尺读数 b_1 和 b_2，则可根据已知地面水准点 A 的高程 H_A，按下式求得临时水准点 P 的高程的 H_P

$$H_P = H_A + a_1 - (b_1 - b_2) - a_2$$

为了进行检核，可将钢尺位置变动 $10 \sim 20$cm，同法再次读取这四个数，两次求得的高程相差不得大于 3mm。

从低处向高处测设高程的方法与此类似。如图 5-7 所示，已知低处水准点 A 的高程 H_A，需测设高处 P 的设计高程 H_P，先在低处安置水准仪，读取读数 a_1 和 b_1，再在高处安置水准仪，读取读数 a_2，则高处水准尺的应读读数 b_2 为

$$a_2 = H_A + a_1 + (b_2 - b_1) - H_P$$

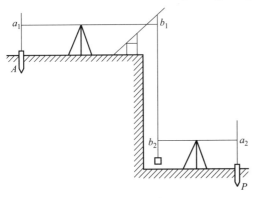

图 5-6　高程传递法（一）

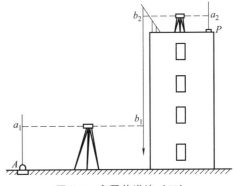

图 5-7　高程传递法（二）

五、简易高程测设

如图 5-8 所示，设墙上有一个高程标志 M，其高程为 H_M，想在附近的另一面墙上，测设另一个高程标志 P，其设计高程为 H_P。将装了水的透明胶管的一端放在 A 点处；另一端放在 P 点处，两端同时抬高或者降低水管，使 M 端水管水面与高程标志对齐，在 P 处与水管水面对齐的高度作一临时标志 P'，则 P' 高程等于 H_M，然后根据设计高程与已知高程的差 $d_h = H_P - H_M$，以 P' 为起点垂直往上（$d_h > 0$ 时）或往下（d_h 小于 0 时）量取 d_h，作标志 P，则此标志的高程为设计高程。

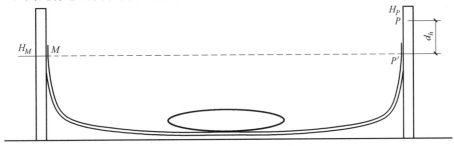

图 5-8　简易高程测设法示意图

六、两点间测设直角的方法

1. 一般测设法

如果两点之间能通视，且在其中一个点上能安置经纬仪，故可用经纬仪定线法进行测

设。先在其中一个点上安置经纬仪，照准另一个点，固定照准部，再根据需要，在现场合适的位置立测钎，用经纬仪指挥测钎左右移动，直到恰好与望远镜竖丝重合时定点，该点即位于 AB 直线上，同法依次测设出其他直线点，如图 5-9 所示。如果需要的话，可在每两个相邻直线点之间用拉白线、弹墨线和撒灰线的方法，在现场将此直线标绘出来，作为施工的依据。

如果经纬仪与直线上的部分点不通视，例如图 5-10 中深坑下面的 P_1、P_2 点，则可先在与 P_1、P_2 点通视的地方（如坑边）测设一个直线点 C，再搬站到 C 点测设 P_1、P_2 点。

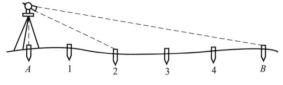

图 5-9 两点间通视的直线测设

图 5-10 两部分点不通视的直线测设

2. 正倒镜投点法

如果两点之间不通视，或者两个端点均不能安置经纬仪，可采用正倒镜投点法测设直线。如图 5-11 所示，M、N 为现场上互不通视的两个点，需在地面上测设以 M、N 为端点的直线，测设方法如下。

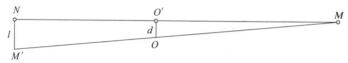

图 5-11 正倒镜投点法测设直线

在 M、N 之间选一个能同时与两端点通视的 O 点处安置经纬仪，尽量使经纬仪中心在 M、N 的连线上，最好是与 M、N 的距离大致相等。盘左（也称为正镜）瞄准 M 点并固定照准部，再倒转望远镜观察 N 点，若望远镜视线与 N 点的水平偏差为 $M'N=l$，则根据距离 ON 与 MN 的比，计算经纬仪中心偏离直线的距离 d。

$$d=l \cdot \frac{MO'}{MN}$$

然后将经纬仪从 O 点往直线方向移动距离 d；重新安置经纬仪并重复上述步骤的操作，使经纬仪中心逐次往直线方向趋近。

最后，当瞄准 M 点，倒转望远镜便正好瞄准 N 点，不过这并不等于仪器一定就在 MN 直线上，这是因为仪器存在误差。因此还需要用盘右（也称为倒镜）瞄准 M 点，再倒转望远镜，看是否也正好瞄准 N 点。

正倒镜投点法的关键是用逐渐趋近法将仪器精确安置在直线上，在实际工作中，为了减少通过搬动脚架来移动经纬仪的次数，提高作业效率，在安置经纬仪时，可按图 5-12 所示的方式安置脚架，使一个脚架与另外两个脚架中点的连线与所要测设的直线垂直，当经纬仪中心需要往直线方向移动的距离不太大（10～20cm 以内）时，可通过伸缩该脚架来移动经纬仪，而当移动的距离更小（2～3cm 以内）时，只需在脚架头上移动仪器即可。

图 5-12 安置脚架

七、水平距离测设的精密方法

由于电磁波测距仪的普及，目前水平距离的测设，尤其是长距离的测设多采用电磁波测距仪或全站仪。如图 5-13

所示,安置测距仪于 M 点,瞄准 MN 方向,指挥装在对中杆上的棱镜前后移动,使仪器显示值略大于测设的距离,定出 N' 点。在 N' 点安置反光棱镜,测出竖直角 α 及斜距 L(必要时加测气象改正),计算水平距离 $D'=L \cdot \cos\alpha$,求出 D' 与应测设的水平距离 D 之差 $\Delta D = D - D'$。根据 ΔD 的符号在实地用钢尺沿测设方向将 N' 改正至 N 点,并用木桩标定其点位。为了检核,应将反光镜安置于 N 点,再实测 MN 距离,其不符值应在限差之内,否则应再次进行改正,直至符合限差为止。若用全站仪测设,仪器可直接显示水平距离,则更为简便。

全站仪的使用

扫码观看视频

八、水平角测设的精密方法

当测设水平角的精度要求较高时,应采用作垂线改正的方法,如图 5-14 所示。在 O 点安置经纬仪,先用一般方法测设 β 角值,在地面上定出 C' 点,再用测回法观测 $\angle AOC$ 几个测回(测回数由精度要求决定),取各测回平均值为 β_1,即 $\angle AOC'=\beta_1$,当 β 和 β_1 的差值 $\Delta\beta$ 超过限差($\pm 10''$)时,需进行改正。根据 $\Delta\beta$ 和 OC' 的长度计算出改正值 CC',即

$$CC'=OC' \times \tan\Delta\beta=OC' \times \frac{\Delta\beta}{\rho}$$

式中 ρ——弧度化为秒的乘常数,$\rho=206265''$。

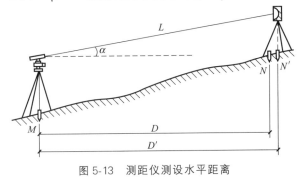

图 5-13 测距仪测设水平距离

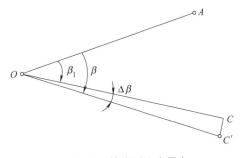

图 5-14 精确测设水平角

第二节 **建筑施工测量作业**

一、施工测量的工作内容

施工测量是施工的先导,贯穿在整个施工过程中。内容包括从施工前的场地平整、施工控制网的建立,到建(构)筑物的定位和基础放线,工程施工中各道工序的细部测设,构件与设备安装的测设工作;在工程竣工后,为了便于管理、维修和扩建,还需进行竣工测量,绘制竣工平面图;有些高大和特殊的建(构)筑物在施工期间和建成后还需定期进行变形观测,以便积累资料,掌握变形规律,为工程设计、维护和使用提供资料。

二、建筑物的定位与放线

1. 建筑物的定位

(1)根据控制点定位

如果待定位建筑物的定位点设计坐标是已知的,且附近有高级控制点可以利用,则可根

据实际情况选用极坐标法、角度交会法或距离交会法来测设定位点。三种方法中，极坐标法的适用性最强，因此是用得最多的一种定位方法。

（2）根据建筑方格网和建筑基线定位

如果待定位建筑物的定位点设计坐标是已知的，且建筑场地已设有建筑方格网或建筑基线，可利用直角坐标法测设定位点，也可用极坐标法等其他方法进行测设。但直角坐标法所需的测设数据的计算较为方便，在用经纬仪和钢尺实地测设时，建筑物总尺寸和四大角的精度容易控制和检核。

（3）根据与原有建筑物的关系定位

① 如图5-15（a）所示，拟建建筑物的外墙边线与原有建筑的外墙边线在同一条直线上，两栋建筑物的间距为15m，拟建建筑物长轴为54m，短轴为20m，轴线与外墙边线间距为0.15m时，可按下述方法测设其四个轴线交点。

a. 沿原有建筑物的两侧外墙拉线，用钢尺沿线从墙角往外量一段较短的距离（此处设为3m），在地面上定出 C_1 和 C_2 两个点，C_1 和 C_2 的连线为原有建筑物的平行线。

b. 在 C_1 点安置经纬仪，照准 C_2 点，用钢尺由 C_2 点沿视线方向量15m＋0.15m，在地面上定出 C_3 点，从 C_3 点沿视线方向量54m，在地面上定出 C_4 点，C_3 和 C_4 的连线即为拟建建筑物的平行线，其长度等于长轴尺寸。

c. 在 C_3 点安置经纬仪，照准 C_4 点，逆时针测设90°，在视线方向上量3m＋0.15m，在地面上定出 D_1 点，从 D_1 点沿视线方向量20m，在地面上定出 D_4 点。同理，在 C_4 点安置经纬仪，照准 C_3 点，顺时针测设90°，在视线方向上量3m＋0.15m，在地面上定出 D_2 点，从 D_2 点沿视线方向量20m，在地面上定出 D_3 点。则 D_1、D_2、D_3 和 D_4 点即为拟建建筑物的四个定位轴线点。

d. 在 D_1、D_2、D_3 和 D_4 点上安置经纬仪，检核四个大角是否为90°，检核长轴是否为54m，短轴是否为20m。

② 如图5-15（b）所示，则得到原有建筑物的平行线并延长到 C_3 点后，应在 C_3 点测设90°并量距，定出 D_1 和 D_2 点，得到拟建建筑物的一条长轴；分别在 D_1 和 D_2 点测设90°并量距，定出另一条长轴上的 D_4 和 D_3 点（注意不能先定短轴的两个点，如 D_1 和 D_4 点），再在这两个点上站测另一条短轴上的两个点（如 D_2 和 D_3 点），否则误差容易超限。

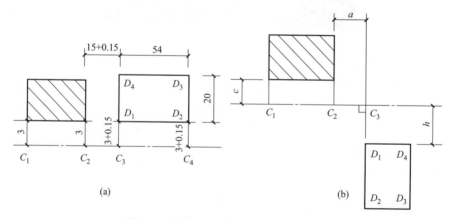

图5-15　根据与原有建筑物的关系定位

（4）根据与原有道路的关系定位

如图5-16所示，拟建建筑物的轴线与道路中心线平行，轴线与道路中心线的距离如该

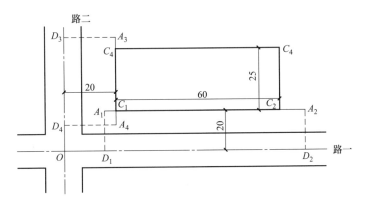

图 5-16　根据与原有道路的关系定位

图所示，测设方法如下。

① 在每条道路上选两个合适的位置，分别用钢尺测量该处道路宽度，其宽度的 1/2 处即为道路中心点，得到路一中心线的两个点 D_1 和 D_2，同理得到路二中心线的两个点 D_3 和 D_4。

② 分别在路一的两个中心点上安置经纬仪，测设 90°，用钢尺测设水平距离 20m，在地面上得到路一的平行线 A_1A_2，同理做出路二的平行线 A_3A_4。

③ 用经纬仪内延或外延这两条线，其交点即为拟建建筑物的第一个定位点 C_1。从 C_1 点沿长轴方向量 60m，得到第二个定位点 C_2。

④ 分别在 C_1 和 C_2 点安置经纬仪，测设直角和水平距离 25m，在地面上定出 C_3 和 C_4 点。在 C_1、C_2、C_3 和 C_4 点上安置经纬仪，检核角度是否为 90°，用钢尺量四条轴线的长度，检核长轴是否为 60m，短轴是否为 25m。

2. 测设细部轴线的交点

如图 5-17 所示，① 轴、⑤轴、Ⓐ轴和Ⓖ轴是建筑物的四条外墙主轴线，其交点是建筑物的定位点，并已在地面上测设完毕并打好桩点，各主次轴线间隔如图 5-17 所示，测设其次要轴线与主轴线的交点。

在Ⓐ与①轴交点安置经纬仪，照准Ⓖ轴与①轴交点，把钢尺的零端对准Ⓐ与①轴交点，沿视线方向拉钢尺，在钢尺上读数等于Ⓐ轴和Ⓑ轴间距（4.0m）的地方打下木桩，打桩的过程中要经常用仪器检查桩顶是否

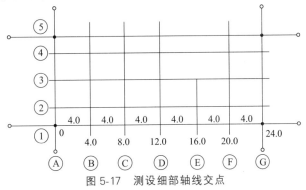

图 5-17　测设细部轴线交点

偏离视线方向，并应经常拉一下钢尺，检查钢尺读数是否还在桩顶上，如有偏移应及时调整。打好桩后，用经纬仪视线指挥在桩顶上画一条纵线，拉好钢尺，在读数等于轴间距处面一条横线，两线交点即①轴与Ⓑ轴的交点。

在测设①轴与Ⓒ轴的交点时，方法同上，注意要将钢尺的零端对准①轴与Ⓐ轴交点，并沿视线方向拉钢尺，而钢尺读数应为Ⓐ轴和Ⓒ轴间距（8.0m），这种做法可以减小钢尺对点误差，避免轴线总长度增长或减短。如此依次测设Ⓐ轴与其他有关轴线的交点。测设完最后

一个交点后,用钢尺检查各相邻轴线桩的间距是否等于设计值,误差应小于1/3000。

测设完Ⓐ轴上的轴线点后,用同样的方法测设⑤轴、Ⓐ轴和Ⓖ轴上的轴线点。如果建筑物尺寸较小,也可用拉细线绳的方法代替经纬仪定线,沿细线绳拉钢尺量距。

3. 引测轴线

（1）龙门桩法

① 如图5-18所示,在建筑物四角和中间隔墙的两端,距基槽边线约2m外,牢固地埋设大木桩,称为龙门桩,并使桩的一侧平行于基槽。

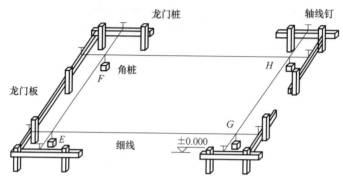

图 5-18　龙门桩示意

② 根据附近水准点,用水准仪将±0.000标高测设在每个龙门桩的外侧上,并画出横线标志。如果现场条件不允许,也可测设比±0.000高或低一定数值的标高线,同一建筑物宜只用一个标高。如因地形起伏大用两个标高时,应标注清楚,以免使用时发生错误。

③ 在相邻两龙门桩上钉设木板,称为龙门板。龙门板的上沿应与龙门桩上的横线对齐,使龙门板的顶面标高在一个水平面上,且标高为±0.000,或比±0.000高或低一定的数值,龙门板顶面标高的误差应在±5mm以内。

④ 根据轴线桩,用经纬仪将各轴线投测到龙门板的顶面,钉上小钉作为轴线标志,称为轴线钉,投测误差应在±5mm以内。对小型的建筑物,也可用拉细线绳的方法延长轴线,钉上轴线钉,如事先已打好龙门板,可在测设细部轴线的同时钉设轴线钉,可减少重复安置仪器的工作量。

⑤ 用钢尺沿龙门板顶面检查轴线钉的间距,其相对误差不应超过1/3000。

（2）轴线控制桩法

由于龙门板需用较多木料,且占用场地,使用机械开挖时容易被破坏,因此也可在基槽或基坑外各轴线的延长线上测设轴线控制桩,作为恢复轴线的依据。即使采用了龙门板,为了防止被碰动,也应对主要轴线测设轴线控制桩。

轴线控制桩的引测主要采用经纬仪法,当引测到较远的地方时,要注意采用盘左和盘右两次投测取中法来引测,以减少引测误差和避免错误的出现。

（3）确定开挖边线

先按基础剖面图给出的设计尺寸,计算基槽的开挖宽度,如图5-19所示。

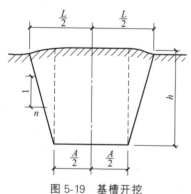

图 5-19　基槽开挖

$$L = A + nh$$

式中　A——基底宽度,可由基础剖面图查取;

h——基槽深度;

n——边坡坡度的分母。

根据计算结果，在地面上以轴线为中线往两边各量出 $L/2$，拉线并撒上白灰，即为开挖边线。如果是基坑开挖，则只需按最外围墙体基础的宽度及放坡确定开挖边线。

三、基础测量、墙体测量

1. 基础施工测量

（1）基础开挖深度的控制

如图 5-20 所示，为了控制基槽开挖深度，当基槽挖到接近槽底设计高程时，应在槽壁上测设一些水平桩，使水平桩的上表面离槽底设计高程为某一整分米数（例如 5dm），用以控制挖槽深度，也可作为槽底清理和打基础垫层时掌握标高的依据。一般在基槽各拐角处、深度变化处和基槽壁上每隔 3~4m 测设一个水平桩，然后拉上白线，线下 0.50m 即为槽底设计高程。

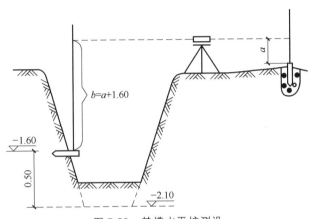

图 5-20　基槽水平桩测设

测设水平桩时，以画在龙门板或周围固定地物的 ±0.000 标高线为已知高程点，用水准仪进行测设。小型建筑物也可用连通水管法进行测设。水平桩上的高程误差应在 ±10mm 以内。

例如，设龙门板顶面标高为 ±0.000，槽底设计标高为 −2.1m，水平桩高于槽底 0.50m，即水平桩高程为 −1.6m，用水准仪后视龙门板顶面上的水准尺，读数 $a = 1.286m$，则水平桩上标尺的应有读数为：

$$0 + 1.286 - (-1.6) = 2.886(\text{m})$$

测设时沿槽壁上下移动水准尺，当读数为 2.886m 时，沿尺底水平地将桩打进槽壁，然后检核该桩的标高，如超限便进行调整，直至误差在规定范围以内。

垫层面标高的测设可以水平桩为依据在槽壁上弹线，也可在槽底打入垂直桩，使桩顶标高等于垫层面的标高。如果垫层需安装模板，可以直接在模板上弹出垫层面的标高线。

如果是机械开挖，一般是一次挖到设计槽底或坑底的标高，因此要在施工现场安置水准仪，边挖边测，随时指挥挖土机调整挖土深度，使槽底或坑底的标高略高于设计标高（一般为 10cm，留给人工清土）。挖完后，为了给人工清底和打垫层提供标高依据，还应在槽壁或坑壁上打水平桩，水平桩的标高一般为垫层面的标高。

（2）基础垫层标高的控制

如图 5-21 所示，基槽挖至规定标高并清底后，将经纬仪安置在轴线控制桩上，瞄准轴线另一端的控制桩，即可把轴线投测到槽底，作为确定槽底边线的基准线。垫层打好后，用经纬仪或用拉绳挂垂球的方法把轴线投测到垫层上，并用墨线弹出墙中心线和基础边线，以便砌筑基础或安装基础模板。由于整个墙身砌筑均以此线为准，这是确定建筑物位置的关键环节，所以要严格校核后方可进行砌筑施工。

（3）基础标高的控制和弹线

如图 5-22 所示，基础墙（±0.000 以下的砖墙）的标高一般是用基础皮数杆来控制的。基础皮数杆用一根木杆做成，在杆上注明 ±0.000 的位置，按照设计尺寸将砖和灰缝的厚度分皮从上往下一一画出来，此外还应注明防潮层和预留洞口的标高位置。

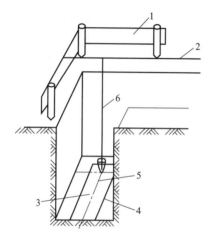

图 5-21　基槽底和垫层轴线投测

1—龙门板；2—细线；3—垫层；4—基础
边线；5—墙中心线；6—垂球

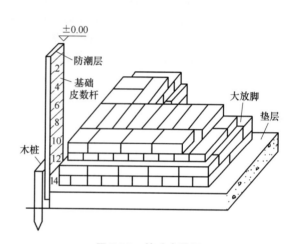

图 5-22　基础皮数杆

立皮数杆时，可先在立杆处打一个木桩，用水准仪在木桩侧面测设一条高于垫层设计标高某一数值（如 10cm）的水平线，然后将皮数杆上标高相同的一条线与木桩上的水平线对齐，并用大铁钉把皮数杆和木桩钉在一起，作为砌筑基础墙的标高依据。对于采用钢筋混凝土的基础，可用水准仪将设计标高测设于模板上。

基础施工结束后，应检查基础面的标高是否满足设计要求（也可以检查防潮层）。可用水准仪测出基础面上的若干高程，和设计高程相比较，允许误差为 ±10mm。

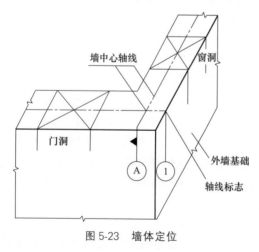

图 5-23　墙体定位

2. 墙体施工测量

（1）墙体定位

在基础工程结束后，应对龙门板（或控制桩）进行复核，以防移位。复核无误后，可利用龙门板或控制桩将轴线测设到基础或防潮层等部位的侧面，如图 5-23 所示，作为向上投测轴线的依据。同时也把门、窗和其他洞口的边线在外墙立面上画出。放线时先将各主要墙的轴线弹出，经检查无误后，再将其余轴线全部弹出。

（2）墙体测量控制

① 皮数杆的设置。在墙体砌筑施工中，墙

身各部位的标高和砖缝水平及墙面平整是用皮数杆来控制和传递的。

② 墙体标高的控制。在墙体砌筑施工中，墙体各部位标高通常用皮数杆来控制。皮数杆是根据建筑物剖面设计尺寸，在每皮砖、灰缝厚度处画出线条，并且标明±0.000 标高、门、窗、楼板、过梁、圈梁等构件高度位置的木杆。在墙体施工中，用皮数杆可以控制墙体各部位构件的准确位置，并保证每皮砖灰缝厚度均匀，每皮砖都处在同一水平面上。

皮数杆一般立在建筑物拐角和隔墙处，如图 5-24 所示。立皮数杆时，先在地面上打一木桩，用水准仪测出±0.000 标高位置，并画一横线作为标志；然后，把皮数杆上的±0.000 线与木桩上±0.000 对齐、钉牢。皮数杆钉好后要用水准仪进行检测，并用铅垂校正皮数杆的垂直度。

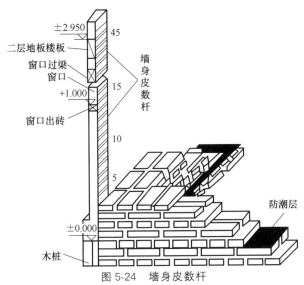

图 5-24 墙身皮数杆

为了施工方便，墙体施工采用里脚手架时，皮数杆应立在墙外侧；采用外脚手架时，皮数杆应立在墙内侧。如砌框架或钢筋混凝土柱间墙时，每层皮数可直接画在构件上，而不立皮数杆。

皮数杆±0.000 标高线的允许误差为±3mm。一般在墙体砌起 1m 后，就在室内墙身上测设出+0.500m 的标高线，作为该层地面施工及室内装修的依据，称为"装修线"或"500线"，在第二层以上墙体施工中，为了使同层四角的皮数杆立在同一水平面上，要用水准仪测出楼板面四角的标高，取平均值作为本层的地坪标高，并以此作为本层立皮数杆的依据。

当精度要求较高时，可用钢尺沿墙身自±0.000 起向上直接丈量至楼板外侧，确定立皮数杆的标志。

第三节 变形测量

一、建筑沉降观测

1. 沉降观测的内容

建筑沉降观测应测定建筑与地基的沉降量、沉降差及沉降速度，并计算基础倾斜、局部倾斜、相对弯曲及构件倾斜。

2. 沉降观测点的布置

① 建筑的四角、核心筒四角、大转角处及沿外墙每 10～15m 处或每隔 2～3 根柱基上。

② 高低层建筑，新旧建筑，纵、横墙等交接处的两侧。

③ 建筑裂缝、后浇带和沉降缝两侧、基础埋深相差悬殊处、人工地基与天然地基接壤处、不同结构的分界处及填挖方分界处。

④ 对于宽度大于等于 15m 或小于 15m 而地质复杂及膨胀土地区的建筑，应在承重内隔墙中部设内墙点，并在室内地面中心及四周设地面点。

⑤ 邻近堆置重物处、受振动有显著影响的部位及基础下的暗浜（沟）处。

⑥ 框架结构建筑的每个或部分柱基上或沿纵、横轴线上。

⑦ 筏形基础、箱形基础底板或接近基础的结构部分的四角处及其中部位置。

⑧ 重型设备基础和动力设备基础的四角、基础形式或埋深改变处，地质条件变化处两侧。

⑨ 对于电视塔、烟囱、水塔、油罐、炼油塔、高炉等高耸建筑，应设在沿周边与基础轴线相交的对称位置上，点数不少于 4 个。

3. 沉降观测的标志

可根据不同的建筑结构类型和建筑材料，采用墙（柱）标志、基础标志和隐蔽式标志等形式。各类标志的立尺部位应加工成半球形或有明显的凸出点，并涂上防腐剂。标志的埋设位置应避开雨水管、窗台线、散热器、暖水管、电气开关等有碍设标与观测的障碍物，并应根据立尺需要离开墙（柱）面和地面一定距离。隐蔽式沉降观测点标志的形式可按规定采用。当应用静力水准测量方法进行沉降观测时，观测标志的形式及其埋设，应根据采用的静力水准仪的型号、结构、读数方式及现场条件确定。标志的规格尺寸设计，应满足仪器安置的要求。

4. 沉降观测的周期和观测时间

① 建筑施工阶段的观测，应随施工进度及时进行。普通建筑，可在基础完工后或地下室砌完后开始观测；大型建筑、高层建筑，可在基础垫层或基础底部完成后开始观测。观测次数与间隔时间应根据地基与加荷情况确定。民用高层建筑可每加高 1～5 层观测 1 次，工业建筑可按不同施工阶段（如回填基坑、安装柱子和屋架、砌筑墙体、设备安装等）分别进行观测。如建筑施工均匀增高，应至少在增加荷载的 25％、50％、75％ 和 100％ 时各测 1次。施工过程中如暂时停工，在停工时及重新开工时应各观测 1 次。停工期间可每隔 2～3个月观测 1 次。

② 建筑使用阶段的观测次数，应根据地基土类型和沉降速率确定。除有特殊要求外，可在第一年观测 3～4 次，第二年观测 2～3 次，第三年后每年观测 1 次，直至稳定为止。

③ 在观测过程中，如有基础附近地面荷载突然增减、基础四周大量积水、长时间连续降雨等情况，均应及时增加观测次数。当建筑突然发生大量沉降、不均匀沉降或严重裂缝时，应立即进行逐日或 2～3 天一次的连续观测。

④ 建筑沉降是否进入稳定阶段，应由沉降量与时间的关系曲线判定。当最后 100 天的沉降速率小于 0.01～0.04mm/天时，可认为已进入稳定阶段，具体取值宜根据各地区地基土的压缩性能确定。

5. 沉降观测的作业方法和技术要求

① 对特级、一级沉降观测，应按《建筑变形测量规范》（JGJ 8—2016）的规定执行。

② 对二级、三级沉降观测，除建筑的转角点、交接点、分界点等主要变形特征点外，允许使用间视法进行观测，但视线长度不得大于相应等级规定的长度。

③ 观测时，仪器应避免安置在有空气压缩机、搅拌机、卷扬机、起重机等振动影响的范围内。

④ 每次观测应记载施工进度、荷载量变动、建筑倾斜裂缝等各种影响沉降变化和异常的情况。

6. 观测数据的整理

每周期观测后，应及时对观测资料进行整理，计算观测点的沉降量、沉降差以及本周期平均沉降量、沉降速率和累积沉降量。根据需要，可按下式计算基础或构件的倾斜或弯曲量。

（1）基础或构件倾斜度 α

$$\alpha = \frac{(s_A - s_B)}{L}$$

式中　　s_A，s_B——基础或构件倾斜方向上 A、B 两点的沉降量，mm；

　　　　　L——A、B 两点间的距离，mm。

（2）基础相对弯曲度 f_c

$$f_c = \frac{2s_0 - (s_1 + s_2)}{L}$$

式中　　f_c——基础相对弯曲度，以向上起为正，反之为负；

　　　　　s_0——基础中点的沉降量，mm；

s_1，s_2——基础两个端点的沉降量，mm；

　　　　　L——基础两个端点间的距离，mm。

7. 沉降观测提交图表

① 工程平面位置图及基准点分布图。

② 沉降观测点位分布图。

③ 沉降观测成果表。

④ 时间、荷载、沉降量曲线图。

⑤ 等沉降曲线图。

二、建筑主体倾斜观测

1. 观测点和测站点的布设

① 当从建筑外部观测时，测站点的点位应选在与倾斜方向成正交的方向线上、距照准目标 1.5～2.0 倍目标高度的固定位置。当利用建筑内部的竖向通道观测时，可将通道底部中心点作为测站点。

② 对于整体倾斜，观测点及底部固定点应沿着对应测站点的建筑主体竖直线，在顶部和底部上下对应布设；对于分层倾斜，应按分层部位上下对应布设。

③ 按前方交会法布设的测站点，基线端点的选设应顾及测距或长度测量的要求。按方向线水平角法布设的测站点，应设置好定向点。

2. 观测点位的标志

① 建筑顶部和墙体上的观测点标志可采用埋入式照准标志。当有特殊要求时，应专门

设计。

② 不便埋设标志的塔形、圆形建筑以及竖直构件，可以照准视线所切同高边缘确定的位置或用高度角控制的位置作为观测点位。

③ 位于地面的测站点和定向点，可根据不同的观测要求，使用带有强制对中装置的观测墩或混凝土标石。

④ 对于一次性倾斜观测项目，观测点标志可采用标记形式或直接利用满足位置与照准要求的建筑特征部位，测站点可采用小标石或临时性标志。

3. 主体倾斜观测的精度

根据给定的倾斜量允许值，按《建筑变形测量规范》（JGJ 8—2016）的规定确定。当由基础倾斜间接确定建筑整体倾斜时，基础差异沉降的观测精度应按相关规范的规定确定。

4. 主体倾斜观测的周期

根据倾斜速度，每 1～3 个月观测一次。当遇基础附近因大量堆载或卸载、场地降雨长期积水等而导致倾斜速度加快的情况时，应及时增加观测次数。倾斜观测应避开强日照和风荷载影响大的时间段。

5. 建筑主体倾斜观测的方法

（1）从建筑或构件的外部观测主体倾斜

① 投点法。观测时，应在底部观测点位置安置水平读数尺等量测设施。在每测站安置经纬仪投影时，应按正倒镜法测出每对上下观测点标志间的水平位移分量，再按矢量相加法求得水平位移值（倾斜量）和位移方向（倾斜方向）

② 测水平角法。对塔形、圆形建筑或构件，每测站的观测应以定向点作为零方向，测出各观测点的方向值和至底部中心的距离，计算顶部中心相对底部中心的水平位移分量。对矩形建筑，可在每测站直接观测顶部观测点与底部观测点之间的夹角或上层观测点与下层观测点之间的夹角，以所测角值与距离值计算整体的或分层的水平位移分量和位移方向。

③ 前方交会法。所选基线应与观测点组成最佳构形，交会角宜在 60°～120°。水平位移计算，可采用直接由两周期观测方向值之差解算坐标变化量的方向差交会法；也可采用按每周期计算观测点坐标值，再以坐标差计算水平位移的方法。

（2）利用建筑或构件的顶部与底部之间的竖向通视条件观测主体倾斜

① 激光铅直仪观测法。应在顶部适当位置安置接收靶，在其垂线下的地面或地板上安置激光铅直仪或激光经纬仪，按一定周期观测，在接收靶上直接读取或量出顶部的水平位移量和位移方向。作业中仪器应严格置平、对中，应旋转 180°观测两次取其中数。对超高层建筑，当仪器设在楼体内部时，应考虑大气湍流影响。

② 激光位移计自动记录法。位移计宜安置在建筑底层或地下室地板上，接收装置可设在顶层或需要观测的楼层，激光通道可利用未使用的电梯井或楼梯间隔，测试室宜选在靠近顶部的楼层内。当位移计发射激光时，从测试室的光线示波器上可直接获取位移图像及有关参数，并自动记录成果。

③ 正、倒垂线法。垂线宜选用直径 0.6～1.2mm 的不锈钢丝或铟瓦丝，并采用无缝钢管进行保护。采用正垂线法时，垂线上端可锚固在通道顶部或所需高度处设置的支点上。采用倒垂线法时，垂线下端可固定在锚块上，上端设浮筒，用来稳定重锤，浮子的油箱中应装有阻尼液。观测时，由观测墩上安置的坐标仪、光学垂线仪、电感式垂线仪等量测设备，按一定周期测出各测点的水平位移量。

④ 吊垂球法。应在顶部或所需高度处的观测点位置上，直接或支出一点悬挂适当质量

的垂球，在垂线下的底部固定毫米格网读数板等读数设备，直接读取或量出上部观测点相对底部观测点的水平位移量和位移方向。

（3）利用相对沉降量间接确定建筑整体倾斜。

① 倾斜仪测记法。可采用水管式倾斜仪、水平摆倾斜仪、气泡倾斜仪或电子倾斜仪进行观测。倾斜仪应具有连续读数、自动记录和数字传输的功能。监测建筑上部层面倾斜时，仪器可安置在建筑顶层或需要观测的楼层的楼板上。监测基础倾斜时，仪器可安置在基础面上，以所测楼层或基础面的水平倾角变化值反映和分析建筑倾斜的变化程度。

② 测定基础沉降差法。可按《建筑变形测量规范》（JGJ 8—2016）的规定，在基础上选设观测点，采用水准测量方法，以所测各周期基础的沉降差换算求得建筑整体倾斜度及倾斜方向。

6. 倾斜观测提交图表

① 倾斜观测点位布置图。

② 倾斜观测成果表。

③ 主体倾斜曲线图。

三、建筑水平位移观测

① 建筑水平位移观测点的位置应选在墙角、柱基及裂缝两边等处。标志可采用墙上标志，具体形式及埋设应根据点位条件和观测要求确定。

② 水平位移观测的周期，对于不良地基土地区的观测，可与一并进行的沉降观测协调确定；对于受基础施工影响的有关观测，应按施工进度的需要确定，可逐日或隔 2～3 天观测一次，直至施工结束。

③ 当测量地面观测点在特定方向的位移时，可使用视准线、激光准直、测边角等方法。

④ 当采用视准线法测定位移时，在视准线两端各自向外的延长线上，宜埋设检核点。在观测成果的处理中，应顾及视准线端点的偏差改正。

⑤ 采用活动觇牌法进行视准线测量时，观测点偏离视准线的距离不应超过活动觇牌读数尺的读数范围。应在视准线一端安置经纬仪或视准仪，瞄准安置在另一端的固定觇牌进行定向，待活动觇牌的照准标志正好移至方向线上时即可读数。每个观测点应按确定的测回数进行往测与返测。

⑥ 采用小角法进行视准线测量时，视准线应按平行于待测建筑边线布置，观测点偏离视准线的偏角不应超过 30″，如图 5-25 所示。

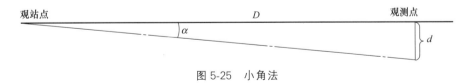

图 5-25 小角法

偏离值 d 可按下式计算：

$$d = \frac{\alpha}{\rho} D$$

式中 α——偏角，（″）；

D——从观测端点到观测点的距离，m；

ρ——常数，其值为 206265。

⑦ 使用激光经纬仪准直法时，当要求具有 10^{-5}～10^{-4} 量级准直精度时，可采用 DJ_2 级仪器配置氦氖激光器或半导体激光器的激光经纬仪及光电探测器或目测有机玻璃方格网板；当要求达到 10^{-6} 量级精度时，可采用 DJ_1 级仪器配置高稳定性氦氖激光器或半导体激光器的激光经纬仪及高精度光电探测系统。

对于较长距离的高精度准直，可采用三点式激光衍射准直系统或衍射频谱成像及投影成像激光准直系统。对短距离的高精度准直，可采用衍射式激光准直仪或连续成像衍射板准直仪。

⑧ 当采用测边角法测定位移时，对主要观测点，可以该点为测站测出对应视准线端点的边长和角度，求得偏差值。对其他观测点，可选适宜的主要观测点作为测站，测出对应其他观测点的距离与方向值，按坐标法求得偏差值。角度观测测回数与长度的测量精度要求，应根据要求的偏差值观测中误差确定。

⑨ 测量观测点任意方向位移时，可根据观测点的分布情况，采用前方交会或方向差交会及极坐标等方法。单个建筑也可采用直接量测位移分量的方向线法，在建筑纵、横轴线的相邻延长线上设置固定方向线，定期测出基础的纵向和横向位移。

⑩ 对于观测内容较多的大测区或观测点远离稳定地区的测区，宜采用测角、测边、边角及 GPS 与基准线法相结合的综合测量方法。

⑪ 水平位移观测应提交水平位移观测点位布置图、水平位移观测成果表、水平位移曲线图。

四、建筑裂缝观测

裂缝观测是指对建筑物墙体出现的裂缝进行的观测。裂缝的产生原因可能是：地基处理不当、不均匀下沉；地表和建筑物相对滑动；设计问题，导致局部出现过大的拉应力；混凝土浇灌或养护的问题，水温、气温或其他问题。

裂缝观测也是建筑物变形测量的重要内容。建筑物出现了裂缝，就是变形明显的标志，对出现的裂缝要及时进行编号，并分别观测裂缝分布位置、走向、长度、宽度及其变化程度等项目。观测的裂缝数量视需要而定，主要的或变化大的裂缝应进行观测。

对需要观测的裂缝应进行统一编号。每条裂缝至少应布设两组观测标志，一组在裂缝最宽处，另一组在裂缝末端，每一组标志由裂缝两侧各一个标志组成。对于混凝土建筑物上的裂缝的位置、走向以及长度的观测，是在裂缝的两端用油漆画线作标志，或在混凝土的表面绘制方格坐标，用钢尺丈量，或用方格网板定期量取"坐标差"。对于重要的裂缝，也可选其有代表性的位置埋设标点，即在裂缝的两侧打孔埋设金属棒标志点，定期用游标卡尺量出两点间的距离变化，即可精确得出裂缝宽度变化情况。对于面积较大且不便于人工量测的众多裂缝，宜采用近景摄影测量方法；当需要连续监测裂缝变化时，还可采用测缝计或传感器自动测记方法。

当建筑物出现裂缝之后，应及时进行裂缝观测，并画出裂缝的分布图。常用的裂缝观测方法有以下两种。

1. 石膏板标志

用厚 10mm，长 50～80m 的石膏板（长度视裂缝大小而定）固定在裂缝两侧。当裂缝继续发展时，石膏板也随之开裂，从而观察裂缝继续发展的情况。

2. 白铁皮标志

根据观测裂缝的发展情况，在裂缝两侧设置观测标志，如图 5-26 所示。对于较大的缝，至少应在其最宽处及裂缝末端各布设一对观测标志。裂缝可直接量取或间接测定，分别测定其位置、走向、长度、宽度和深度的变化。

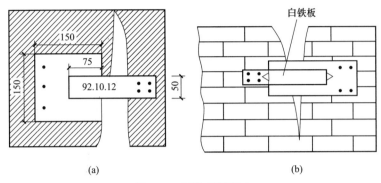

图 5-26　裂缝观测标志

观测标志可用两块白铁皮制成，一片为 150mm×150mm，固定在裂缝的一侧，并使其一边和裂缝边缘对齐；另一片为 50mm×200mm，固定在裂缝的另一侧，并使其一部分紧贴在 150mm×150mm 的白铁皮上，两块白铁皮的边缘应彼此平行。标志固定好后，在两块白铁皮露在外面的表面涂上红色油漆，并写上编号和日期。标志设置好后如果裂缝继续发展，白铁皮将逐渐拉开，露出正方形白铁皮上没有涂油漆的部分，它的宽度就是裂缝加大的宽度，可以用尺子直接量出。用同样的方法在可能发生裂缝处进行设置，即可获知建筑物是否发生裂缝变形以及变形程度的信息。对于裂缝深度，可拿尺子直接量测，必要时需采取相应的加固措施。

第六章 ▶▶

地基与基础工程

第一节　土方开挖

一、浅基坑、槽和管沟开挖

1. 工艺流程

浅基坑、槽和管沟开挖的工艺流程如图 6-1 所示。

开挖基坑

[二维码]

扫码观看视频

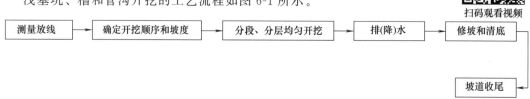

图 6-1　浅基坑、槽和管沟开挖的工艺流程

2. 施工要点

① 浅基坑、槽开挖，应先进行测量定位（定位就是根据建筑平面图、房屋建筑平面图和基础平面图以及设计给定的定位依据和定位条件，将拟建房屋的平面位置、高程用经纬仪和钢尺正确地标在地面上），抄平放线（放线就是根据定位控制桩或控制点、基础平面图和剖面图、底层平面图以及坡度系数和工作面等在实地用石灰撒出基坑、槽上口的开挖边线），定出开挖长度，根据土质和水文情况采取适当的部位进行开挖，以保证施工安全。

当土质为天然湿度，构造均匀、水文地质良好，且无地下水时，开挖基坑的容许深度参考表 6-1 和表 6-2 中的数值进行施工。

表 6-1　基坑（槽）和管沟不加支撑时的容许深度

土的种类	容许深度/m
密实、中密的砂子和碎石类土	1.00
硬塑、可塑的粉质黏土及粉土	1.25
硬塑、可塑的黏土及碎石类土	1.50
坚硬的黏土	2.00

表 6-2　临时性挖方边坡值

土的类别		边坡值(高∶宽)
砂土(不包括细砂、粉砂)		(1∶1.25)～(1∶1.50)
一般黏性土	硬	(1∶0.75)～(1∶1.00)
	硬塑	(1∶1.00)～(1∶1.25)
	软	1∶1.50 或更缓

续表

土的类别		边坡值(高:宽)
碎石类土	充填坚硬、硬塑黏性土	(1:0.50)~(1:1.00)
	充填砂土	(1:1.00)~(1:1.50)

② 当开挖基坑(槽)的土体含水量大，或基坑较深，或受到场地限制需要用较陡的边坡或直立开挖而土质较差时，应采用临时性支撑加固结构。挖土时，土壁要求平直，挖好一层，支撑一层。挡土板要紧贴土面，并用小木桩或横撑钢管顶住挡板。开挖宽度较大的基坑，当在局部地段无法放坡，或下部土方受到基坑尺寸限制不能放较大的坡度时，应在下部坡脚采取加固措施，如采用短桩与横隔板支撑或砌砖、毛石或用编织袋装土堆砌临时矮挡土墙保护坡脚。

③ 基坑开挖应尽量防止对地基土的扰动。人工挖土，基坑挖好后不能立即进行下道工序时，应预留 15~30cm 土不挖，待下道工序开始再挖至设计标高。采用机械开挖基坑时，应在基底标高以上预留 20~30cm，由人工挖掘修整。

④ 在地下水位以下挖土时，应在基坑四周或两侧挖好临时排水沟和集水井，将水位降到坑、槽以下 500mm。降水工作应持续到基础工程完成以前，如图 6-2 所示。

⑤ 雨期施工时，应在基槽两侧围上土堤或挖排水沟，以防止雨水流入基坑槽。

⑥ 基坑开挖时，应对平面控制桩、水准点、基坑平面位置、标高、边坡坡度等经常进行检查。

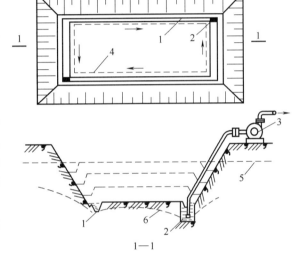

图 6-2 集水井降水

1—排水沟；2—集水井；3—离心式水泵；4—基础边线；5—原地下水位线；6—降低后地下水位线

⑦ 基坑应进行验槽，做好记录，发现问题及时与相关人员进行处理。

3. 质量要求

① 柱基、基坑(槽)和管沟基底的土质必须符合设计要求，并严禁扰动。

② 人工挖土工程外形尺寸的允许偏差和检验方法见表 6-3。

表 6-3 人工挖土工程外形尺寸的允许偏差和检验方法

项目		允许偏差或允许值/mm	检验方法
主控项目	标高	±30	用水准仪检查或拉线尺量检查
	长度、宽度(由设计中心线向两边量)	+300 -100	用经纬仪、拉线和尺量检查
	边坡坡度	设计要求	观察或用坡度尺检查
一般项目	表面平整度	20	用 2m 靠尺和模型塞尺检查
	基底土性	设计要求	

二、挖方工具

1. 铲运机

操作简单灵活，不受地形限制，不需特设道路，准备工作简单，能独立进行工作。铲运机能开挖含水率27%以下的1~4类土，大面积场地平整、压实和开挖大型基坑（槽）、管沟等，但不适用于砾石层、冻土地带及沼泽地区。铲运机如图6-3所示。

图6-3　铲运机

铲运机主要由牵引动力机械，如拖拉机和铲运斗两部分组成。铲运机在切土过程中，铲刀下落，边走边卸土，将土逐渐装满铲斗后提刀关闭斗门，适合较长距离的土料运输。

2. 正铲挖掘机

装车轻便灵活，回转速度快，移位方便；能挖掘坚硬土层，易控制开挖尺寸，工作效率高。正铲挖掘机能开挖工作面狭小且较深的大型管沟和基槽路堑。正铲挖掘机如图6-4所示。

3. 抓铲挖掘机

钢绳牵引灵活性较差，工效不高，且不能挖掘坚硬土；可以装在简易机械上工作，使用方便。抓铲挖掘机能开挖土质比较松软、施工面较狭窄的深基坑、基槽，可以在水中挖取土，清理河床。抓铲挖掘机如图6-5所示。

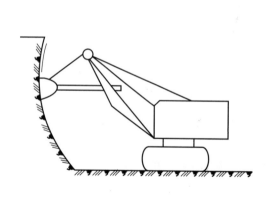

图6-4　正铲挖掘机

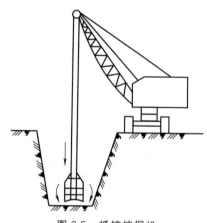

图6-5　抓铲挖掘机

三、土方运输的要求

① 严禁超载运输土石方，运输过程中应进行覆盖，严格控制车速，不超速、不超重，安全生产。

② 施工现场运输道路要布置有序，避免运输混杂、交叉，影响安全及进度。

③ 土石方运输装卸要有专人指挥倒车。

四、基坑边坡防护

当基坑放坡高度较大，施工期和暴露时间较长，应保护基坑边坡的

喷射混凝土
支护方法

扫码观看视频

稳定。

（1）覆膜或砂浆覆盖

在边坡上铺塑料薄膜，在坡顶及坡脚用编织袋装土压住或用砖压住；或在边坡上抹水泥砂浆 2～2.5cm 厚保护，在土中插适当锚筋连接，在坡脚设排水沟，如图 6-6（a）所示。

（2）挂网或挂网抹面

对施工期短，土质差的临时性基坑边坡，垂直坡面楔入直径 10～20mm、长 40～60cm 的插筋，纵横间距 1m，上面铺钢丝网，上下用编织袋或砂压住，然后在钢丝网上抹水泥砂浆，在坡顶坡脚设排水沟，如图 6-6（b）所示。

（3）喷射混凝土或混凝土护面

对邻近有建筑物的深基坑边坡，可在坡面垂直楔入直径 10～12mm，长 40～50cm 的插筋，纵横间距 1m，上面铺钢丝网，然后喷射 40～60mm 厚的细石混凝土直到坡顶和坡脚，如图 6-6（c）所示。

（4）土袋或砌石压坡

深度在 5m 以内的临时基坑边坡，在边坡下部用草袋堆砌或用砌石压住坡脚。边坡 3m 以内可采用单排顶砌法。在坡顶设挡水土堤或排水沟，防止冲刷坡面，在底部做排水沟，防止冲刷坡脚，如图 6-6（d）所示。

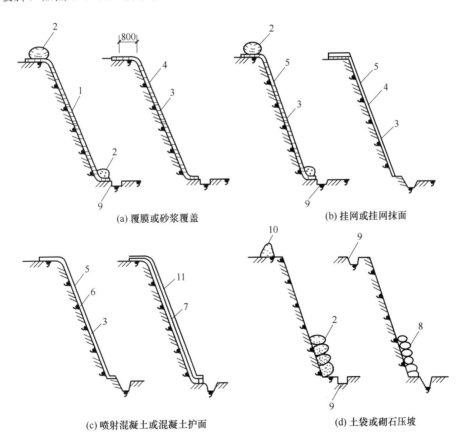

(a) 覆膜或砂浆覆盖　　　　　(b) 挂网或挂网抹面

(c) 喷射混凝土或混凝土护面　　　　　(d) 土袋或砌石压坡

图 6-6　基坑边坡护面方法

1—塑料薄膜；2—编织袋装土；3—插筋；4—抹水泥砂浆；5—钢丝网；6—喷射混凝土；
7—细石混凝土；8—砂浆砌石；9—排水沟；10—土堤；11—钢筋网片

第二节 土方回填

一、填料要求

① 碎石、砂土（使用细、粉砂时应取得设计单位同意）和爆破石渣，可作表层以下地填料。

② 含水量符合压实要求的黏性土，可作各层地填料。

③ 淤泥和淤泥质土不能作为填料。

④ 填土含水量的大小，直接影响到压实质量，所以在压实前应先进行试验，以得到符合密实度要求的数据。

⑤ 含有大量有机物的土壤、石膏或水溶性硫酸盐含量大于20%的土壤，冻结或液化状态的泥炭、黏土或粉状砂质黏土等，一般不作填土之用。

二、填土要求

填方前，应根据工程特点、填料种类、设计压实系数、施工条件等合理选择压实机具，并确定填料含水量控制范围、铺土厚度和压实遍数等参数。对于重要的填方工程或采用新型压实机具时，上述参数应通过填土压实试验确定。

填土时应先清除基底的树根、积水、淤泥和有机杂物，并分层回填、压实。填土应尽量采用同类土填筑。如采用不同类填料分层填筑时，上层宜填筑透水性较小的填料，下层宜填筑透水性较大的填料。填方基土表面应做成适当的排水坡度，边坡不得用透水性较小的填料封闭。填方施工应接近水平地分层填筑。当填方位于倾斜的地面时，应先将斜坡挖成阶梯状，然后分层填筑以防填土横向移动。

分段填筑时，每层接缝处应做成斜坡形，碾迹重叠0.5～1.0m。上、下层错降距离不应小于1m。

三、填土方法

1. 人工填土

从场地最低部分开始，由一端向另一端自下而上分层铺填。每层虚铺厚度，用打夯机械夯实时不大于25cm。采取分段填筑，交接处应填成阶梯形。

墙基及管道回填时应在两侧用细土同时均匀回填、夯实，防止墙基及管道中心线位移。

2. 机械填土

（1）推土机填土

① 填土应由下而上分层铺填，每层虚铺厚度不宜大于30cm。大坡度堆填土，不得由高处向下，不分层次，一次堆填。

② 推土机运土回填，可采取分堆集中、一次运送的方法，分段距离为10～15m，以减少运土漏失量。

③ 土方推至填方部位时，应提起一次铲刀，成堆卸土，并向前行驶0.5～1.0m，利用

推土机后退时将土刮平。

④ 用推土机来回行驶进行碾压，履带应重叠一半。

⑤ 填土程序宜采用纵向铺填顺序，从挖土区段至填土区段，以 40～60cm 距离为宜。

（2）铲运机填土

① 铲运机铺土时，铺填土区段长度不宜小于 20m，宽度不宜小于 8m。

② 铺土应分层进行，每次铺土厚度不大于 30～50cm（视所在压实机械的要求而定），每层铺土后，利用空车返回时将地面刮平。

③ 填土程序一般尽量采取横向或纵向分层卸土，以利行驶时初步压实。

（3）汽车填土

① 自卸汽车为成堆卸土，需配以推土机推土、摊平。

② 每层的铺土厚度不大于 30～50cm（随选用的压实机具而定）。

③ 填土可利用汽车行驶作部分压实工作，行车路线必须均匀分布于填土层上。

④ 汽车不能在虚土上行驶，卸土推平和压实工作必须采取分段交叉进行。

四、影响填土压实的因素

1. 压实功的影响

填土压实后的重度与压实机械在其上所施加的功有一定的关系。当土的含水量一定，在开始压实时，土的重度急剧增加，待到接近土的最大重度时，压实功虽然增加许多，而土的重度却没有变化。实际施工中，对不同的土应根据选择的压实机械和密实度要求选择合理的压实遍数。此外，松土不宜用重型碾压机械直接滚压，否则土层有强烈起伏现象，效率不高。如果先用轻碾，再用重碾压实，就会取得较好的效果。

2. 含水量的影响

填土含水量的大小直接影响碾压（或夯实）遍数和质量。

较为干燥的土，由于摩阻力较大而不易压实。当土具有适当含水量时，土的颗粒之间因水的润滑作用使摩阻力减小，在同样压实功的作用下得到最大的密实度，这时土的含水量称作最佳含水量。

为了保证填土在压实过程中具有最佳含水量，土的含水量偏高时，可采取翻松、晾晒、掺干土等措施。如含水量偏低，则可采用预先洒水湿润、增加压实遍数等措施。

3. 铺土厚度的影响

在压实功作用下，土中的应力随深度的增加而逐渐减小，其影响深度与压实机械、土的性质及含水量有关。铺土厚度应小于压实机械的有效作用深度。铺得过厚，要增加压实遍数才能达到规定的密实度；铺得过薄，机械的总压实遍数也要增加。恰当的铺土厚度能使土方压实，而机械的耗能最少。

每层铺土厚度与压实遍数可参照表 6-4 的规定。

表 6-4　每层铺土厚度与压实遍数

压实机具	每层铺土厚度/mm	每层压实遍数
平碾	200～300	6～8
羊足碾	200～350	8～16
蛙式打夯机	200～250	3～4
人工打夯	<200	3～4

五、填土压实方法

1. 碾压法

碾压法是利用压力压实土壤，使之达到所需的密实度。碾压机械有平滚碾（压路机）、羊足碾和气胎碾等，如图 6-7 所示。平滚辗适用于碾压黏性和非黏性土壤；羊足碾只用来碾压黏性土壤；气胎碾对土壤压力较为均匀，故其填土质量较好。

填土（碾压法）压实
扫码观看视频

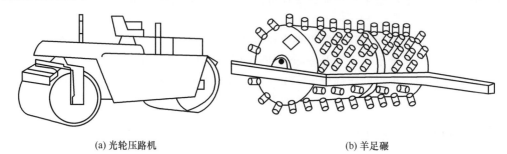

(a) 光轮压路机   (b) 羊足碾

图 6-7　碾压机械

利用运土机械进行碾压，也是较经济合理的压实方案，施工时使运土机械行驶路线能大体均匀地分布在填土面积上，并达到一定的重复行驶遍数，使其满足填土压实质量求。

用碾压法压实填土时，铺土应均匀一致，碾压遍数要一样，碾压方向应从填土区的两边逐渐压向中心，碾迹应有 15～20m 的重叠宽度。碾压机械行驶速度不宜过快，一般平碾控制在 2km/h，羊足碾控制在 3km/h，否则会影响压实效果。

2. 夯实法

夯实法是利用夯锤自由下落的冲击力来夯实土壤，主要用于小面积的回填土。夯实法分人工夯实和机械夯实两种。夯实机具的类型较多，有木夯、石硪、蛙式打夯机、火力夯以及利用挖土机或起重机装上夯板后的夯土机等。其中，蛙式打夯机轻巧灵活、构造简单，在小型土方工程中应用最广。

蛙式打夯机如图 6-8 所示。

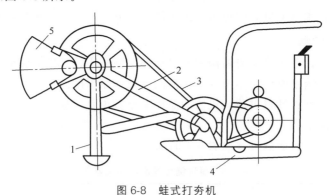

图 6-8　蛙式打夯机

1—夯头；2—夯架；3—三角胶带；4—托盘；5—偏心块

夯实法的优点是，可以夯实较厚的土层，如重锤夯其夯实厚度可达 1～1.5m，强力夯可对深层土进行夯实。但木夯、石硪或蛙式打夯机等机具，其夯实厚度则较小，一般均在 20cm 以内。

3. 振动法

振动法是将重锤放在土层的表面或内部，借助于振动设备使重锤振动，土颗粒即发生相对位移，达到紧密状态。此法用于振实非黏性土壤效果较好。

近年来，又将碾压和振动法结合起来而设计和制造了振动平碾、振动凸块碾等新型压实机械。振动平碾适用于填料为爆破碎石渣、碎石类土、杂填土或轻亚黏土的大型填方；振动凸块碾则适用于粉质黏土或黏土的大型填方。当压实爆破石渣或碎石类土时，可选用质量为8～15t的振动平碾，铺土厚度为0.6～1.5m，先静压、后碾压，碾压遍数由现场试验确定，一般为6～8遍。

第三节　地基处理

一、地基局部处理

① 松土坑在基槽范围内，如图6-9所示。将坑中松软土挖除，使坑底及四壁均见天然土为止，回填与天然土压缩性相近的材料。当天然土为砂土时，用砂或级配砂石回填；当天然土为较密实的黏性土时，用3:7灰土分层回填夯实；当天然土为中密可塑的黏性土或新近沉积黏性土时，可用1:9或2:8灰土分层回填夯实，每层厚度不大于20cm。

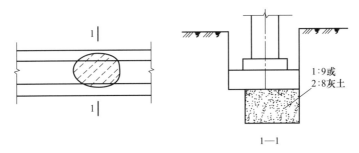

图6-9　松土坑在基槽范围内

② 松土坑范围较大且超过5m时，如坑底土质与一般槽底土质相同，可将此部分基础加深，做1:2踏步与两端相接，每步高不大于50cm，长度不小于100cm，如图6-10所示。如深度较大，用灰土分层回填夯实至坑（槽）底齐平。

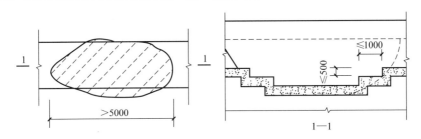

图6-10　松土坑处理简图

③ 基础下压缩土层范围内有古墓、地下坑穴的处理。墓坑开挖时，应沿坑边四周每边加宽50cm，加宽深入到自然地面下50cm，重要建筑物应将开挖范围扩大，沿四周每边加宽50cm。开挖深度的确定方法如下。当墓坑深度小于基础压缩土层深度，应挖到坑底。如墓

坑深度大于基层压缩土层深度，开挖深度应不小于基础压缩土层深度。如图 6-11（a）所示。墓坑和坑穴用 3：7 灰土回填夯实；回填前应先打 2～3 遍底夯，回填土料宜选用粉质黏土分层回填，每层厚 20～30cm，每层夯实后用环刀逐点取样检查，土的密度应不小于 1.55t/m³。如图 6-11（b）所示。

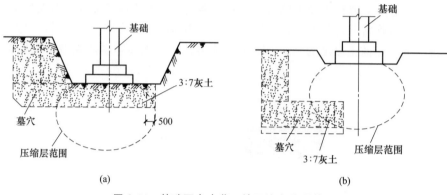

图 6-11　基础下有古墓、地下坑穴处理简图

④ 土井、砖井在室内基础附近的处理简图如图 6-12 所示。将水位降到最低可能的限度，用中、粗砂及块石、卵石或碎砖等回填到地下水位以上 50cm，并应将四周砖圈拆至坑槽底以下 1m 或更深些，然后再用素土分层回填并夯实，如井已回填，但不密实或有软土，可用大块石将下面软土挤紧，再分层回填素土夯实。

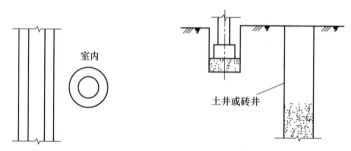

图 6-12　土井或砖井处理简图

⑤ 软地基处理简图如图 6-13 所示。对于一部分落在原土上，另一部分落于回填土地基上的结构，应在填土部位用现场钻孔灌注桩或钻孔爆扩桩直至原土层，使该部位上部荷载直接传至原土层，以避免地基的不均匀沉降。

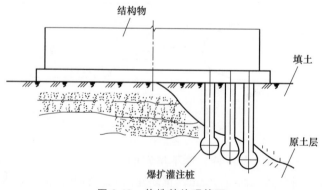

图 6-13　软地基处理简图

⑥ 橡皮土。当黏性土含水量很大趋于饱和时，碾压（夯拍）后会使地基成踩上去有一种颤动感觉的"橡皮土"。所以，当发现地基土（黏土、粉质等）含水量趋于饱和时，要避免直接碾压（夯拍），可采用晾槽或掺石灰粉的方法降低土的含水量，有地表水时应排水，地下水位较高时应将地下水降低至基底 0.5m 以下，然后再根据具体情况选择施工方法。如果地基土已出现橡皮土现象则应全部挖除，填以 3：7 灰土、砂土或级配砂石，或插片石夯实；也可将橡皮土翻松、晾晒、风干，至最优含水量范围再夯实。

⑦ 管道。当管道位于基底以下时，最好拆迁或将基础局部落低，并采取防护措施，避免管道被基础压坏。当管道穿过基础墙，而基础又不允许切断时，必须在基础墙上管道周围，特别是上部留出足够尺寸的空隙（大于房屋预估的沉降量），使建筑物产生沉降后不致引起管道的变形或损坏。

另外，管道应该采取防漏的措施，以免漏水浸湿地基造成不均匀沉降。特别是当地基为填土、湿陷土或膨胀土时，尤其应引起重视。

二、换填垫层

换填垫层法的过程是将基础底面下一定范围内的软弱土层挖去，然后分层填入质地坚硬、强度较高，性能较稳定、具有抗腐蚀性能的砂、碎石、素土、灰土、粉煤灰及其他性能稳定和无侵蚀性的材料，并同时以人工或机械方法夯实（或振实）使其达到要求的密实度，成为良好的人工地基。按换填材料的不同，垫层可分为砂垫层、砂石垫层、灰土垫层和粉煤灰垫层等。不同材料的垫层，其应力分布稍有差异，但根据试验结果及实测资料，垫层地基的强度和变形特性基本相似，因此可将各种材料的垫层设计都近似地按砂垫层的设计方法进行计算。

1. 砂垫层和砂石垫层

（1）加固原理及适用范围

砂和砂石地基（垫层）采用砂或砂砾石（碎石）混合物，经分层夯（压）实，作为地基的持力层，提高基础下部地基强度，并通过垫层的压力扩散作用，降低地基的压实力，减少变形量。同时垫层可起排水作用，地基土中的孔隙水可通过垫层快速地排出，能加速下部土层的压缩和固结。砂和砂石垫层适于处理 3.0m 以内的软弱、透水性强的地基土；不宜用于加固湿陷性黄土地基及渗透性、系数小的黏性土地基。

（2）材料要求

砂和砂石垫层所用材料，宜采用中砂、粗砂、砾砂、碎（卵）石、石屑等。如采用其他工业废粒料作为垫层材料，检验合格方可使用。

在缺少中、粗砂和砾砂的地区可采用细砂，但宜同时掺入一定数量的碎（卵）石，其掺入量应符合垫层材料含石量不大于 50% 的要求。所用砂石材料不得含有草根、垃圾等有机杂物，含泥量不应超过 5%（用作排水固结地基时不应超过 3%），碎石或卵石最大粒径不宜大于 50mm。

（3）施工设备

砂垫层一般采用平板式振动器、插入式振捣器等设备，砂石垫层一般采用振动碾、木夯或机械夯。

（4）施工要点

① 施工前应先行验槽。浮土应清除，边坡必须稳定，防止塌方。基坑（槽）两侧附近如有低于地基的孔洞、沟、井和墓穴等，应在未做垫层前加以填实。

② 砂和砂石垫层底面宜铺设在同一标高上，如深度不同时，基土面应挖成踏步或斜坡搭接。搭接处应注意捣实，施工应按先深后浅的顺序进行。分段铺设时，接头处应做成斜坡，每层错开 0.5～1.0m 并应充分捣实。

③ 人工级配的砂石垫层，应将砂石拌和均匀后，再行铺填捣实。捣实砂石垫层时，应注意不要破坏基坑底面和侧面土的强度。在基坑底面和侧面应先铺设一层厚 150～200mm 的松砂，只用木夯夯实，不得使用振捣器，然后再铺砂石垫层。

④ 垫层应分层铺筑，然后逐层振密或压实，每层铺设厚度、砂石最优含水量及操作要点见表6-5，分层厚度可用样桩控制。施工时下层的密实度经检验合格后，方可进行上层施工。

表 6-5　砂和砂石垫层每层铺筑厚度及最优含水量

捣实方法	每层铺设厚度/mm	施工时最优含水量/%	施工说明	备注
平振法	200～250	15～20	用平板式振捣器往复振捣，往复次数以简易测定密实度合格为准	
插振法	振捣器插入深度	饱和	1. 用插入式振捣器； 2. 插入间距可根据机械振幅大小决定； 3. 不应插至下卧黏性土层； 4. 插入振捣器完毕后所留的孔洞，应用砂填实； 5. 应有控制地注水和排水	不宜使用于细砂或含泥量较大的砂所铺筑的砂垫层
水撼法	250	饱和	1. 注水高度应超过每次铺筑面； 2. 钢叉摇撼捣实，插入点间距为100mm； 3. 钢叉分四齿，齿的间距30mm、长300mm，木柄长90mm，重4kg	湿陷性黄土、膨胀土地区不得使用
夯实法	150～200	8～12	1. 用木夯或机械夯； 2. 木夯重40kg，落距400～500mm； 3. 一夯压半夯，全面夯实	适用于砂石垫层
碾压法	150～350	8～12	6～10t压路机往复碾压，碾压次数一般以达到要求密实度为准	适用于大面积砂垫层，不宜用于地下水位以下的砂垫层

⑤ 在地下水位高于基坑（槽）底面施工时，应采取排水或降低地下水位的措施，使基坑（槽）保持无积水状态。用水撼法或插入振动法施工时，以振捣棒振幅半径的 1.75 倍为间距插入振捣棒，依次捣实，以不再冒气泡为准，直至完成。应有控制地注水和排水。冬期施工时，应注意防止砂石内水分冻结。

（5）检查方法

① 环刀取样法。在捣实后的砂垫层中用容积不小于 $200cm^3$ 的环刀取样，测定其干土密度，以不小于该砂料在中密状态时的干土密度数值为合格。如中砂一般为 $155～1.60g/cm^3$。若系砂石垫层，可在垫层中设置存砂检查点，在同样的施工条件下取样检查。

② 贯入测定法。检查时先将表面的砂刮去 30mm 左右，用直径为 20mm、长 1250mm 的平头钢筋距离砂层面 700mm 自由降落，或用水撼法使用的钢叉举离砂层面 500mm 自由下落。以上钢筋或钢叉的插入深度，可根据砂的控制干土密度预先进行小型试验确定。

③ 砂和砂石地基的质量验收标准见表 6-6。

表 6-6   砂和砂石地基的质量验收标准

项目	序号	检查项目	允许偏差或允许值		检查方法
			单位	数值	
主控项目	1	地基承载力	不小于设计值		载荷试验或按规定方法
	2	配合比	设计值		检查拌和时的体积比或质量比
	3	压实系数	不小于设计值		灌砂法、灌水法
一般项目	1	砂石料有机质含量	%	≤5	灼烧减量法
	2	砂石料含泥量	%	≤5	水洗法
	3	石料粒径	mm	≤50	筛分法
	4	分层厚度(与设计要求比较)	mm	±50	水准测量

2. 灰土垫层

(1)加固原理及适用范围

灰土垫层是将基础底面下要求范围内的软弱土层挖去,用素土或一定比例的石灰与土,在最优含水量情况下,充分拌和,分层回填夯实或压实而成。灰土垫层具有一定的强度、水稳性和抗渗性,施工工艺简单,费用较低,是一种应用广泛、经济、实用的地基加固方法,适用于加固深1~3m厚的软弱土、湿陷性黄土、杂填土等,还可用作结构的辅助防渗层。

(2)材料要求

灰土地基的土料采用粉质黏土,不宜使用块状黏土和砂质黏土,有机物含量不应超过5%,其颗粒不得大于15mm;石灰宜采用新鲜的消石灰,含氧化钙、氧化镁越高越好,越高其活性越大,胶结力越强。使用前1~2天消解并过筛,其颗粒不得大于5mm,且不应夹有未熟化的生石灰块粒及其他杂质,也不得含有过多的水分。

(3)施工设备

一般用平碾、振动碾或羊足碾,中小型工程也可采用蛙式夯、柴油夯。

(4)施工要点

① 灰土垫层施工前须先行验槽,如发现坑(槽)内有局部软弱土层或孔穴,应挖出后用素土或灰土分层填实。

② 施工时,应将灰土拌和均匀,颜色一致,并适当控制其含水量。现场检验方法是用手将灰土紧握成团,两指轻捏即碎为宜,如土料水分过多或不足时,应晾干或洒水润湿。灰土拌好后及时铺好夯实,不得隔日夯打。

③ 灰土的分层虚铺厚度,应按所使用夯实机具参照表6-7选用。每层灰土的夯打遍数,应根据设计要求的干土密度在现场试验确定。

表 6-7   灰土最大虚铺厚度

夯实机具种类	质量/t	虚铺厚度/mm	备注
石夯、木夯	0.04~0.08	200~250	人力送夯,落距400~500mm,每夯搭接半夯
轻型夯实机械	—	200~250	蛙式夯机、柴油打夯机
压路机	机重6~10	200~300	双轮

④ 垫层分段施工时,不得在墙角、柱基及承重窗间墙下接缝。上下两层灰土的接缝距离不得小于500mm,接缝处的灰土应注意夯实。碾压振密或夯实时垫层的压实标准见表6-8。

⑤ 在地下水位以下的基坑(槽)内施工时,应采取排水措施。夯实后的灰土,在3天内不得受水浸泡。灰土地基打完后,应及时修建基础和回填基坑(槽),或作临时遮盖,防止日晒雨淋,刚打完或尚未夯实的灰土,如遭受雨淋浸泡,则应将积水及松软灰土除去并补填夯实;受浸湿的灰土,应在晾干后再夯打密实。冬期施工不得用冻土或夹有冻块。

表 6-8　碾压振密或夯实时垫层的压实标准

换填材料	压实系数	换填材料	压实系数
粉质黏土	≥0.97	粉煤灰	≥0.95
灰土	≥0.95		

注：1. 压实系数为土的控制干密度与最大干密度的比值；土的最大干密度宜采用击实试验确定；碎石或卵石的最大干密度可取 $2.1 \sim 2.2 t/m^3$；

2. 表中压实系数系使用轻型击实试验测定土的最大干密度时给出的压实控制标准，采用重型击实试验时，对粉质黏土、灰土、粉煤灰及其他材料压实标准应为压实系数≥0.94。

（5）质量检查

① 环刀取样法。在捣实后的灰土垫层中用容积不小于 $200cm^3$ 的环刀取样，测定其干土密度，以不小于该砂料在中密状态时的干土密度数值为合格。灰土垫层的干土密度见表 6-9。

表 6-9　灰土垫层的干土密度

土料种类	粉土	粉质黏土	黏性土
灰土最小干密度/(g/cm^3)	1.55	1.50	1.45

② 灰土地基质量验收标准见表 6-10。

表 6-10　灰土地基质量检验标准

项目	序号	检查项目	允许偏差或允许值		检查方法
			单位	数值	
主控项目	1	地基承载力	不小于设计值		静载试验
	2	配合比	设计值		检查拌和时的体积比
	3	压实系数	不小于设计值		环刀法
一般项目	1	石料粒径	mm	≤5	筛析法
	2	土料有机质含量	%	≤5	灼烧减量法
	3	土颗粒粒径	mm	≤15	筛析法
	4	含水量	最优含水量±2%		烘干法
	3	分层厚度	mm	±50	水准测量

3. 粉煤灰垫层

（1）粉煤灰加固原理及适用范围

粉煤灰是火力发电厂的工业废料，有良好的物理力学性能，用它作为处理软弱土层的换填材料，已在许多地区得到应用。其压实曲线与黏性土相似，具有相对较宽的最优含水量区间，即其干密度对含水量的敏感性比黏性土小，同时具有可利用废料、施工方便、快速，质量易于控制，技术可行，经济效果显著等优点，可用于做各种软弱土层换填地基的处理以及用作大面积地坪的垫层等。

（2）材料要求

用一般电厂Ⅲ级以上粉煤灰，含 SiO_2、Al_2O_3、Fe_2O_3。总量尽量选用高的，颗粒粒径宜为 $0.001 \sim 2.0mm$，烧失量宜低于 12%，含 SO_3 宜小于 0.4%，以免对地下金属管道等产生一定的腐蚀性。粉煤灰中严禁混入植物、生活垃圾及其他有机杂质。

（3）施工设备

一般采用平碾、振动碾、平板振动器、蛙式夯。

（4）施工要点

① 垫层应分层铺设与碾压，并设置泄水沟或排水盲沟。垫层四周宜设置具有防冲刷功能的帷幕。虚铺厚度和碾压遍数应通过现场小型试验确定。若无试验资料时，可选用铺筑厚度 $200 \sim 300mm$，压实厚度 $150 \sim 200mm$。小型工程可采用人工分层摊铺，在整平后用平板

振动器或蛙式打夯机进行压实。施工时须一板压 1/3～1/2 板往复压实，由外围向中间进行，直至达到设计密实度要求；大中型工程可采用机械摊铺，在整平后用履带式机具初压两遍，然后用中、重型压路机碾压。施工时须一轮压 1/3～1/2 轮往复碾压，后轮必须超过两施工段的接缝。碾压次数一般为 4～6 遍，碾压至达到设计密实度要求。

② 粉煤灰铺设含水量应控制在最优含水量 ±4% 的范围内；如含水量过大时，需摊铺晾干后再碾压。施工时宜当天铺设，当天压实。若压实时呈松散状，则应洒水湿润再压实，洒水的水质应不含油质，pH 值为 6～9；若出现"橡皮土"现象，则应暂缓压实，采取开槽、翻开晾晒或换灰等方法处理。

③ 每层当天即铺即压完成，铺完经检测合格后，应及时铺筑上层，以防干燥、松散、起尘、污染环境，并应严禁车辆在其上行驶；全部粉煤灰垫层铺设完经验收合格后，应及时浇筑混凝土垫层或上覆 300～500mm 土进行封层，以防日晒、雨淋破坏。

④ 冬期施工，最低气温不得低于 0℃，以免粉煤灰含水冻胀。

⑤ 粉煤灰地基不宜采用水沉法施工，在地下水位以下施工时，应采取降排水措施，不得在饱和和浸水状态下施工。基底为软土时宜先铺填 200mm 左右厚的粗砂或高炉干渣。

（5）质量检查

① 贯入测定法。先将砂垫层表面 3cm 左右厚的粉煤灰刮去，然后用贯入仪、钢叉或钢筋以贯入度的大小来定性地检查砂垫层质量。在检验前应先根据粉煤灰垫层的控制干密度进行相关性试验，以确定贯入度值。

钢筋贯入法：用直径为 20mm，长度 1250mm 的平头钢筋，自 700mm 高处自由落下，插入深度以不大于根据该粉煤灰垫层的控制干密度测定的深度为合格。

钢叉贯入法：用水撼法使用的钢叉，自 500mm 高处自由落下，其插入深度以不大于根据该粉煤灰垫层控制干密度测定的深度为合格。

当使用贯入仪或钢筋检验垫层的质量时，检验点的间距应小于 4m。当取土样检验时，大基坑每 50～100m² 不应小于一个检验点；对基槽每 10～20m 不应少于一个点；每个单独柱基不应少于一个点。

② 粉煤灰地基质量检验标准见表 6-11。

表 6-11　粉煤灰地基质量检验标准

项目	序号	检查项目	允许偏差或允许值		检查方法
			单位	数值	
主控项目	1	压实系数	不小于设计值		环刀法
	2	地基承载力	不小于设计值		静载试验
一般项目	1	粉煤灰粒径	mm	0.001～2.000	筛析法、密度计法
	2	氧化铝及二氧化硅含量	%	≥70	试验室试验
	3	烧失量	%	≤12	灼烧减量法
	4	每层铺筑厚度	mm	±50	水准测量
	5	含水量	最优含水量 ±4%		烘干法

三、预压地基

预压地基是对软土地基施加压力，使其排水固结来达到加固地基的目的。为加速软土的排水固结，通常可在软土地基内设置竖向排水体，铺设水平排水垫层。预压适用于软土和冲填土地基的施工，其施工方法有堆载预压、砂井堆载预压及砂井真空降水预压等。其中砂井堆载预压具有固结速度快、施工工艺简单、效果好等特点，使用最为广泛。

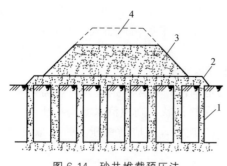

图 6-14　砂井堆载预压法

1—砂井；2—砂垫层；3—堆载；4—临时超载

1. 材料要求

制作砂井的砂宜用中、粗砂，含泥量不宜大于 3%。排水砂垫层的材料宜采用透水性好的砂料，其渗透系数一般不低于 10^{-3}cm/s，同时能起到一定的反滤作用，也可在砂垫层上铺设粒径为 5～20mm 的砾石作为反滤层。

2. 构造要求

砂井堆载预压法如图 6-14 所示。

砂井的直径和间距主要取决于黏土层的固结特性和工期的要求。砂井直径一般为 200～500mm，间距为砂井直径的 6～8 倍。袋装砂井直径一般为 70～120mm，井距一般为 1.0～2.0m。砂井深度的选择和土层分布、地基中附加应力的大小、施工工期等因素有关。当软黏土层较薄时，砂井应贯穿黏土层；黏土层较厚但有砂层或砂透镜体时，砂井应尽可能打到砂层或透镜体；当黏土层很厚又无砂透水层时，可按地基的稳定性以及沉降所要求处理的深度来确定。砂井平面布置形式一般为正三角形或正方形，如图 6-15 所示。布置范围一般比基础范围稍大好。砂垫层的平面范围与砂井范围相同，厚度一般为 0.3～0.5m，如砂料缺乏时，可采用连通砂井的纵横砂沟代替整片砂垫层，如图 6-16 所示。

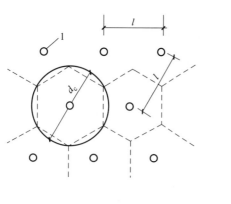

(a) 正三角形排列

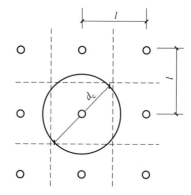

(b) 正方形排列

图 6-15　砂井平面布置形式

1—砂井；d_c—单个砂井的有效排水圆柱体直径；l—砂井间距

3. 施工

（1）施工设备

砂井施工机具可采用振动锤、射水钻机、螺旋钻机等机具或选用灌注桩的成孔机具。

（2）施工要点

① 排水垫层施工方法与砂垫层和砂石垫层地基相同。当采用袋装砂井时，砂袋选用透水性和耐水性好以及韧性较强的麻布、再生布或聚丙烯编织布制作。当桩管沉入预定深度后插入砂袋（袋内先装入 200mm 厚

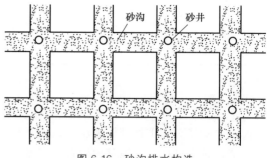

图 6-16　砂沟排水构造

砂子作为压重），通过斗将砂子填入袋中并捣固密实，待砂灌满后扎紧袋口，往管内适量灌水（减小砂袋与管壁的摩擦力）拔出桩管，此时袋口应高出井口 500mm，以便埋入水平排水砂垫层内，严禁砂井全部伸入孔内，造成与砂垫层不连接。

② 砂井堆载预压的材料一般可采用土、砂、石和水等。堆载的顶面积不小于基础面积，堆载的底面积也应适当扩大，以保证建筑物范围内的地基得到均匀加固。

③ 地基预压前，应设置垂直沉降观察点、水平位移观测桩、测斜仪以及孔隙水压力计，以控制加载速度和防止地基发生滑动。其设置数量、位置及测试方法，应符合设计要求。

④ 堆载应分期分级进行并严格控制加荷速率，保证在各级荷载下地基的稳定性。对打入式砂井地基，严禁未待因打砂井而使地基减小的强度得到恢复就加载。

⑤ 地基预压达到规定要求后方可分期分级卸载，但应继续观测地基沉降和回弹情况。

第四节 桩基础工程

一、桩基础的分类

1. 按承台位置分类

桩基础按承台位置分为低桩承台基础和高桩承台基础。低桩承台的承台底面位于地面或冲刷线以下。高桩承台的承台底面位于地面或冲刷线以上（主要在水中），如图 6-17 所示。由于承台位置的不同，两种桩基础中桩的受力、变位情况也不一样，因此其设计计算方法也不同。低桩承台的结构特点是基桩全部沉入土中，而高桩承台的结构特点是基桩部分桩身沉入土中，部分桩身外露在地面以上，露在地面以上的部分桩身称为桩的自由长度，低桩承台的桩的自由长度为零。

高桩承台由于承台位置较高或设在施工水位以上，可减少墩台的圬工数量，可避免或减少水下作业，施工较为方便，且经济。然而，高桩承台基础刚度较小，在水平力作用下，由于承台及基桩露出地面的一段自由长度周围无土来共同承受水平外力，基桩的受力情况较为不利，桩身内力和位移都

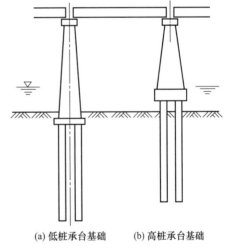

(a) 低桩承台基础   (b) 高桩承台基础

图 6-17   桩基础的类型

将大于在同样水平外力作用下的低桩承台。在稳定性方面，高桩承台基础也较低桩承台基础差。但近年来由于大直径钻孔灌注桩的采用，桩的刚度、强度都较大，因而高桩承台在基础工程中也得到了广泛采用。

2. 按受力条件分类

建筑物荷载通过桩基础传递给地基，其中垂直荷载一般由桩底土层抵抗力和桩侧与土产生的摩阻力来支承。由于地基土的分层和其物理力学性质不同，桩的尺寸和设置在土中的方法不同，桩的受力状态都会受到影响。桩根据其受力特点可分为柱桩与摩擦桩。

（1）柱桩

桩穿过较松软土层，桩底支承在坚实土层（砂、砾石、卵石、坚硬老黏土等）或岩层

中，且桩的长径比不太大时，在竖向荷载作用下，基桩所发挥的承载力以桩底土层的抵抗力为主时，称为柱桩或端承桩。柱桩是专指桩底支承在基岩上的桩，此时因桩的沉降甚微，认为桩侧摩阻力可忽略不计，全部垂直荷载由桩底岩层抵抗力承受。

（2）摩擦桩

桩穿过并支承在各种压缩性土层中，在竖向荷载作用下基桩所发挥的承载力以侧摩阻力为主时，统称为摩擦桩。可视为摩擦桩的情况如下。

① 当桩端无坚实持力层且不扩底时。

② 当桩的长径比很大，即使桩端置于坚实持力层上，由于桩身直接压缩量过大，传递到桩端的荷载较小时。

③ 当预制桩沉桩过程由于桩距小、桩数多、沉桩速度快，使已沉入桩上涌，桩端阻力明显降低时。

3. 按桩身材料分类

不同材料修筑的不同类型的桩基础具有不同的构造特点，根据材料和制作方法不同，常用的预制桩有木桩、钢桩、钢筋混凝土桩、钢筋混凝土管桩等几种。

（1）木桩

木桩常用松木、橡木、杉木等做成。木桩质量小，具有一定的弹性和韧性，加工方便。木桩在淡水下是耐久的，使用时应将木桩打入最低地下水位以下至少 0.5m。木桩极易为各种虫类蛀蚀。在海水中或干湿交替的环境中，木桩极易腐烂。所以现在木桩已很少使用，有条件就地取材时方可采用。

（2）钢桩

钢桩的种类很多，常用的有钢管桩及工字形钢桩。钢桩承受荷载大，起吊运输及锤打方便。

（3）钢筋混凝土桩

钢筋混凝土桩在工程上应用最广，适用于荷载较大或水位经常变化的地区。钢筋混凝土桩一般为实心桩，桩内配置钢筋。为了节省钢材及提高桩身的抗裂性能，还可以采用预应力钢筋混凝土桩。

（4）钢筋混凝土管桩

对于截面尺寸大的桩来说，采用普通钢筋混凝土实心桩和预应力钢筋混凝土桩时，其自重过大。采用管桩和预应力管桩可以大大减轻自重，节省材料，并便于施工。目前定型的管桩产品有外径 45cm 和 55cm 两种，每节长度为 4～12m，管壁厚 8cm，用钢制法兰盘及螺栓连接，然后用热沥青涂裹接头，以防腐蚀。

4. 按施工方法分类

桩的施工方法种类较多，但按其基本形式可分为预制桩和灌注桩。

（1）预制桩

预制桩（也称为沉桩）是在工厂或工地将各种材料（钢筋混凝土、钢、木等）做成一定形式的桩，而后用机具设备将桩打入、振动下沉、静力压入土中（有时还用高压水冲）。它适用于一般土地基，但较难沉入坚实地层。沉桩有明显的挤压土体的作用，应考虑沉桩时对邻近结构（包括邻近基桩）的影响，在运输、吊装和沉桩过程中应注意避免损坏桩身。

按不同的沉桩方式，预制桩可分为下列几种。

① 打入桩。打入桩（也称为锤击桩）是通过锤击（或以高压射水辅助）将预制桩沉入地基。这种施工方法适用于桩径较小（直径在 0.6m 以下），地基土质为可塑状黏土、砂土、

粉土、细砂以及松散的不含大卵石或漂石的碎卵石类土的情况。打入桩伴有较大的振动和噪声，在城市建筑密集地区施工，须考虑对环境的影响。

② 振动下沉桩。振动下沉桩是将大功率的振动打桩机安装在桩顶（预制的钢筋混凝土桩或钢管桩），利用振动力以减少土对桩的阻力，使桩沉入土中。它对于桩径较大，且土的抗剪强度受振动时有较大降低的砂土等地基效果更为明显，适用于锤击沉桩效果较差的密实的黏性土、砾石、风化岩。

③ 静力压桩。静力压桩是借助桩架自重及桩架上的压重，通过液压或滑轮组提供的压力将预制桩压入土中。它适用于较均质的可塑状黏土地基，对于砂土及其他较坚硬土层，由于压桩阻力大而不宜采用。静力压桩在施工过程中无振动、无噪声，并能避免锤击时桩顶及桩身的损伤，但长桩分节压入时受桩架高度的限制，接头变多，会影响压桩的效率。

④ 射水沉桩。在密实的砂土、碎石土、砂砾的土层中用锤击法、振动沉桩法有困难时，可采用射水作为辅助手段进行沉桩施工。射水施工方法的选择应视土质情况而异，在砂类土、砾石土和卵石土层中，一般以射水为主，锤击或振动为辅。在亚黏土或黏土中，为避免降低承载力，一般以锤击或振动为主、射水为辅，并应适当控制射水时间和水量。在湿陷性黄土层中，除设计有特殊规定外，不宜采用射水沉桩。在重要建筑物附近不宜采用射水沉桩。

（2）灌注桩

灌注桩是在施工现场的桩位上先成孔，然后在孔内灌注混凝土（有时也加钢筋）而制成。灌注桩可选择适当的钻具设备和施工方法而适应各种类型的地基土，可做成较大直径的桩以提高桩基的承载力，还可避免预制桩打桩时对周围土体的挤压影响以及振动和噪声对周围环境的影响。但在成孔成桩过程中应采取相应的措施和方法保证孔壁的稳定和提高桩体的质量。

针对不同类型的地基土可选择适当的钻具设备和施工方法。

① 钻孔灌注桩。钻孔灌注桩指用钻（冲）孔机具在土中钻进，边破碎土体边出土渣而成孔，然后在孔内放入钢筋骨架，灌注混凝土而形成的桩。钻孔灌注桩的施工设备简单，操作方便，适用于各种黏性土、砂性土，也适用于碎、卵石类土和岩层。对于易坍孔土质及可能发生流砂或有承压水的地基则施工难度较大。钻孔灌注桩的应用日益广泛，但由于泥浆的排放对周围环境有一定的影响，在城市中应用有时会受到一定的限制。

② 挖孔灌注桩。挖孔灌注桩是依靠人工（用部分机械配合）在地基中挖出桩孔，然后与钻孔桩一样灌注混凝土而成的桩。它不受设备限制，施工简单。适用桩径一般大于1.4m，多用于无水或渗水量小的地层。对可能发生流砂或含较厚的软黏土层的地基施工较困难（需要加强孔壁支撑）。在地形狭窄、山坡陡峻处可用以代替钻孔桩或较深的刚性扩大基础。因能直接检验孔壁和孔底土质，所以能保证桩的质量。还可采用开挖办法扩大桩底以增大桩底的支承力。

③ 沉管灌注桩。沉管灌注桩指采用锤击或振动的方法把带有钢筋混凝土的桩尖或带有活瓣式桩尖（沉管时桩尖闭合，拔管时活瓣张开）的钢套沉入土层中成孔，然后在套管内放置钢筋笼，并边灌注混凝土边拔套管而形成的灌注桩。也可将钢套管打入土中挤土成孔后向套管中灌注混凝土并拔套管成桩。它适用于黏性土、砂类土等。沉管灌注桩直径较小，常用的尺寸在0.6m以下，桩长常在20m以内。施工中可以避免钻、挖孔灌注桩产生的流砂、坍孔的危害和由泥浆护壁所带来的排渣等弊病。在软黏土中，沉管对周围的桩有挤压影响，且挤压产生的孔隙水压力会使混凝土桩出现颈缩现象。

④ 爆扩桩。爆扩桩指就地成孔后，用炸药爆炸扩大孔底，浇灌混凝土而成的桩。这种

桩扩大桩底与地基土的接触面积，提高桩的承载力。爆扩桩宜用于持力层较浅、在黏土中成型并支承在坚硬密实土层等情况。

二、沉桩基础

常用的沉入桩有钢筋混凝土桩、预应力混凝土桩和钢管桩。

（1）沉桩方式及设备选择

① 锤击沉桩宜用于砂类土、黏性土。桩锤的选用应根据地质条件、桩型、桩的密集程度、单桩竖向承载力及现有施工条件等因素确定。

② 振动沉桩宜用于锤击沉桩效果较差的密实的黏性土、砾石、风化岩。

③ 在密实的砂土、碎石土、砂砾的土层中用锤击法、振动沉桩法有困难时，可采用射水作为辅助手段进行沉桩施工。在黏性土中应慎用射水沉桩。在重要建筑物附近不宜采用射水沉桩。

④ 静力压桩宜用于软黏土（标准贯入度 $N < 20$）、淤泥质土。

⑤ 钻孔埋桩宜用于黏土、砂土、碎石土且河床覆土较厚的情况。

（2）准备工作

① 沉桩前应掌握工程地质钻探资料、水文资料和打桩资料。

② 沉桩前必须处理地上（下）障碍物，平整场地，并应满足沉桩所需的地面承载力。

③ 应根据现场环境状况采取降噪声措施。城区、居民区等人员密集的场所不得进行沉桩施工。

④ 对地质复杂的大桥、特大桥，为检验桩的承载能力和确定沉桩工艺应进行试桩。

⑤ 贯入度应通过试桩或做沉桩试验后会同监理及设计单位研究确定。

⑥ 用于地下水有侵蚀性的地区或腐蚀性土层的钢桩应按照设计要求做好防腐处理。

（3）施工技术要点

① 预制桩的接桩可采用焊接、法兰连接或机械连接，接桩材料工艺应符合规范要求。

② 沉桩时，桩帽或送桩帽与桩周围间隙应为 5～10mm。桩锤、桩帽或送桩帽应和桩身在同一中心线上。桩身垂直度偏差不得超过 0.5%。

③ 沉桩顺序：对于密集桩群，自中间向两个方向或四周对称施打。根据基础的设计标高，宜先深后浅。根据桩的规格，宜先大后小，先长后短。

④ 施工中若锤击有困难时，可在管内助沉。

⑤ 桩终止锤击的控制应视桩端土质而定，一般情况下以控制桩端设计标高为主，贯入度为辅。

⑥ 沉桩过程中应加强邻近建筑物、地下管线等的观测、监护。

⑦ 在沉桩过程中发现以下情况应暂停施工，并应采取措施进行处理：贯入度发生剧变；桩身发生突然倾斜、位移或有严重回弹；桩头或桩身破坏；面隆起；桩身上浮。

三、灌注桩基础

（1）准备工作

① 施工前应掌握工程地质资料、水文地质资料，具备所用各种原材料及制品的质量检验报告。

② 施工时应按有关规定，制定安全生产、保护环境等措施。

③ 灌注桩施工应有齐全、有效的施工记录。

（2）成孔方式与设备选择

依据成桩方式可分为泥浆护壁成孔、干作业成孔、沉管成孔灌注桩及爆破成孔，施工机具类型及土质适用条件可参考表 6-12。

表 6-12　成桩方式与适用条件

序号	成桩方式与设备		适用土质条件
1	泥浆护壁成孔桩	正循环回转钻	黏性土,粉砂,细砂,中砂,粗砂,含少量砾石、卵石(含量少于20%)的土、软岩
		反循环回转钻	黏性土,砂类土,含少量砾石,卵石(含量少于20%,粒径小于钻杆内径2/3)的土
		冲抓钻、冲击钻、旋挖钻	黏性土、粉土、砂土、填土、碎石土及风化岩层
		潜水钻	黏性土、淤泥、淤泥质土及砂土
2	干作业成孔桩	长螺旋钻孔	地下水位以上的黏性土、砂土及人工填土非密实的碎石类土、强风化岩
		钻孔扩底	地下水位以上的坚硬、硬塑的黏性土及中密以上的砂土风化岩层
		人工挖孔	地下水位以上的黏性土、黄土及人工填土
3	沉管成孔桩	夯扩	桩端持力层为埋深不超过20m的中、低压缩性黏性土、粉土、砂土和碎石类土
		振动	黏性土、粉土和砂土
4	爆破成孔		地下水位以上的黏性土、黄土碎石土及风化岩

（3）泥浆护壁成孔

① 泥浆制备与护筒埋设

a. 泥浆制备根据施工机具、工艺及穿越土层情况进行配合比设计，宜选用高塑性黏土或膨润土。

b. 护筒埋设深度应符合有关规定。护筒顶面宜高出施工水位或地下水位 2m，并宜高出施工地面 0.3m，其高度尚应满足孔内泥浆面高度的要求。

c. 灌注混凝土前，清孔后的泥浆相对密度应小于 1.10，含砂率不得大于 2%，黏度不得大于 20Pa·s。

d. 现场应设置泥浆池和泥浆收集设施，废弃的泥浆、钻渣应进行处理，不得污染环境。

② 正、反循环钻孔

a. 泥浆护壁成孔时根据泥浆补给情况控制钻进速度，保持钻机稳定。

b. 钻进过程中如发生斜孔、塌孔和护筒周围冒浆、失稳等现象时，应先停钻，待采取相应措施后再进行钻进。

c. 钻孔达到设计深度，灌注混凝土之前，孔底沉渣厚度应符合设计要求。设计未要求时，端承型桩的沉渣厚度不应大于 100mm。摩擦型桩的沉渣厚度不应大于 300mm。

③ 冲击钻成孔

a. 冲击钻开孔时，应低锤密击，反复冲击造壁，保持孔内泥浆面稳定。

b. 应采取有效的技术措施防止扰动孔壁、塌孔、扩孔、卡钻和掉钻及泥浆流失等事故。

c. 每钻进 4～5m 应验孔一次，在更换钻头前或容易缩孔处，均应验孔并应做记录。

d. 排渣过程中应及时补给泥浆。

e. 冲孔中遇到斜孔、梅花孔、塌孔等情况时，应采取措施后方可继续施工。

f. 稳定性差的孔壁应采用泥浆循环或抽渣筒排渣，清孔后灌注混凝土之前的泥浆指标应符合要求。

④ 旋挖成孔

a. 旋挖钻成孔灌注桩应根据不同的地层情况及地下水位埋深，采用不同的成孔工艺。

b. 泥浆制备的能力应大于钻孔时的泥浆需求量，每台（套）钻机的泥浆储备量不少于单桩体积。

c. 成孔前和每次提出钻斗时，应检查钻斗和钻杆连接销子、钻斗门连接销子以及钢丝绳的状况，并应清除钻斗上的渣土。

d. 旋挖钻机成孔应采用跳挖方式，并根据钻进速度同步补充泥浆，保持所需的泥浆面高度不变。

e. 孔底沉渣厚度控制指标应符合要求。

（4）干作业成孔

① 长螺旋钻孔

a. 钻机定位后，应进行复检，钻头与桩位点偏差不得大于 20mm，开孔时下钻速度应缓慢。钻进过程中，不宜反转或提升钻杆。

b. 在钻进过程中遇到卡钻、钻机摇晃、偏斜或发生异常声响时，应立即停钻，查明原因，采取相应措施后方可继续作业。

c. 钻至设计标高后，应先泵入混凝土并停顿 10～20s，再缓慢提升钻杆。提钻速度应根据土层情况确定，并保证管内有一定高度的混凝土。

d. 混凝土压灌结束后应立即将钢筋笼插至设计深度，并及时清除钻杆及泵（软）管内残留的混凝土。

② 钻孔扩底

a. 钻杆应保持垂直稳固，位置准确，防止因钻杆晃动引起孔径扩大。

b. 钻孔扩底桩施工扩底孔部分虚土厚度应符合设计要求。

c. 灌注混凝土时，第一次应灌到扩底部位的顶面，随即振捣密实。灌注桩顶以下 5m 范围内混凝土时，应随灌随振动，每次灌注高度不大于 1.5m。

③ 人工挖孔

a. 人工挖孔桩必须在保证施工安全前提下选用。

b. 挖孔桩截面一般为圆形，也有方形桩。孔径 1200～2000mm，最大可达 3500mm。挖孔深度不宜超过 25m。

c. 采用混凝土或钢筋混凝土支护孔壁技术，护壁的厚度、拉接钢筋、配筋、混凝土强度等级均应符合设计要求。井圈中心线与设计轴线的偏差不得大于 20mm。上下节护壁混凝土的搭接长度不得小于 50mm。每节护壁必须保证振捣密实，并应当日施工完毕。应根据土层渗水情况使用速凝剂。模板拆除应在混凝土强度大于 2.5MPa 后进行。

d. 挖孔达到设计深度后，应进行孔底处理。必须做到孔底表面无松渣、泥、沉淀土。

（5）钢筋笼与灌注混凝土施工要点

① 钢筋笼加工应符合设计要求。钢筋笼制作、运输和吊装过程中应采取适当的加固措施，防止变形。

② 吊放钢筋笼入孔时，不得碰撞孔壁，就位后应采取加固措施固定钢筋笼的位置。

③ 沉管灌注桩内径应比套管内径小 60～80mm，用导管灌注水下混凝土的桩应比导管连接处的外径大 100mm 以上。

④ 灌注桩采用的水下灌注混凝土宜采用预拌混凝土，其骨料粒径不宜大于 40mm。

⑤ 灌注桩各工序应连续施工，钢筋笼放入泥浆后 4 小时内必须浇筑混凝土。

⑥ 桩顶混凝土浇筑完成后应高出设计标高 0.5～1m，确保桩头浮浆层凿除后桩基面混

凝土达到设计强度。

⑦ 当气温低于 0℃ 时，浇筑混凝土应采取保温措施，浇筑时混凝土的温度不得低于 5℃。当气温高于 30℃ 时，应根据具体情况对混凝土采取缓凝措施。

⑧ 灌注桩的实际浇筑混凝土量不得小于计算体积。套管成孔的灌注桩任何一段平均直径与设计直径的比值不得小于 1.0。

（6）水下混凝土灌注

① 桩孔检验合格，吊装钢筋笼完毕后，安置导管浇筑混凝土。

② 混凝土配合比应通过试验确定，须具备良好的和易性，坍落度宜为 180～220mm。

③ 导管应符合下列要求。

a. 导管内壁应光滑圆顺，直径宜为 20～30cm，节长宜为 2m。

b. 导管不得漏水，使用前应试拼、试压。

c. 导管轴线偏差不宜超过孔深的 0.5%，且不宜大于 10cm。

d. 导管采用法兰盘接头宜加锥形活套。采用螺旋丝扣型接头时必须有防止松脱装置。

④ 使用的隔水球应有良好的隔水性能，并应保证顺利排出。

⑤ 开始灌注混凝土时，导管底部至孔底的距离宜为 300～500mm。导管首次埋入混凝土灌注面以下不应少于 1.0m。在灌注过程中，导管埋入混凝土深度宜为 2～6m。

⑥ 灌注水下混凝土必须连续施工，并应控制提拔导管速度，严禁将导管提出混凝土灌注面。灌注过程中的故障应记录备案。

第五节　地基与基础工程常见问题

一、基坑（槽）开挖常见问题

1. 基坑（槽）开挖时，超挖现象的处理

① 基坑（槽）开挖时，挖土不得挖至基坑（槽）的设计标高以下，如果个别处超挖，应用与基土相同的土料填补，并夯实到要求的密实度。

② 如果用当地土填补不能达到要求的密实度时，应用碎石类土填补，并仔细夯实到要求的密实度。

③ 如果在重要部位超挖时，可用低强度等级的混凝土填补。

2. 基坑（槽）开挖时，治理流砂的措施

流砂防治的原则是"治砂必治水"，途径有三条，分别为：一是减小或平衡动水压力；二是截住地下水流；三是改变动水压力的方向。具体措施如下。

① 在枯水期施工。由于地下水位低，坑内外水位差小，动水压力小，不容易发生流砂。

② 打板桩法。将板桩打入坑底下面一定深度，增加地下水从坑外流入坑内的渗流长度，以减小水力坡度，从而减小动水压力。

③ 水下挖土法。不排水施工，使坑内水压与坑外地下水压相平衡，消除动水压力，这种现象称之为水下挖土法。

④ 井点降低地下水位。采取轻型井点等降水方法，使地下水向下渗流，水不致渗流入坑内，能增大土料间的压力，从而可有效地避免流砂形成。因此，此法应用广且较可靠。

⑤ 地下连续墙法。是在基坑周围先浇筑一道混凝土或钢筋混凝土的连续墙，以支撑土

壁、截水并防止流砂产生。

此外，在含有大量地下水的土层或沼泽地区施工时，还可以采用土壤冻结法。对位于流砂地区的基础工程，应尽可能采用桩基或沉井施工，以减少防治流砂所增加的费用。

3. 基坑开挖时，防止柱间土体塌落的措施

基坑开挖时，为了防止桩间土体塌落，应对桩间土进行防护，桩间土防护与处理措施一般有如下几项。

① 若桩间有止水帷幕时，则可不处理，将帷幕上附着的土屑剥落即可。

② 若土质较好且无地下水时，用水泥砂浆抹面即可。

③ 一般采用砌砖或砌筑砂袋、喷射混凝土、插设木板或挂钢丝网后抹面等处理方法对桩间土进行保护。

④ 若桩间有水渗透或土体的含水量较大时，在进行保护处理时还应设置泄水孔。

二、基坑（槽）回填时填土沉陷

基坑（槽）填土局部或大片产生沉陷，会形成室外散水空鼓下沉，基础侧面积水，甚至会引起建筑结构的不均匀下沉，出现裂缝。为了防止这种情况的出现，应采取以下措施。

① 基坑（槽）回填前，将槽中积水排净，淤泥、松土、杂物清理干净，若有地下水或滞水，应用排水、降水措施。

② 回填土严格分层回填、夯实。回填土的最优含水率、分层铺土厚度与压实遍数及回填土的压实质量应符合要求，见表6-13～表6-15。

表6-13　压实填土地基压实系数控制值

结构类型	填土部位	压实系数	控制含水率
砌体承重结构及框架结构	在地基主要受力层范围以内	≥0.97	最优含水量±2%
	在地基主要受力层范围以下	≥0.95	
排架结构	在地基主要受力层范围以内	≥0.96	
	在地基主要受力层范围以下	≥0.94	

注：地坪垫层以下及基础底面标高以上的压实填土，压实系数不应小于0.94。

表6-14　土的最优含水率和最大干密度参考

项次	土的种类	变动范围	
		最优含水率（质量比）/%	最大干密度/(g/cm³)
1	砂土	8～12	1.80～1.88
2	黏土	19～23	1.58～1.70
3	粉质黏土	12～15	1.85～1.95
4	粉土	16～22	1.61～1.80

注：1. 表中土的最大干密度应以现场实际达到的数字为准。
2. 一般性的回填，可不做此项测定。

表6-15　填土施工时的分层铺土厚度及压实遍数

压实机具	分层厚度/mm	每层压实遍数
平碾	250～300	6～8
振动压实机	250～300	3～4
柴油打夯机	200～250	3～4
人工打夯	<200	3～4

三、土方回填时积水

场地在平整后出现局部或大面积积水可以采取以下方法进行处理。

1. 明沟排水法

首先沿着场地周围开挖排水沟，然后在沟底设集水井与其相连，用水泵直接抽走（排水沟和集水井宜布置在施工场地基础边净距 0.4m 以外，场地的四角或每隔 20～40m 应当设置 1 个集水井）。

2. 深沟排水法

如果场地面积大、排水量大，为了减少大量设置排水沟的复杂性，可以在场地外距基础边 6～30m 开挖 1 条排水深沟，使场地内的积水通过深沟流入集水井，然后将积水用水泵排到施工场地以外的沟道内。

3. 利用正式渗排水系统

利用工程设施周围或内部的正式渗排水系统或者下水道，将其作为排水设施，在场地一侧或两侧设排水明沟或暗沟，将水流引入渗排水系统或下水道排走。

四、砖基础轴线偏移

由于基础收分（退台）尺寸未掌握准确或放线错误等原因，基础轴线与上部墙体轴线错位，发生偏移，将会导致上层墙体与基础产生偏心受压，影响结构受力性能。因此，在施工中，应采取以下防治措施。

① 在房屋定位放线时，外墙角处必须设置龙门板，并有相应保护措施，避免槽边堆土及进行其他作业时碰撞而发生移动。龙门板下设永久性中心桩（打入与地面平，并用混凝土封固）。龙门板拉通线时，应先与中心桩核对。

② 横墙轴线不宜采取基槽内排尺法控制，应设置中心桩。横墙中心桩打入与地面平，挖槽时应用砖覆盖，中心桩之间不宜堆土和放置材料。在横墙基础拉中线时，应复核相邻轴线距离，验证中心桩是否有移位。

③ 基础收阶部分砌完后，应当拉通线重新核对，并以新定出的轴线为准，砌筑基础至墙部分。

④ 按施工流水分段砌筑的基础，应在分段处设龙门板。

五、石砌基础根部不实

石砌基础根部不实的防治措施如下。

① 在基础施工前，要认真做好地基检验和处理工作，并应认真做好检验记录。

② 基坑土方挖完后，应及时清理底面，并夯实整平。有夯实垫层要求的，需采用粒径 150mm 左右的卵石或小块毛石排满底面，并重夯两遍，再用干砂灌满缝隙，并将垫层表面找平。

③ 对于乱毛石、河卵石基础，其底皮应采用块体较大的石材，砌筑时应将大面朝下，顶皮应选用块体较直长的石材。基础顶面一皮石材，需用水泥砂浆找平，以确保符合设计规定的标高。

④ 砌完基础后应及时回填土，回填应在基础两侧同时进行，分层填土、分层夯实。

六、混凝土预制桩打（沉）桩时出现断桩、坏桩

1. 混凝土预制桩打（沉）桩时，桩身出现断裂的处理

混凝土预制桩打（沉）桩时，桩身突然断裂倾斜错位，如图 6-18 所示。

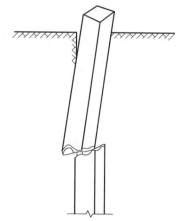

图 6-18　桩身倾断裂倾斜错位

出现桩身断裂时，应当及时会同设计人员研究处理办法。根据工程地质条件、上部荷载及桩所处的结构部位，可以采取在一旁补桩的方法处理。条基补 1 根桩时，可以在轴线内、外补桩，如图 6-19（a）、图 6-19（b）所示；补 2 根桩时，可以在断桩的两侧补桩，如图 6-19（c）所示。柱基为群桩时，补桩可以在承台外对称补桩，如图 6-19（d）所示，也可以在承台内补桩，如图 6-19（e）所示。

2. 混凝土预制桩打（沉）桩时，桩顶出现碎裂的处理

混凝土预制桩打（沉）桩时，桩顶出现混凝土掉角、碎裂、坍塌，甚至桩顶钢筋全部外露打坏，如图 6-20 所示。

发现桩顶有打碎现象，应及时停止沉桩，更换并加厚桩垫。如有较严重的桩顶破裂，可把桩顶剔平补强，再重新沉桩。如因桩顶强度不够或桩锤选择不当，应换用养护时间较长的"老桩"或更换合适的桩锤。

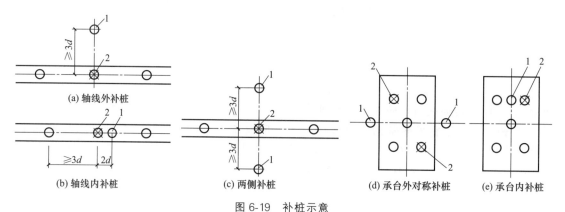

图 6-19　补桩示意

1—补桩；2—断桩；d—桩的直径

七、钢管桩桩身倾斜

为了防止钢管桩桩身倾斜，施工时应采取以下防治措施。

① 施工前，把打桩场地内一切地下障碍清除掉，尤其是桩位下的障碍物，必要时对每个桩位用钎探察看，最后放桩位点。

② 在最初击打校正稳好的桩时，要用冷锤（不给油状态）击打 2～3 击，以再次校正，若发现桩不垂直，应及时进行纠正，如有可能，应把桩拔出，找出原因，重新稳桩校正后再施打。

③ 接桩时，上下节桩应在同一轴线上，接头处必须严格按照设计要求及焊接质量规程执行。

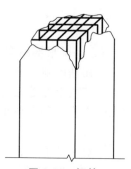

图 6-20　坏桩

④ 遇到较厚且坚硬的砂或砂卵石夹层采用射水或气吹法时，要随时观察桩的沉入情况，发现偏斜立即停止，采取措施后，方可继续施工，也可以选用管内取土的办法以助沉。

⑤ 发现桩顶打坏，不能正常接桩时，应割除损坏部位再进行接桩。

⑥ 施打前，要保护好桩顶，桩帽内垫上合适的减振材料，并及时更换，以减小桩顶的损坏率。

⑦ 根据地质穿透的情况，桩的断面尺寸、长度，桩的密集程度，单桩竖向承载力及施工条件，合理选择桩工机械，以重锤低击为准。

⑧ 钢桩运输、吊放、搬运时，应防止桩体撞击，防止桩端、桩体损坏或弯曲，堆放不宜太高，直径为Φ900的钢桩放置3层、Φ600的放置4层Φ500的放置5层为宜。场地应平坦坚实、排水畅通，支点设置合理，两端应用木楔塞住，避免滚动、撞击、变形。

八、灌注桩施工中出现塌孔和流砂

1. 干作业成孔灌注桩施工过程中，出现塌孔的处理

干作业成孔灌注桩施工过程中出现塌孔后，先钻孔至塌孔以下1～2m，用豆石混凝土或低强度等级混凝土（C10）填至塌孔以上1m，待混凝土初凝后，使填的混凝土起到护圈作用，防止继续坍塌，再钻至设计标高。对于钻孔底部有砂卵石、卵石造成的塌孔，可以采用钻深的办法，保证有效桩长满足设计要求。

2. 泥浆护壁成孔灌注桩施工过程中，出现流砂的处理

泥浆护壁成孔灌注桩施工过程中出现流砂时，应使孔内水压高于孔外水压0.5m以上，并适当加大泥浆密度。当流砂严重时，可抛入碎砖、石、黏土，用锤冲入流砂层，做成泥浆结块，使其成为坚厚孔壁，阻止流砂涌入。

九、地下连续墙槽壁坍塌

1. 预防措施

避免槽壁坍塌的关键是以预防为主。在施工组织准备阶段，要对存在坍塌的因素进行详尽分析。主要从地质条件、施工方法、泥浆配制三个方面入手，做好充分准备。主要措施如下。

① 依照土质情况配制合适的泥浆配合比。成槽过程中恶化的泥浆要及时处理和调整，改善泥浆质量。

② 为保证泥浆液面的稳定，应观察槽内浆面情况，及时补充泥浆。

③ 注意地下水位变化，及时调整泥浆指标。

④ 清槽时，使用优质泥浆，缩短清槽时间。很多槽壁坍塌都是在清槽阶段产生的，主要原因是忽视了泥浆性能指标，麻痹大意。

⑤ 清槽后及时灌注水下混凝土。

⑥ 钢筋笼安装时要平、稳、缓，严禁碰撞槽壁。

⑦ 减少地面荷载，防止车辆、机械对地面产生振动。

2. 坍塌的处理

地下连续墙槽壁小坍塌一般不易被发现，而一经发现，都已经较为严重。因此，一旦遇到坍塌，处理一定要果断。具体处理措施如下。

① 处于成槽、清渣阶段时，不论是什么原因造成的坍塌，首先应迅速将成槽、清槽设备提升至地面，同时补浆以提高泥浆液面或回填黏性土，待回填土沉积稳定后再配制优质泥浆重新成槽。

② 钢筋笼就位后发生坍塌，应尽一切办法将钢筋笼吊出槽外，并向槽内填黏土。

③ 灌注混凝土过程发生坍塌，唯一办法只有继续将混凝土灌注工作进行下去。待混凝土达到龄期时，通过钻芯法等方法检测墙身混凝土质量，再针对缺陷的具体情况采取措施补强。

第七章 ▶▶

砌体工程

第一节 砖砌体工程

一、砌砖工艺流程

砌砖的工艺流程如图 7-1 所示。

选砖 → 砍砖 → 放砖 → 跟线穿墙 → 自检 → 留脚手眼 → 留施工洞口 → 浇砖

图 7-1 砌砖工艺流程

1. 选砖

砌筑过程中必须学会选砖，尤其是砌清水墙面。砖面的选择很重要，砖选得好，砌出来的墙就整齐好看；选得不好，砌出来的墙就粗糙难看。

选砖时，拿一块砖在手中，用手掌托起，将砖在手掌上旋转（俗称滑砖）或上下翻转，在转动中查看哪一面完整无损。有经验者在取砖时，挑选第一块砖就能选出第二块砖，做到"执一备二眼观三"，动作轻巧自如、得心应手，这样选出的砖才能砌出整齐美观的墙面。当砌清水墙时，应选用规格一致、颜色相同的砖，把表面方整光滑、不弯曲、不缺棱掉角的砖面放在外面，这样砌出的墙才能颜色、灰缝一致。因此，必须练好选砖的基本功，才能保证砌筑墙体的质量。

2. 砍砖

在砌筑时需要打砍加工的砖，按其尺寸不同可分为"七分头""半砖""二寸头""二寸条"，如图 7-2 所示。

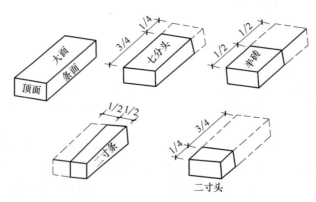

图 7-2 砍砖

砌入墙内的砖，由于摆放位置不同，又可分为卧砖（也称顺砖或眠砖）、陡砖（也称侧砖）、立砖以及顶砖，如图 7-3 所示。

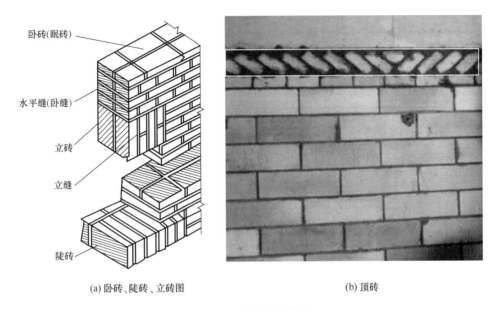

(a) 卧砖、陡砖、立砖图　　　　　　　　　　　　　　(b) 顶砖

图 7-3　砌入墙内的砖

砖与砖之间的缝统称灰缝。水平方向砖与砖之间的缝叫水平缝或卧缝；垂直方向砖与砖之间的缝叫立缝（也称头缝）。

在实际操作中，运用砖在墙体上的位置变换排列，有各种叠砌方法。

3. 放砖

砌在墙上的砖必须放平。往墙上放砖时，必须均匀水平地放下，不能一边高一边低，造成砖面倾斜。如果放砖不平的话，砌出的墙会造成向外倾斜（俗称往外张或冲）或向内倾斜（俗称向里背或眠）的现象。有的墙虽然垂直，但因每皮砖放不平，每层砖出现一点马蹄棱，形成鱼鳞墙，不仅墙面不美观，而且也会影响砌体强度。

4. 跟线穿墙

砌砖必须跟着准线走，俗语叫"上跟线，下跟棱，左右相跟要对平"。就是说砌砖时，砖的上棱边要与准线大约离 1mm 的距离，下棱边要与下层已砌好的砖棱对平，左右前后位置要准。当砌完每皮砖时，看墙面是否平直，有无高出、低洼、拱出或拱进准线的现象，如有应及时纠正。不但要跟线，还要做到用眼"穿墙"。即从上面第一块砖往下穿看，每层砖都要在同一平面上，如果发现有砖不在同一平面上时，应及时纠正。

5. 自检

在砌筑过程中，要随时随地进行自检。一般砌三层砖用线锤吊大角看直不直，五层砖用靠尺靠一靠墙面垂直平整度。俗语叫"三层一吊，五层一靠"。当墙砌起一步架时，要用托线板全面检查一下垂直及平整度，特别要注意墙大角要绝对垂直平整，如果发现有偏差的现象，应及时纠正。

砌好的墙千万不能砸、不能撬。如果墙面砌出鼓肚，用砖往里砸使其平整，或者当墙面砌出洼凹，往外撬砖，这些都是不允许的。因砌好的砖，砂浆与砖已黏结，甚至砂浆已凝固，经砸和撬以后，砖面活动，黏结力破坏，墙就不牢固。如果发现墙有大的偏差，应拆除重砌，以保证质量。

6. 留脚手眼

砖墙砌到一定高度时，就需要脚手架。当使用单排立杆架子时，其排木一端就要支放在砖墙上。为了放置排木，砌砖时就要预留出脚手眼。一般在1m高处开始留，间距为1m左右一个。脚手眼孔洞如图7-4所示。采用铁排木时，在砖墙上留一砖头大小孔洞即可，不必留大孔洞。脚手眼的位置不能随便乱留，必须符合质量要求中的规定。

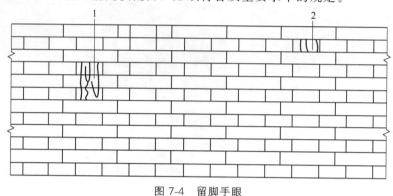

图 7-4　留脚手眼
1—木排木脚手眼；2—铁排木脚手眼

7. 留施工洞口

在施工中经常会遇到管道通过的洞口和施工用洞口。这些洞口必须按尺寸和部位进行预留。不允许砌完砖后凿墙开洞。凿墙开洞会振动墙身，影响砖的强度和整体性。

需要设置大的施工洞口时，必须留在不重要的部位。如窗台下的墙可暂时不砌，作为内外通道用；或在山墙（无门窗的山墙）中部预留洞，其高度不得大于2m，下口宽在1.2m左右，上头呈尖顶形式，这样可以不影响墙的受力。

8. 浇砖

在常温天气下施工时，使用的黏土砖必须在砌筑前1～2天浇水浸湿，一般以水浸入砖四边1cm左右为宜。不要当时用当时浇，更不能在架子上及地槽边浇砖，以防造成塌方或架子因增加重量而沉陷。

浇砖是砌好墙的重要环节。如果用干砖砌墙，砂浆中的水分会被干砖全部吸去，使砂浆失水过多，这样既不易操作，又不能保证水泥硬化所需的水分，从而影响砂浆强度的增长。这对整个砌体的强度和整体性都不利。反之，如果把砖浇得过湿或当时浇砖当时砌墙，砖表面水分过多，形成一层水膜，这些水在砖与砂浆黏结时，会使砂浆增加水分，使其流动性变大。这样，砖的重量往往容易把灰缝压薄，使砖面总低于挂的小线，造成操作困难，严重时会导致砌体变形。此外，稀砂浆也容易流淌到墙面上，弄脏墙面。所以，以上两种情况对砌筑质量都不能起到积极作用，必须避免。

浇砖还能把砖表面的粉尘、泥土冲洗干净，对砌筑质量有利。砌筑灰砂砖时，可适当洒水后再砌筑。冬期施工由于浇水砖会发生冰冻，且水会在砖表面结成冰膜，使砖不能和砂浆很好地结合。此外，冬期水分蒸发量也小，因此冬期施工不要浇砖。

二、砖砌体的组砌要求

1. 砌体必须错缝

砖砌体是由一块一块的砖，利用砂浆作为填缝和黏结材料，组砌成墙体和柱子。为避免砌体出现连续的垂直通缝，保证砌体的整体强度，必须上下错缝、内外搭砌，并要求砖块最少应错缝 1/4 砖长，且不小于 60mm。在墙体两端采用"七分头""二寸条"来调整错缝，如图 7-5 所示。

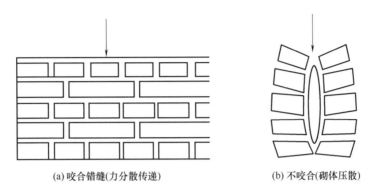

(a) 咬合错缝(力分散传递)　　(b) 不咬合(砌体压散)

图 7-5　砖砌体的错缝

2. 墙体连接必须具有整体性

为了使建筑物的纵横墙相连搭接成一整体，增强其抗震能力，要求墙的转角和连接处要尽量同时砌筑；如不能同时砌筑，必须在先砌的墙上留出接槎（俗称留槎），后砌的墙体要镶入接槎内（俗称咬槎）。砖墙接槎的砌筑方法合理与否、质量好坏，对建筑物的整体性影响很大。正常的接槎按规范规定采用两种形式：一种是斜槎（俗称退槎或踏步槎），是在墙体连接处将待接砌墙的槎口砌成台阶形式，其高度一般不大于 1.2m（一步架），长度不少于高度的 2/3，其做法如图 7-6 所示；另一种是直槎（俗称马牙槎），是每隔一皮砌出墙外 1/4 砖，作为接槎之用，并且沿高度每隔 500mm 加 2ϕ6 拉结钢筋，每边伸入墙内不宜小于 500mm，其做法如图 7-7 所示。

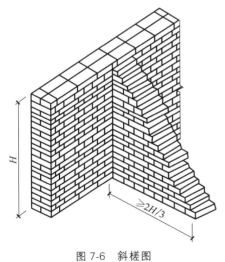

图 7-6　斜槎图

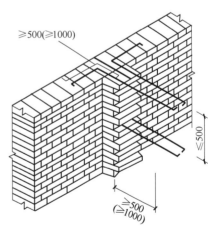

图 7-7　直槎

3. 控制水平灰缝厚度

砌体水平方向的灰缝叫水平灰缝。水平灰缝的厚度为 8～12mm，一般为 10mm。如果水平灰缝太厚，会使砌体的压缩变形过大，砌上去的砖会发生滑移，对墙体的稳定性不利；水平灰缝太薄则不能保证砂浆的饱满度和均匀性，对墙体的黏结性、整体性产生不利影响。

砌筑时，在墙体两端和中部架设皮数杆、拉通线来控制水平灰缝厚度，同时要求砂浆的饱满程度应不低于80%。

三、单片墙的组砌方法

1. 一顺一丁砌法

一顺一丁砌法，又叫满丁满条砌法。这种砌法第一皮排顺砖，第二皮排丁砖，操作方便，施工效率高，又能保证搭接错缝。一顺一丁砌法是一种常见的排砖形式，如图7-8所示。一顺一丁砌法根据墙面形式不同，可又分为"十字缝"和"骑马缝"两种。两者的区别仅在于顺砌时条砖是否对齐。

2. 梅花丁砌法

梅花丁砌法是指一面墙的每一皮中均采用丁砖与顺砖左右间隔砌成，每一块丁砖均在上下两块顺砖长度的中心，上下皮竖缝相错1/4砖长，如图7-9所示。该砌法灰缝整齐，外表美观，结构的整体性好，但砌筑效率较低，适合于砌筑一砖或一砖半的清水墙。当砖的规格偏差较大时，采用梅花丁砌法有利于减少墙面的不整齐性。

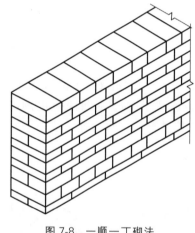

图7-8　一顺一丁砌法

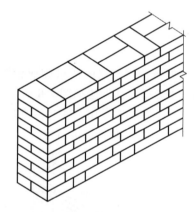

图7-9　梅花丁砌法

3. 三顺一丁砌法

三顺一丁砌法是指一面墙的连续三皮中全部采用顺砖与一皮中全部采用丁砖上下间隔砌成，上下相邻两皮顺砖间的竖缝相互错开1/2砖长（125mm），上下皮顺砖与丁砖间竖缝相互错开1/4砖长，如图7-10所示。该砌法因砌顺砖较多，所以砌筑速度快，但因丁砖拉结较少，结构的整体性较差，在实际工程中应用较少，适用于砌筑一砖墙和一砖半墙（此时墙的另一面为一顺三丁砌法）。

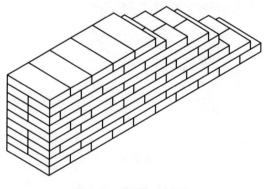

图7-10　三顺一丁砌法

4. 两平一侧砌法

两平一侧砌法是指一面墙连续两皮平砌砖与一皮侧立砌的顺砖上下间隔砌成。当墙厚为3/4砖时，平砌砖均为顺砖，上下皮平砌顺砖的竖缝相互错开1/2砖长，上下皮平砌顺砖与侧砌顺砖的竖缝相错 1/2 砖长；当墙厚为 5/4 砖时，只上下皮平砌丁砖与平砌顺砖或侧砌顺砖的竖缝相错 1/4 砖长，其余与墙厚为 3/4 砖的相同，如图 7-11 所示。两平一侧砌法只适用于 3/4 砖和 5/4 砖墙。

5. 全顺砌法

全顺砌法是指一面墙的各皮砖均为顺砖，上下皮竖缝相错 1/2 砖长，如图 7-12 所示。此砌法仅适用于半砖墙。

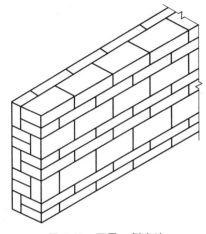

图 7-11　两平一侧砌法

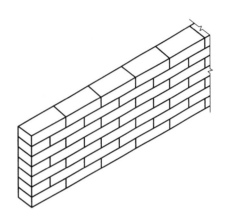

图 7-12　全顺砌法

6. 全丁砌法

全丁砌法是指一面墙的每皮砖均为丁砖，上下皮竖缝相错 1/4 砖长，适用于砌筑一砖、一砖半、两砖的圆弧形墙、烟囱筒身和圆井圈等，如图 7-13 所示。

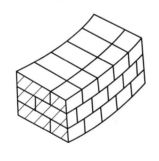

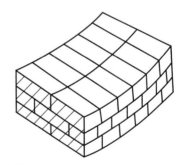

图 7-13　全丁砌法

四、矩形砖柱的组砌方法

砖柱一般分为矩形、圆形、正多角形和异型等几种。矩形砖柱分为独立柱和附墙柱两类；圆形柱和正多角形柱一般为独立砖柱；异型砖柱应用较少，现在通常由钢筋混凝土柱来代替。

普通矩形砖柱截面尺寸不应小于 240mm×365mm。

240mm×365mm 砖柱组砌：只用整砖左右转换叠砌，但砖柱中间始终存在一道长 130mm 的垂直通缝，一定程度上削弱了砖柱的整体性，这是一道无法避免的竖向通缝；如要承受较大荷载时，每隔数皮砖在水平灰缝中放置钢筋网片。图 7-14 所示为 240mm×365mm 砖柱的分皮砌法。

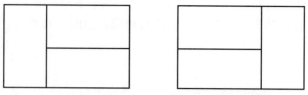

图 7-14　240mm×365mm 砖柱分皮砌法

　　365mm×365mm 砖柱有两种组砌方法：一种是每皮中采用三块整砖与两块配砖组砌，但砖柱中间有两条长 130mm 的竖向通缝；另一种是每皮中均用配砖砌筑，如配砖用整砖砍成，则费工费料。图 7-15 所示为 365mm×365mm 砖柱的两种组砌方法。

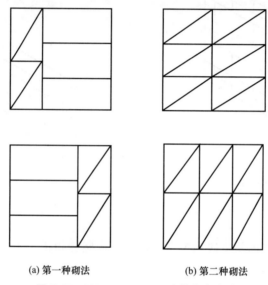

(a) 第一种砌法　　　　　　(b) 第二种砌法

图 7-15　365mm×365mm 砖柱分皮砌法

　　365mm×490mm 砖柱有三种组砌方法：第一种砌法是隔皮用 4 块配砖，其他都用整砖，但砖柱中间有两道长 250mm 的竖向通缝；第二种砌法是每皮中用 4 块整砖、两块配砖与一块半砖组砌，但砖柱中间有三道长 130mm 的竖向通缝；第三种砌法是隔皮用一块整砖和一块半砖，其他都用配砖，平均每两皮砖用 7 块配砖，如配砖用整砖砍成，则费工费料。图 7-16 所示为 365mm×490mm 砖柱的三种分皮砌法。

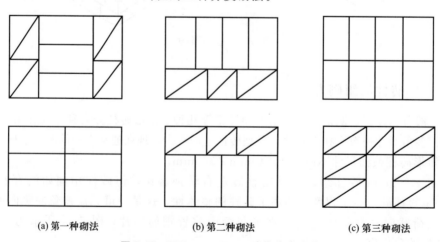

(a) 第一种砌法　　　　　　(b) 第二种砌法　　　　　　(c) 第三种砌法

图 7-16　365mm×490mm 砖柱分皮砌法

490mm×490mm 砖柱有三种组砌方法：第一种砌法是两皮全部用整砖与两皮整砖、配砖、1/4 砖（各 4 块）轮流叠砌，砖柱中间有一定数量的通缝，但每隔一两皮便进行拉结，使之有效地避免竖向通缝的产生；第二种砌法是全部由整砖叠砌，砖柱中间每隔三皮竖向通缝才有一皮砖进行拉结；第三种砌法是每皮砖均用 8 块配砖与 2 块整砖砌筑，无任何内外通缝，但配砖太多，如配砖用整砖砍成，则费工费料。图 7-17 所示为 490mm×490mm 砖柱分皮砌法。

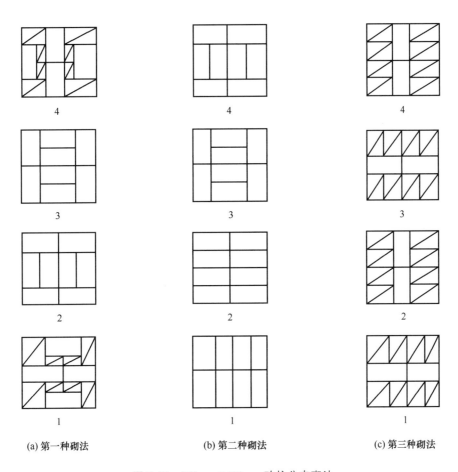

图 7-17　490mm×490mm 砖柱分皮砌法

365mm×615mm 砖柱组砌：一般可采用图 7-18 所示的分皮砌法。每皮中都要采用整砖与配砖，隔皮还要用半砖，半砖每砌一皮后，与相邻丁砖交换一下位置。

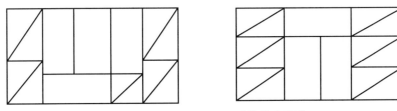

图 7-18　365mm×615mm 砖柱分皮砌法

490mm×615mm 砖柱组砌：一般可采用图 7-19 所示的分皮砌法。砖柱中间存在两条长60mm 的竖向通缝。

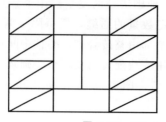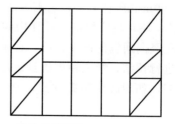

图 7-19　490mm×615mm 砖柱分皮砌法

五、空斗墙的组砌方法

1. 空斗墙的组砌

① 无眠空斗全部由侧立丁砖和侧立顺砖砌成的斗砖层构成，无平卧丁砌的眠砖层。空斗墙中的侧立丁砖也可以改成每次只砌一块侧立丁砖，如图 7-20（a）所示。

② 一眠一斗由一皮平卧的眠砖层和一皮侧砌的斗砖层上下间隔砌成，如图 7-20（b）所示。

③ 一眠二斗由一皮眠砖层和二皮连续的斗砖层相间砌成，如图 7-20（c）所示。

④ 一眠三斗由一皮眠砖层和三皮连续的斗砖层相间砌成，如图 7-20（d）所示。

无论采用哪一种组砌方法，空斗墙中每一皮斗砖层每隔一块侧砌顺砖必须侧砌一块或两块丁砖，相邻两皮砖之间均不得有连通的竖缝。

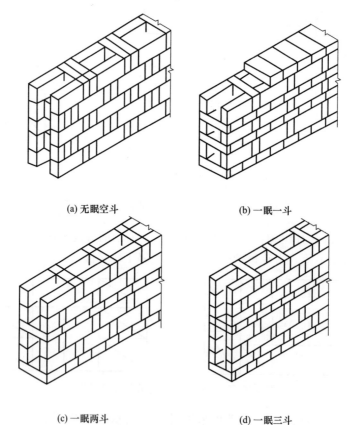

(a) 无眠空斗　　　　　　　　　　　(b) 一眠一斗

(c) 一眠两斗　　　　　　　　　　　(d) 一眠三斗

图 7-20　空斗墙组砌形式

2. 空斗墙应用眠砖或丁砖砌成实心砌体的部位

空斗墙一般用水泥混合砂浆或石灰砂浆砌筑。在有眠空斗墙中，眠砖层与丁砖层接触处以及丁砖层与眠砖层接触处，除两端外，其余部分不应填塞砂浆。空斗墙的水平灰缝厚度和竖向灰缝宽度一般为 10mm，但不应小于 8mm，也不应大于 12mm。空斗墙留置的洞口，必须在砌筑时留出，严禁砌完后再行砍凿。

空斗墙在下列部位应用眠砖或丁砖砌成实心砌体。

① 墙的转角处和交接处。

② 室内地坪以下的全部砌体。

③ 室内地坪和楼板面上要求砌三皮实心砖。

④ 三层房屋外墙底层的窗台标高以下的部分。

⑤ 楼板、圈梁、格栅和檩条等支承面下三至四皮砖的通长部分，且砂浆的强度等级不低于 M2.5。

⑥ 梁和屋架支承处按设计要求的部分。

⑦ 壁柱和洞口的两侧 24cm 范围内。

⑧ 楼梯间的墙、防火墙、挑檐以及烟道和管道较多的墙及预埋件处。

⑨ 做框架填充墙时，与框架拉结筋的连接宽度内。

⑩ 屋檐和山墙压顶下的两皮砖部分。

六、砖垛的组砌方法

砖垛的砌筑方法要根据墙厚不同及垛的大小而定，无论哪种砌法都应使垛与墙身逐皮搭接，不可分离砌筑，搭接长度至少为 1/2 砖长。垛根据错缝需要，可加砌七分头砖或半砖。砖垛截面尺寸不应小于 125mm×240mm。

砖垛施工时，应使墙与垛同时砌，不能先砌墙后砌垛或先砌垛后砌墙。

① 125mm×240mm 砖垛组砌，一般可采用如图 7-21 所示的分皮砌法，砖垛的丁砖隔皮伸入砖墙内 1/2 砖长。

② 125mm×365mm 砖垛组砌，一般可采用如图 7-22 所示的分皮砌法，砖垛的丁砖隔皮伸入砖墙内 1/2 砖长，隔皮要用两块配砖及一块半砖。

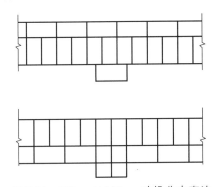

图 7-21　125mm×240mm 砖垛分皮砌法

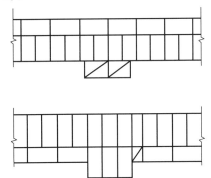

图 7-22　125mm×365mm 砖垛分皮砌法

③ 125mm×490mm 砖垛组砌，一般采用如图 7-23 所示的分皮砌法，砖垛丁砖隔皮伸入砖墙内 1/2 砖长，隔皮要用两块配砖及一块半砖。

④ 240mm×240mm 砖垛组砌，一般采用如图 7-24 所示的分皮砌法。砖垛丁砖隔皮伸入砖墙内 1/2 砖长，不用配砖。

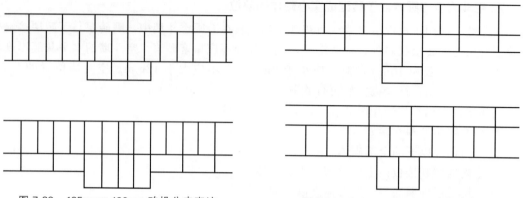

图 7-23　125mm×490mm 砖垛分皮砌法　　　　图 7-24　240mm×240mm 砖垛分皮砌法

　　⑤ 240mm×365mm 砖垛组砌，一般采用如图 7-25 所示的分皮砌法。砖垛丁砖隔皮伸入砖墙内 1/2 砖长，隔皮要用两块配砖。砖垛内有两道长 120mm 的竖向通缝。

　　⑥ 240mm×490mm 砖垛组砌，一般采用如图 7-26 所示的分皮砌法。砖垛丁砖隔皮伸入砖墙内 1/2 砖长，隔皮要用两块配砖及一块半砖。砖垛内有三道长 120mm 的竖向通缝。

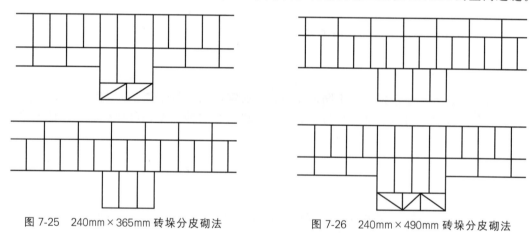

图 7-25　240mm×365mm 砖垛分皮砌法　　　　图 7-26　240mm×490mm 砖垛分皮砌法

七、砖砌体转角及交接处的组砌方法

1. 砖砌体转角的组砌方法

　　砖墙的转角处，为了使各皮间竖缝相互错开，必须在外角处砌七分头砖。当采用一顺一丁组砌时，七分头的顺面方向依次砌顺砖，丁面方向依次砌丁砖。

　　一砖墙转角（一顺一丁）如图 7-27 所示，一砖半墙转角（一顺一丁）如图 7-28 所示。

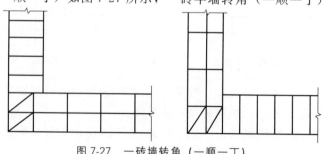

图 7-27　一砖墙转角（一顺一丁）

当采用梅花丁组砌时,在外角仅砌一块七分头砖,七分头砖的顺面相邻砌丁砖,丁面相邻砌顺砖。

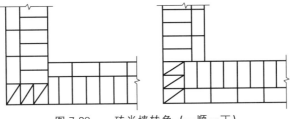

图 7-28 一砖半墙转角(一顺一丁)

一砖墙转角(梅花丁)如图 7-29 所示,一砖半墙转角(梅花丁)如图 7-30 所示。

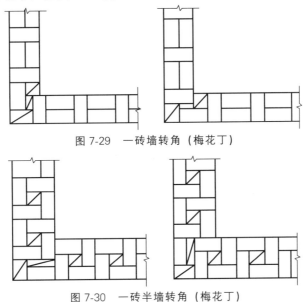

图 7-29 一砖墙转角(梅花丁)

图 7-30 一砖半墙转角(梅花丁)

2. 砖砌体交接处的组砌方法

在砖墙的丁字交接处,应分皮相互砌通,内角相交处竖缝应错开 1/4 砖长,并在横墙端头处加砌七分头砖。

一砖墙丁字交接处(一顺一丁)如图 7-31 所示,一砖半墙丁字交接处(一顺一丁)如图 7-32 所示。

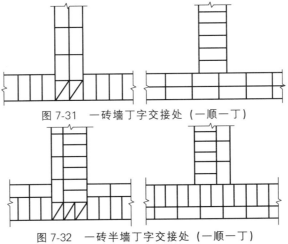

图 7-31 一砖墙丁字交接处(一顺一丁)

图 7-32 一砖半墙丁字交接处(一顺一丁)

砖墙的十字交接处，应分皮相互砌通，交角处的竖缝相互错开 1/4 砖长。

一砖墙十字交接处（一顺一丁）如图 7-33 所示；一砖半墙十字交接处（一顺一丁）如图 7-34 所示。

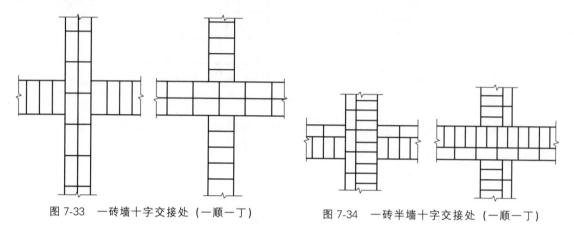

图 7-33　一砖墙十字交接处（一顺一丁）　　　　图 7-34　一砖半墙十字交接处（一顺一丁）

第二节　石砌体工程

一、料石基础砌筑

1. 料石基础砌筑形式

料石基础砌筑形式有丁顺叠砌和丁顺组砌。丁顺叠砌是一皮顺石与一皮丁石相隔砌成，上下皮竖缝相互错开 1/2 石宽；丁顺组砌是同皮内 1~3 块顺石与一块丁石相隔砌成，丁石中距不大于 2m，上皮丁石坐中于下皮顺石，上下皮竖缝相互错开至少 1/2 石宽，如图 7-35 所示。

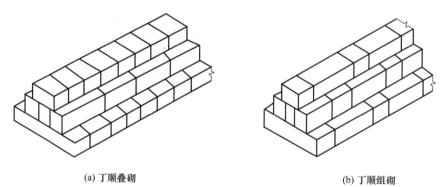

(a) 丁顺叠砌　　　　　　　　　　　　　(b) 丁顺组砌

图 7-35　料石基础砌筑形式

2. 砌筑准备

① 放好基础的轴线和边线，测出水平标高，立好皮数杆。皮数杆间距以不大于 15m 为宜，在料石基础的转角处和交接处均应设置皮数杆。

② 砌筑前，应将基础垫层上的泥土、杂物等清除干净，并浇水润湿。

③ 拉线检查基础垫层表面标高是否符合设计要求。如第一皮水平灰缝厚度超过 20mm 时，应用细石混凝土找平，不得用砂浆或在砂浆中掺碎砖或碎石代替。

④ 常温施工时，砌石前一天应将料石浇水润湿。

3. 砌筑要点

① 料石基础宜用粗料石或毛料石与水泥砂浆砌筑。料石的宽度、厚度均不宜小于 200mm，长度不宜大于厚度的 4 倍。料石强度等级应不低于 M20。砂浆强度等级应不低于 M5。

② 料石基础砌筑前，应清除基槽底杂物。在基槽底面上弹出基础中心线及两侧边线，基础两端立起皮数杆，在两皮数杆之间拉准线，依准线进行砌筑。

③ 料石基础的第一皮石块应坐浆砌筑，即先在基槽底摊铺砂浆，再将石块砌上，所有石块应丁砌，以后各皮石块应铺灰挤砌，上下错缝，搭砌紧密，上下皮石块竖缝相互错开应不少于石块宽度的 1/2。料石基础立面组砌形式宜采用一顺一丁法砌筑，即一皮顺石与一皮丁石相间。

④ 阶梯形料石基础，上阶的料石至少压砌下阶料石的 1/3，如图 7-36 所示。

料石基础的水平灰缝厚度和竖向灰缝宽度不宜大于 20mm。灰缝中砂浆应饱满。

料石基础宜先砌转角处或交接处，再依准线砌中间部分，临时间断处应砌成斜槎。

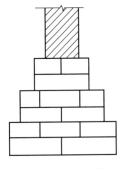

图 7-36 阶梯形料石基础

二、料石墙砌筑

料石墙是用料石与水泥混合砂浆或水泥砂浆砌成的。料石用毛料石、粗料石、半细料石、细料石均可。

1. 料石墙的砌筑形式

料石墙砌筑形式有以下几种，如图 7-37 所示。

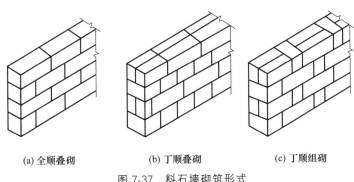

(a) 全顺叠砌　　　　(b) 丁顺叠砌　　　　(c) 丁顺组砌

图 7-37 料石墙砌筑形式

① 全顺叠砌。每皮均为顺砌石，上下皮竖缝相互错开 1/2 石长。此种砌筑形式适合于墙厚等于石宽的场合。

② 丁顺叠砌。一皮顺砌石与一皮丁砌石相隔砌成，上下皮顺石与丁石间竖缝相互错开 1/2 石宽，这种砌筑形式适合于墙厚等于石长的场合。

③ 丁顺组砌。同皮内每 1～3 块顺石与一块丁石相间砌成，上皮丁石坐中于下皮顺石，上下皮竖缝相互错开至少 1/2 石宽，丁石中距不超过 2m。这种砌筑形式适合于墙厚等于或

大于两块料石宽度的场合。料石还可以与毛石或砖砌成组合墙。料石与毛石的组合墙，料石在外，毛石在里；料石与砖的组合墙，料石在里，砖在外，也可料石在外，砖在里。

2. 砌筑准备

① 基础通过验收，土方回填完毕，并办完隐检手续。

② 在基础顶面放好墙身中线与边线及门窗洞口位置线，测出水平标高，立好皮数杆。皮数杆间距以不大于 15m 为宜，在料石墙体的转角处和交接处均应设置皮数杆。

③ 砌筑前，应将基础顶面的泥土、杂物等清除干净，并浇水润湿。

④ 拉线检查基础顶面标高是否符合设计要求。如第一皮水平灰缝厚度超过 20mm 时，应用细石混凝土找平，不得用砂浆或在砂浆中掺碎砖或碎石代替。

⑤ 常温施工时，砌石前 1 天应将料石浇水润湿。

⑥ 操作用脚手架、斜道以及水平、垂直防护设施已准备妥当。

3. 砌筑要点

① 料石砌筑前，应在基础顶面上放出墙身中线和边线及门窗洞口位置线，并抄平，立皮数杆，拉准线。

② 料石砌筑前，必须按照组砌图将料石试排妥当后，才能开始砌筑。

③ 料石墙应双面拉线砌筑，全顺叠砌单面挂线砌筑。先砌转角处和交接处，后砌中间部分。

④ 料石墙的第一皮及每个楼层的最上一皮应丁砌。

⑤ 料石墙采用铺浆法砌筑。料石灰缝厚度：毛料石和粗料石墙砌体不宜大于 20mm，细料石墙砌体不宜大于 5mm。砂浆铺设厚度略高于规定灰缝厚度，其高出厚度：细料石为 3～5mm；毛料石、粗料石宜为 6～8mm。

⑥ 砌筑时，应先将料石里口落下，再慢慢移动就位，校正垂直与水平。在料石砌块校正到正确位置后，顺石面将挤出的砂浆清除，然后向竖缝中灌浆。

⑦ 在料石和砖的组合墙中，料石墙和砖墙应同时砌筑，并每隔 2～3 皮料石用丁砌石与砖墙拉结砌合，丁砌石的长度宜与组合墙厚度相等，如图 7-38 所示。

⑧ 料石墙宜从转角处或交接处开始砌筑，再依准线砌中间部分，临时间断处应砌成斜槎，斜槎长度应不小于斜槎高度。料石墙每日砌筑高度不宜超过 1.2m。

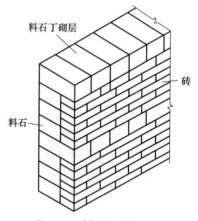

图 7-38 料石和砖组合墙

4. 墙面勾缝

① 石墙勾缝形式有平缝、凹缝、凸缝，凹缝又分为平凹缝、半圆凹缝，凸缝又分为平凸缝、半圆凸缝、三角凸缝，如图 7-39 所示。一般料石墙面多采用平缝或平凹缝。

② 料石墙面勾缝前要先剔缝，使灰缝凹入 20～30mm。墙面用水喷洒润湿，不整齐处应修整。

③ 料石墙面应采用加浆勾缝，并宜采用细砂拌制 1:1.5 水泥砂浆，也可采用水泥石灰砂浆或掺入麻刀（纸筋）的青灰浆。有防渗要求的，可用防水胶泥材料进行勾缝。

④ 勾平缝时，用小抿子在托灰板上刮灰，塞进石缝中严密压实，表面压光。勾缝应顺石缝进行，缝与石面齐平，勾完一段后，用小抿子将缝边毛茬修理整齐。

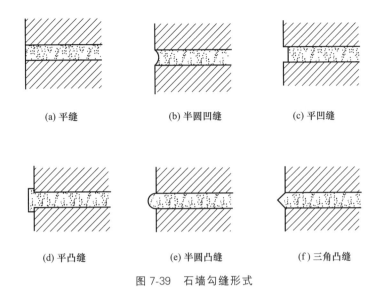

(a) 平缝	(b) 半圆凹缝	(c) 平凹缝

(d) 平凸缝	(e) 半圆凸缝	(f) 三角凸缝

图 7-39　石墙勾缝形式

⑤ 勾平凸缝（半圆凸缝或三角凸缝）时，先用 1：2 水泥砂浆抹平，待砂浆凝固后，再抹一层砂浆，用小抿子压实、压光，稍停等砂浆收水后，用专用工具捋成 10～25mm 宽窄一致的凸缝。

⑥ 石墙面勾缝按下列程序进行。

第一步，拆除墙面或柱面上临时装设的电缆、挂钩等物。

第二步，清除墙面或柱面上黏结的砂浆、泥浆、杂物和污渍等。

第三步，剔缝，即将灰缝刮深 20～30mm，不整齐处加以修整。

第四步，用水喷洒墙面或柱面使其润湿，随后进行勾缝。

⑦ 料石墙面勾缝应从上向下、从一端向另一端依次进行。

⑧ 料石墙面勾缝缝路顺石缝进行，且均匀一致，深浅、厚度相同，搭接平整通顺。阳角勾缝两角要方正，阴角勾缝不能上下直通。严禁出现丢缝、开裂或黏结不牢等现象。

⑨ 勾缝完毕，清扫墙面或柱面，表面洒水养护，防止干裂和脱落。

三、料石柱砌筑

① 料石柱砌筑前，应在柱座面上弹出柱身边线，并在柱座侧面弹出柱身中心线。

② 整石柱所用石块其四侧应弹出石块中心线。

③ 砌整石柱时，应将石块的叠砌面清理干净。先在柱座面上抹一层水泥砂浆，厚约 10mm，再将石块对准中心线砌上，以后各皮石块砌筑应先铺好砂浆，对准中心线，将石块砌上。石块如有竖向偏斜，可用铜片或铝片在灰缝边缘内垫平。

④ 砌筑料石柱时，应按规定的组砌形式逐皮砌筑，上下皮竖缝相互错开，无通天缝，不得使用垫片。

⑤ 灰缝要横平竖直。灰缝厚度：细料石柱不宜大于 5mm；半细料石柱不宜大于 10mm。砂浆铺设厚度应略高于规定灰缝厚度，其高出厚度为 3～5mm。

⑥ 砌筑料石柱，应随时用线坠检查整个柱身的垂直度，如有偏斜应拆除重砌，不得用敲击方法去纠正。

⑦ 料石柱每天砌筑高度不宜超过 1.2m。砌筑完后应立即加以围护，严禁碰撞。

四、石过梁砌筑

石过梁有平砌式过梁、平拱和圆拱三种。

平砌式石过梁用料石制作，过梁厚度应为 200～450mm，宽度与墙厚相等，长度不超过 1.7m，其底面应加工平整。当砌到洞口顶时，即将过梁砌上，过梁两端各伸入墙内长度应不小于 250mm。过梁上续砌石墙时，其正中石块长度不应小于过梁净跨度的 1/3，其两旁应砌上不小于过梁净跨 2/3 的料石，如图 7-40 所示。

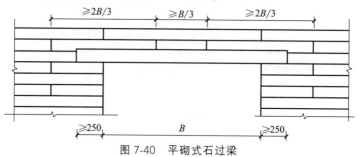

图 7-40　平砌式石过梁

石平拱所用料石应按设计要求加工，如无设计规定时，则应加工成楔形（上宽下窄）。平拱的拱脚处坡度以 60°为宜，拱脚高度为二皮料石高。平拱的石块应为单数，石块厚度与墙厚相等，石块高度为二皮料石高。砌筑平拱时，应先在洞口顶支设模板。从两边拱脚处开始，对称地向中间砌筑，正中一块锁石要挤紧。所用砂浆的强度等级应不低于 M10，灰缝厚度为 5mm，如图 7-41 所示。砂浆强度达到设计强度 70％时拆模。

石圆拱所用料石应进行细加工，使其接触面吻合严密，形状及尺寸均应符合设计要求。砌筑时应先在洞口顶部支设模板，由拱脚处开始对称地向中间砌筑，正中一块拱冠石要对中挤紧，如图 7-42 所示。所用砂浆的强度等级应不低于 M10，灰缝厚度为 5mm。砂浆强度达到设计强度 70％时方可拆模。

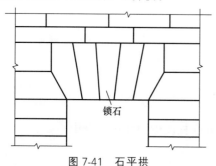

图 7-41　石平拱

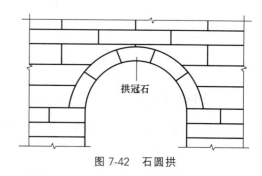

图 7-42　石圆拱

第三节　配筋砌体工程

一、网状配筋砖砌体构件

1. 构件配筋方式

网状配筋轴心受压构件，从加荷至破坏与无筋砌体轴心受压构件类似，可分为三个阶段。

第一阶段，从开始加荷至第一条（批）单砖出现裂缝为受力的第一阶段。试件在轴向压力作用下，纵向发生压缩变形的同时，横向发生拉伸变形，网状钢筋受拉。由于钢筋的弹性模量远大于砌体的弹性模量，故能约束砌体的横向变形，同时网状钢筋的存在，改善了单砖在砌体中的受力状态，从而推迟了第一条（批）单砖裂缝的出现。

第二阶段，随着荷载的增大，裂缝数量增多，但由于网状钢筋的约束作用，裂缝发展缓慢，并且不沿试件纵向形成贯通连续裂缝。此阶段的受力特点与无筋砌体有明显的不同。

第三阶段，当荷载加至极限荷载时，在网状钢筋之间的砌体中，裂缝多而细，个别砖被压碎而脱落，宣告试件破坏。

网状配筋砖砌体在继续加荷载的过程中，裂缝发展很缓慢且裂缝多而细，很少出现贯通的裂缝。当接近极限荷载时，不像无筋砌体那样分裂成若干小立柱，而是个别砖被压碎脱落。

网状配筋砖砌体构件的构造要求应符合下列规定。

① 网状配筋砖砌体中的体积配筋率不应小于 0.1%，并不应大于 1%。

② 采用钢筋网时，钢筋的直径宜采用 3～4mm；当采用连弯钢筋网时，钢筋的直径不应大于 8mm。

③ 钢筋网中钢筋的间距不应大于 120mm，并不应小于 30mm。

④ 钢筋网的间距不应大于五皮砖，并不应大于 400mm。

⑤ 网状配筋砖砌体所用的砂浆强度等级不应低于 M7.5；钢筋网应设置在砌体的水平灰缝中，灰缝厚度应保证钢筋上下至少各有 2mm 厚的砂浆层。

2. 网状配筋砖砌体施工

钢筋网应按设计规定制作成型。

砖砌体部分用常规方法砌筑。在配置钢筋网的水平灰缝中，应先铺一半厚的砂浆层，放入钢筋网后再铺一半厚砂浆层，使钢筋网居于砂浆层厚度中间。钢筋网四周应有砂浆保护层。

配置钢筋网的水平灰缝厚度：当用方格网时，水平灰缝厚度为 2 倍钢筋直径加 4mm；当用连弯网时，水平灰缝厚度为钢筋直径加 4mm。确保钢筋上下各有 2mm 厚的砂浆保护层。

网状配筋砖砌体外表面宜用 1∶1 的水泥砂浆勾缝或进行抹灰。

二、组合砖砌体的构件要求

组合砖砌体的构件要求如下。

① 面层混凝土强度等级宜采用 C20。面层水泥砂浆不宜低于 M10。砌筑砂浆不宜低于 M7.5。

② 受力筋保护层厚度不应小于表 7-1 的规定。受力钢筋距砖砌体表面的距离不应小于 5mm。

表 7-1 保护层厚度

构件类别	保护层厚度/mm	
	室内正常环境	露天或室内潮湿环境
墙	15	25
柱	25	35

注：当面层为水泥砂浆时，对于柱，保护层厚度可减少 5mm。

③ 采用砂浆面层的组合砖砌体，砂浆面层的厚度可采用 30～45mm。当面层厚度大于 45mm 时，宜采用混凝土。

④ 竖向受力钢筋宜采用 HPB300 级钢筋，对于混凝土面层，亦可采用 HRB400 级钢筋。受压钢筋的配筋率，一侧不宜小于 0.1%（砂浆面层）或 0.2%（混凝土面层）。受拉钢筋配筋率不应小于 0.1%。竖向受力钢筋直径不应小于 8mm，钢筋的净间距不应小于 30mm。

⑤ 箍筋的直径不宜小于 4mm 及受压钢筋直径的 20%，也不宜大于 6mm。箍筋间距不应大于 20 倍受压钢筋的直径及 500mm，也不应小于 120mm。

⑥ 当组合砖砌体构件一侧的受力钢筋多于 4 根时，应设置附加箍筋或拉结钢筋。对截面长短边相差较大的构件（如墙体等），应采用穿通墙体的拉结钢筋作为箍筋，同时设置水平分布钢筋。水平分布钢筋的竖向间距及拉结钢筋的水平间距均不应大于 500mm，如图 7-43 所示。

⑦ 组合砖砌体构件的顶部及底部以及牛腿部位，必须设置钢筋混凝土垫块。受力筋伸入垫块的长度必须满足锚固要求，即不应小于 30 倍钢筋直径。

⑧ 组合砌体可采用毛石基础或砖基础。在组合砌体与毛石（砖）基础之间须做一现浇钢筋混凝土垫块，如图 7-44 所示，垫块厚度一般为 200～400mm，纵向钢筋伸入垫块的锚固长度不应小于 30d（d 为纵筋直径）。

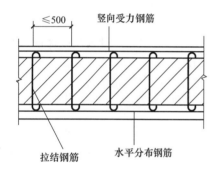

图 7-43　组合砖砌体构件的配筋

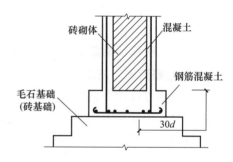

图 7-44　组合砌体毛石（砖）基础构造示意

⑨ 纵向钢筋的搭接长度、搭接处的箍筋间距等，应符合现行《混凝土结构设计规范》（GB 50010—2010）的要求。

⑩ 采用组合砖柱时，一般砖墙与柱应同时砌筑，所以外墙可考虑兼作柱间支撑。在排架分析中，排架柱按矩形截面计算。柱内一般采用对称配筋，箍筋一般采用两肢箍或四肢箍。砖墙基础一般为自承重条形基础，根据地基情况，可在基础顶及墙内适当位置设置钢筋混凝土圈梁。

⑪ 组合砖柱施工时，在基础顶面的钢筋混凝土达到一定强度后，方可在垫块上砌筑砖砌体，并把箍筋同时砌入砖砌体内，当砖砌体砌至 1.2m 高左右，随即绑扎钢筋，浇筑混凝土并捣实。在第一层混凝土浇捣完毕后，再按上述步骤砌筑第二层砌体至 1.2m 高，再绑扎钢筋，浇捣混凝土。依此循环，直至需要的高度。此外，也可将砖砌体一次砌至需要的高度，然后绑扎钢筋，分段浇灌混凝土。柱的外侧采用活动升降模板，模板用四个螺栓固定，如图 7-45 所示。

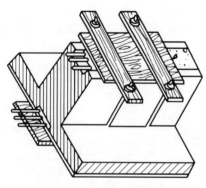

图 7-45　组合砖柱的施工

三、砖砌体和钢筋混凝土构造柱组合墙的构造要求

砖砌体和钢筋混凝土构造柱组合墙的构造要求如下。

① 砂浆的强度等级不应低于 M5，构造柱的混凝土强度等级不宜低于 C20。

② 构造柱的截面尺寸不宜小于 240mm×240mm，其厚度不应小于墙厚，边柱、角柱的截面宽度宜适当加大。柱内竖向受力钢筋，对于中柱，不宜少于 4Φ12；对于边柱、角柱，不宜少于 4Φ14。构造柱的竖向受力钢筋的直径也不宜大于 16mm。其箍筋，一般部位宜采用 Φ6@200，楼层上下 500mm 范围内宜采用 Φ6@100。构造柱的竖向受力钢筋应在基础梁和楼层圈梁中锚固，并应符合受拉钢筋的锚固要求。

③ 组合砖墙砌体结构房屋，应在纵横墙相接处、墙端部和较大洞口的洞边设置构造柱，其间距不宜大于 4m。各层洞口宜设置在相应位置，并宜上下对齐。

④ 组合砖墙砌体结构房屋应在基础顶面、有组合墙的楼层处设置现浇钢筋混凝土圈梁。圈梁的截面高度不宜小于 240mm；纵向钢筋不宜小于 4Φ12，纵向钢筋应伸入构造柱内，并应符合受拉钢筋的锚固要求；圈梁的箍筋宜采用 Φ6@200。

⑤ 砖砌体与构造柱的连接处应砌成马牙茬，并应沿墙高每隔 500mm 设 2Φ6 拉结钢筋，且每边伸入墙内不宜小于 600mm。

四、配筋砌块砌体构件

配筋砌块砌体施工前，应按设计要求，将所配置钢筋加工成型，堆置于配筋部位的近旁。砌块的砌筑应与钢筋设置互相配合。砌块的砌筑应采用专用的小砌块砌筑砂浆和专用的小砌块灌孔混凝土。

1. 钢筋的接头

钢筋直径大于 22mm 时宜采用机械连接接头，其他直径的钢筋可采用搭接接头，并应符合下列要求。

① 钢筋的接头位置宜设置在受力较小处。

② 受拉钢筋的搭接接头长度不应小于 $1.1l_a$，受压钢筋的搭接接头长度不应小于 $0.7l_a$（l_a 为钢筋锚固长度），但不应小于 300mm。

③ 当相邻接头钢筋的间距不大于 75mm 时，其搭接长度应为 $1.2l_a$，当钢筋间的接头错开 $20d$ 时（d 为钢筋直径），搭接长度可不增加。

2. 水平受力钢筋（网片）的锚固和搭接长度

① 在凹槽砌块混凝土带中，钢筋的锚固长度不宜小于 $30d$，且其水平或垂直弯折段的长度不宜小于 $15d$ 和 200mm，钢筋的搭接长度不宜小于 $35d$（d 为灰缝受力钢筋直径）。

② 在砌体水平灰缝中，钢筋的锚固长度不宜小于 $50d$，且其水平或垂直弯折段的长度不宜小于 $20d$ 和 150mm，钢筋的搭接长度不宜小于 $55d$（d 为灰缝受力钢筋直径）。

③ 在隔皮或错缝搭接的灰缝中，钢筋的搭接长度为 $50d+2h$（d 为灰缝受力钢筋直径，h 为水平灰缝的间距）。

3. 钢筋的最小保护层厚度

① 灰缝中钢筋外露砂浆保护层不宜小于 15mm。

② 位于砌块孔槽中的钢筋保护层，在室内正常环境下不宜小于 20mm，在室外或潮湿环境中不宜小于 30mm。

③ 对安全等级为一级或设计使用年限大于 50 年的配筋砌体，钢筋保护层厚度应比上述规定至少增加 5mm。

4. 钢筋的弯钩

钢筋骨架中的受力光面钢筋，应在钢筋末端做弯钩（弯钩应为 180°）。在焊接骨架、焊接网以及受压构件中，可不做弯钩；绑扎骨架中的受力变形钢筋，在钢筋的末端可不做弯钩。

5. 钢筋的间距

① 两平行钢筋间的净距不应小于 25mm。

② 柱和壁柱中竖向钢筋间的净距不宜小于 40mm（包括接头处钢筋间的净距）。

第四节　砌体工程常见问题

一、施工过程中，砌体出现裂缝

在施工过程中，砌体出现裂缝，应根据其类别不同进行处理。

① 对于温差裂缝，绝大多数不会影响结构的安全使用问题，一般可不做处理。当裂缝数量多、产生渗漏或影响到外观时，应做修补性处理并恢复原状。

② 对于地基沉降裂缝，应区别情况处理，地基沉降差小且在短期内基本稳定的，一般可不做处理，如果必须处理时只进行修补即可。当基础沉降严重且持续时间较长，将要危及结构安全时必须进行处理，一般先加固后修补处理。

③ 对于承载力不足造成的裂缝，应认真分析对待。根据砌体实际强度和尺寸进行内力验算，当符合 $R/(r_0 S)$（R 为砌体承载力；r_0 为结构重要性系数；S 为结构内力）< 0.87 时必须进行处理。必须重视受压砌体中与应力方向一致的裂缝，如柱的水平裂缝、梁或梁垫下的斜向或竖向裂缝等，这是结构出现危险的先兆。对于承载力不足的裂缝，一般先加固后修补或两者结合进行。

④ 对于存在危险的裂缝，必须处理。墙身或窗间墙出现的交叉裂缝、墙体失稳时的水平裂缝、柱产生的水平错位或断裂状的裂缝、缝长超过层高 1/2 且缝宽大于 20mm 的竖向裂缝、缝长超过层高 1/3 的多条竖向裂缝均被认为是危险裂缝，应认真分析，进行修补处理。

二、混凝土小型空心砌块无法对孔错缝砌筑

小砌块应对孔错缝搭砌，个别情况当无法对孔砌筑时，普通混凝土小砌块的搭接长度不应小于 90mm；轻骨料混凝土小砌块的搭接长度不应小于 120mm。当不能保证此规定时，应在灰缝中设置拉结钢筋或钢筋网片，钢筋或网片的长度应不小于 700mm，如图 7-46 所示。

三、防治填充墙与框架柱、梁连接不良

当发生填充墙与框架柱、梁连接不良时，可采取以下措施。

① 轻质小型空心砌块填充墙应沿墙高每隔 600mm 与柱或承重墙内预埋的 2φ6 钢筋拉结，

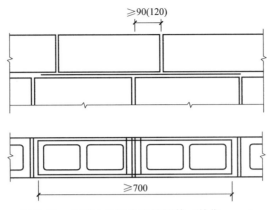

图 7-46 小砌块灰缝中拉结钢筋（单位：mm）

钢筋伸入填充墙内长度不应小于 600mm。加气混凝土砌块填充墙与承重墙或柱交接处，应沿墙高 1m 左右设置 2φ6 拉结钢筋，伸入墙内长度不可小于 500mm。

② 填充墙砌至拉结筋部位时，调直拉结筋，平铺在墙身上，然后铺灰砌墙；禁止折断拉结筋或拉结筋未进入墙体灰缝中。

③ 填充墙砌完后，砌体还将有一定的变形，因此要求填充墙砌至接近梁、板底时，应留一定空隙，在抹灰前采用侧砖、或立砖、或砌块斜砌挤紧，其倾斜度宜为 60°左右，砌筑砂浆应饱满。此外，在填充墙与柱、梁、板结合处需用砂浆嵌缝，这样使填充墙与梁、板、柱结合紧密，不容易开裂。

④ 柱、梁、板或者承重墙内漏放拉结筋时，可以在拉结筋部位凿除混凝土保护层，将拉结筋按规范要求的搭接倍数焊接在柱、梁、板或承重墙钢筋上。

⑤ 柱、梁、板或承重墙与填充墙之间出现裂缝，可以将原有嵌缝砂浆凿除，重新嵌缝。

加气混凝土
砌块砖

扫码观看视频

第八章 ▶▶

混凝土结构工程

第一节 模 板 工 程

一、常用模板

1. 木模板

木模板是钢筋混凝土结构施工中采用较早的一种模板。木模板是使混凝土按几何尺寸成型的模型板，俗称壳子板，因此木模板选用的木材品种应根据它的构造来确定。与混凝土表面接触的模板，为了保证混凝土表面的光洁，宜采用红松、白松、杉木，因为其质量轻，不易变形，可以增加模板的使用次数。如混凝土表面不露明或需抹灰时，则可尽量采用其他树种的木材做模板。

木模板及其支撑系统一般在加工厂或现场制成单元，再在现场拼装，图 8-1（a）所示为基本单元，称为拼板。拼板的长短、宽窄可根据混凝土或钢筋混凝土构件的尺寸，设计出几种标准拼板，以便组合使用；也可以在木边框（40mm×50mm 方木）上钉木板制成木定型

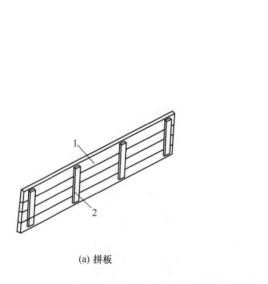

(a) 拼板

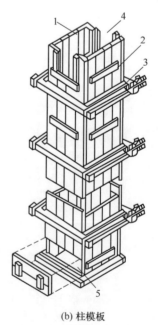

(b) 柱模板

图 8-1 木模板结构图

1—板条；2—拼条；3—柱箍；4—梁缺口；5—清理口

模板，木定型模板的规格为 1000mm×500mm。图 8-1（b）是用木拼板组装成的柱模板，它由两块相对的内拼板夹在两块外拼板之内。

木模板所用的木材（红松、白松、落叶松、马尾松及杉木等）材质不宜低于Ⅲ等材。木材上如有节疤、缺口等疵病，在拼模时应截去疵病部分，不贯通截面的疵病部分可放在模板的反面。使用九夹板时，出厂含水率应控制在 8%～16%，单个试件的胶合强度不小于 0.70MPa。

木模板在拼制时，板边应找平刨直，拼缝严密。当混凝土表面不粉刷时，板面应刨光。板材和方材要求四角方正、尺寸一致，圆材要求最小梢径必须满足模板设计要求。顶撑、横楞、牵杠、围箍等应用坚硬、挺直的木料，其配置尺寸除必须满足模板设计要求外，还应注意通用性。

2. 钢木组合模板

（1）钢木组合模板

钢木组合模板由钢框和面板组成，如图 8-2 所示。钢框由角钢或其他异型钢材构造，面板材料有胶合板、竹塑板、纤维板、蜂窝纸板等，面板表面均做防水处理。钢木组合模板的品种有钢框胶合板组合模板、钢框木组合模板体系等。

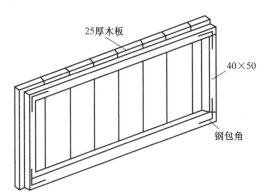

图 8-2　钢木组合模板

（2）钢框胶合板模板

钢框胶合板模板是以热轧异形型钢为边框，以胶合板为面板，并用沉头螺钉或拉铆钉连接面板与横竖肋的一种模板体系。

① 模板边框厚度为 95mm，面板采用 15mm 厚的胶合板，面板与边框相接处缝隙涂密封胶。

② 模板之间用螺栓连接，同时配以专用的模板夹具，以加强模板间连接的紧密性。

③ 采用双 10 号槽钢做水平背楞，以确保板面的平整度。

④ 模板背面配有专用支撑架和操作平台。

3. 钢模板

（1）钢模板的类型

钢模板主要包括平面模板、转角模板和特殊模板。

① 平面模板。平面模板用于基础、墙体、梁、柱和板等各种结构的平面部位，如图 8-3 所示，由面板和肋条组成，模板尺寸采用模数制，宽度以 100mm 为基础，按 50mm 进级，最宽为 300mm；长度以 450mm 为基础，按 150mm 进级，最长为 1500mm。这样就可以根据工程需要，将不同规格的模板横竖组合拼装成各种不同形状、尺寸的大块模板。

② 转角模板。转角模板有阴角模板、阳角模板和连接角模板三种，主要用于结构的转角部

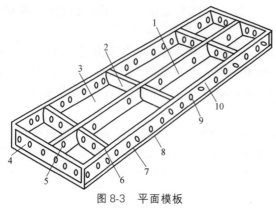

图 8-3 平面模板

1—中纵肋；2—中横肋；3—面板；4—横肋；5—插销孔；
6—纵肋；7—凸棱；8—凸鼓；9—U形卡孔；10—钉孔

位。阴角模板用于墙体和各种构件的内角及凹角的转角部位。阳角模板用于柱、梁及墙体等外角及凸角的转角部位。连接角膜用于柱、梁及墙体等外角及凸角的转角部位。

如拼装时出现不足模数的空缺，则用镶嵌木条补缺，用钉子或螺栓将木条与钢模板边框上的孔洞连接。为了便于板块之间的连接，钢模板边框上有连接孔，孔距均为 150mm，端部孔距边肋为 75mm。

③ 特殊模板。另外还有倒棱模板、梁腋模板、柔性模板三种模板。倒棱模板用于柱、梁及墙体等阳角的倒棱部位。倒棱模板分为角棱模板和圆棱模板。梁腋模板用于暗渠、明渠、沉箱及高架结构等梁腋部位。柔性模板用于圆形筒壁、曲面墙体等结构部位。

（2）定型组合模板

定型组合钢模板的连接件包括 U 形卡、L 形插销、钩头螺栓、紧固螺栓、对拉螺栓和扣件等，如图 8-4 所示。

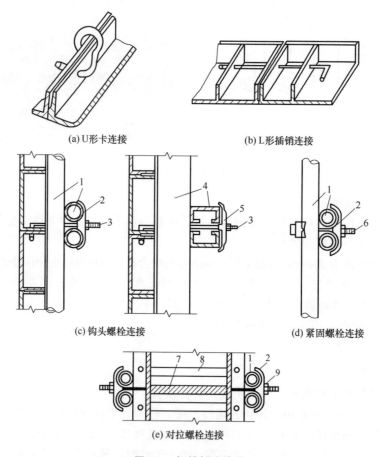

(a) U形卡连接　　　　　　　(b) L形插销连接

(c) 钩头螺栓连接　　　　　　(d) 紧固螺栓连接

(e) 对拉螺栓连接

图 8-4 钢模板连接件

1—圆钢管钢楞；2—3 形扣件；3—钩头螺栓；4—内卷边槽钢钢楞；
5—蝶形扣件；6—紧固螺栓；7—对拉螺栓；8—塑料套管；9—螺母

4. 定型组合钢模板

定型组合钢模板的支承件包括柱箍、钢楞、支架、斜撑、钢桁架等。

定型钢模板是由钢板与型钢焊接而成，分小钢模板和大钢模板两种，小钢模板的一般构造如图 8-5 所示。小钢模板的面层一般为 2mm 厚的钢板，肋用 50mm×5mm 扁钢点焊焊接，边框上钻有 20mm×10mm 的连接孔。小钢模板的规格较多，以便适用于基础、梁、板、柱、墙等构件模板的制作，并有定型标准和非标准之分。

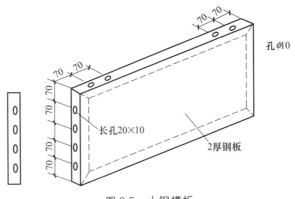

图 8-5 小钢模板

大钢模板也称大模板，是一种大型的定型模板，主要用于浇筑混凝土墙体，如图 8-6 所示。大钢模板主要由板面系统、支撑系统、操作平台和附件组成，面板一般采用厚 4～5mm 的整块钢板焊成或用厚 2～3mm 的定型组合钢模板拼装而成。模板尺寸与大模板墙相配套，一般与楼层高度和开间尺寸相适应，例如高度为 2.7m、2.9m，长度为 2.7m、3.0m、3.3m、3.6m 等。

5. 滑升模板

滑升模板简称滑模，它由一套高约 1.2m 的模板、操作平台和提升系统三部分组装而成，如图 8-7 所示。操作时，在模板内浇筑混凝土并不断向上绑扎钢筋，同时利用提升装置将模板不断向上提升，直至结构浇筑完成。滑升模板适用于各类烟囱、水塔、筒仓、沉井及储罐、大桥桥墩、挡土墙、港口扶壁及水坝等构筑物，多层、高层民用及工业建筑等的施工。

液压千斤顶是提升系统的组成部分，它是使滑升模板装置向上滑升的主要设备。液压千斤顶是一种专用的穿心式千斤顶，只能沿支承杆向上爬升，不能下降。按其卡头形式的不同，液压千斤顶可分为滚珠式液压千斤顶和楔块式液压千斤顶。

图 8-6 大钢模板

6. 飞升模板

飞升模板又称为飞模，可分为立柱式、桁架式、悬架式。

（1）立柱式飞模

立柱式飞模结构简单，制作和应用也不复杂，因此在施工中最为常见，是飞模最基本的

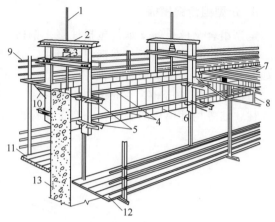

图 8-7　滑升模板

1—支承杆；2—提升架；3—液压千斤顶；4—围圈；5—围圈支托；6—模板；7—操作平台；8—平台桁架；
9—栏杆；10—外挑三脚架；11—外吊脚手架；12—内吊脚手架；13—混凝土墙体

形式。立柱式飞模的结构为：使用伸缩立柱做支腿支撑主次梁，最后铺设面板。支腿间由连接件相连，支腿、梁和板通过连接件连接牢固，成为整体。立柱式飞模分为三种形式，即钢管组合式飞模、构架式飞模、门架飞模。

（2）桁架式飞模

桁架式飞模与立柱式飞模的不同在于其支撑体系从简单的立柱架换为结构稳定的桁架。桁架上下弦平行，中间连有腹杆，可两榀拼装，也可以多榀连接。桁架材料包括铝合金和型钢等。

（3）悬架式飞模

悬架式飞模不设立柱，支撑设在钢筋混凝土建筑结构的柱子或墙体所设置的托架上。这样，模板的支设不需要考虑到楼面的承载力或混凝土结构强度发展的因素，可以减少模板的配置量，如图 8-8 所示。

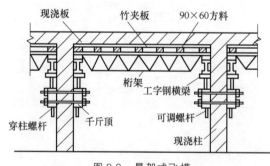

图 8-8　悬架式飞模

由于没有支撑，悬架式飞模使用不受建筑物层高的影响，因此能适应层高变化较多的建筑物施工，并且飞模下部有空间可供利用，有利于立体交叉施工作业。

7. 滑升模板

滑升模板以液压千斤顶、电动提升机或手动提升器为提升机具，带动模板沿着混凝土表面滑动。以滑升模板成型的现浇混凝土结构施工方法，总称为滑动模板施工。除少数工程模板采用水平滑动施工外，一般情况下，在提升机具的作用下，模板可沿垂直线、斜线或曲线向上滑升，因此通常称为滑升模板，简称滑模。滑模主要由模板系统、操作平台系统、液压系统以及施工精度控制系统等组成，如图 8-9 所示。

8. 塑料模板

塑料模板是一种节能型和绿色环保产品，周转次数能达到 30 次以上，还能回收再造。塑料模板的温度适应范围大，规格适应性强，可锯、钻，使用方便，能满足各种长方体、正方体、L 形、U 形的建筑支模的要求。同一厚度的塑料模板，在一定单元内和一定的荷载作用下，模板的变形较小，刚度较大，混凝土浇筑拆模后表面平整度优于竹胶合板模板。在较大荷载作用下，如剪力墙模板，模板承载力较大，减小次楞的间距或增加塑料模板厚度，即能满足混凝土侧压力较大时模板的施工技术要求。

顶板塑料模板支设：次楞间距依据板厚确定，一般施工条件下，小于 150mm 厚楼板的次楞间距（中心距）为 350～400mm；150～250mm 厚楼板的次楞间距（中心距）为 300mm。与正常采用竹胶合板模板相比，次楞的间距加大了 50mm，混凝土表面的平整度偏差更小，真正达到清水混凝土的效果。

剪力墙塑料模板支设：以墙高 2800mm，墙厚 300mm 为例，采用 12mm 模板，竖向次肋间距（中心距）为 250mm；采用 15mm 模板，竖向次楞间距（中心距）为 300mm。与采用竹胶合板模板相比，次楞的间距、混凝土表面的平整度偏差基本一致，但混凝土表面光洁，达到清水混凝土效果，观感质量更好。

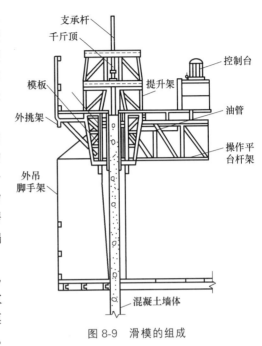

图 8-9　滑模的组成

9. 隧道模

隧道模体系由墙体大模板和顶板台模组合构成，用作现浇墙体和楼板混凝土的整体浇筑施工，它由顶板模板系统、墙体模板系统、横梁、结构支撑和移动滚轮等组成单元隧道角膜，若干个单元隧道角膜连接成半隧道模，再由两个半隧道模拼成门型整体隧道模，脱模后形成矩形墙板结构构件。

隧道模的基本构件为单元角膜。单元角膜主要由横墙模板、楼板模板、纵墙模板、插板、堵头板、螺旋千斤顶、滚轮、支撑、穿墙螺栓、定位块等组成，如图 8-10 所示。

二、模板安装

1. 模板安装的一般要求

① 模板安装必须按模板的施工设计进行，严禁随意变动。

② 楼层高度超过 4m 或二层及二层以上的建筑物，安装和拆除钢模板时，周围应设安全网或搭设脚手架和加设防护栏杆。在临街地区及交通要道，尚应设警示牌，并设专人维持安全，防止伤及行人。

③ 现浇整体式的多层房屋和构筑物安装上层楼板及其支架时，应符合下列要求。

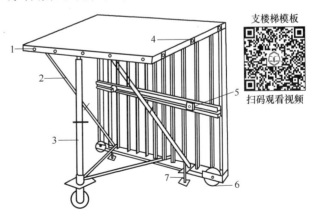

支楼梯模板

扫码观看视频

图 8-10　单元角膜构造示意
1—连接螺栓；2—斜支撑；3—垂直支撑；
4—定位块；5—穿墙螺栓；6—滚轮；
7—螺旋千斤顶

　　a. 下层楼板混凝土强度达到 $1.2N/mm^2$ 以后，才能上料具。料具要分散堆放，不得过分集中。

　　b. 如采用悬吊模板、桁架支模方法，其支撑结构必须要有足够的强度和刚度。

　　c. 下层楼板结构的强度要达到能承受上层模板、支撑系统和新浇筑混凝土的重量时，方可安装上层楼板及其支架。否则下层楼板结构的支撑系统不能拆除，同时上下层支柱应在同一垂直线上。

　　④ 模板及支撑系统在安装过程中，必须设置固定措施，以防止倒塌。

　　⑤ 在架空输电线路下面安装和拆除组合钢模板时，吊机起重臂、吊物、钢丝绳、外脚手架和操作人员等与架空线路的最小安全距离应符合表 8-1 的要求。如停电作业时，要有相应的防护措施。

表 8-1　操作人员与架空线路的最小安全距离

外电显露电压	1kV 以下	1～10kV	35～110kV	220kV	330～500kV
最小安全操作距离/m	4.0	6.0	8.0	10.0	15.0

　　⑥ 模板的支柱纵横向水平、剪刀撑等均应按设计的规定布置，当设计无规定时，一般支柱的网距不宜大于 2m，纵横向水平的上下步距不宜大于 1.5m，纵横向的垂直剪刀撑间距不宜大于 6m。

　　a. 当支柱高度小于 4m 时，应设上下两道水平撑和垂直剪刀撑。以后支柱每增高 2m 再增加一道水平撑，水平撑之间还需增加剪刀撑一道。

　　b. 当楼层高度超过 10m 时，模板的支柱应选用长料，同一支柱的连接接头不宜超过 2 个。

　　⑦ 安装组合模板时，应按规定确定吊点位置，先进行试吊，无问题后进行吊运安装。

2. 模板安装的注意事项

　　① 单片柱模板吊装时，应采用卸扣（卡环）和柱模连接，严禁用钢筋钩代替，以避免柱模翻转时脱钩造成事故，待模板立稳后并拉好支撑，方可摘除吊钩。

　　② 安装墙模板时，应从内、外角开始，向互相垂直的两个方向拼装，连接模板的 U 形卡要正反交替安装，同一道墙（梁）的两侧模板应同时组合，以便确保模板安装时的稳定。当模板采用分层支模时，第一层楼板拼装后，应立即将内、外钢楞，穿墙螺栓，斜撑等全部安设紧固稳定。当下层楼板不能独立安设支件时，必须采取可靠的临时固定措施，否则禁止进行上一层楼板的安装。

　　③ 支设 4m 以上的立柱模板和梁模板时，应搭设工作台，不足 4m 的，可使用马凳操作，不准站在柱模板上和在梁底板上行走，更不允许利用拉杆、支撑攀登上下。

　　④ 墙模板在未装对拉螺栓前，板面要向内倾斜一定角度并撑牢，以防倒塌。安装过程要随时拆换支撑或增加支撑，以保持墙板处于稳定状态。模板未支撑稳固前不得松动吊钩。

　　⑤ 支撑应按工序进行，模板没有固定前，不得进行下道工序。

　　⑥ 用钢管和扣件搭设双排立柱支架支承梁模时，扣件应拧紧，且应检查扣件螺栓的扭力矩是否符合规定，当扭力矩不能达到规定值时，可放两个扣件与原扣件挨紧。横杆步距按设计规定，严禁随意增大。

拆除楼梯的
侧模板

扫码观看视频

　　⑦ 平板模板安装就位时。要在支架搭设稳固，板下楞与支架连接牢固后进行。U 形卡要按设计规定安装，以增强整体性，确保横板结构安全。

三、模板拆除

1. 模板拆除的一般要求

　　① 模板拆除的顺序和方法，应按照配板设计的规定进行，遵循先支后拆，后支先拆，

先非承重部位、后承重部位以及自上而下的原则。拆模时，严禁用大锤和撬棍硬砸硬撬。

② 组合大模板宜大块整体拆除。

③ 支承件和连接件应逐件拆卸，模板应逐块拆卸传递，拆除时不得损伤模板和混凝土。

④ 拆下的模板和配件不得抛扔，均应分类堆放整齐，附件应放在工具箱内。

2. 模板拆除

（1）支架立柱拆除

① 当拆除钢楞、木楞、钢桁架时，应在其下面临时搭设防护支架，使所拆楞梁及桁架先落在临时防护支架上。

② 当立柱的水平拉杆超过 2 层时，应首先拆除 2 层以上的拉杆。当拆除最后一道水平拉杆时，应与拆除立柱同时进行。

③ 当拆除 4~8m 跨度的梁下立柱时，应先从跨中开始，对称地分别向两端拆除。拆除时，严禁采用连梁底板向旁侧一片拉倒的拆除方法。

④ 对于多层楼板模板的立柱，当上层及以上楼板正在浇筑混凝土时，下层楼板立柱的拆除，应根据下层楼板结构混凝土强度的实际情况，经过计算确定。

⑤ 阳台模板应保持三层原模板支撑，不宜拆除后再加临时支撑。

⑥ 后浇带模板应保持原支撑，如果因施工方法需要也应先加临时支撑支顶后拆模。

（2）普通模板拆除

① 拆除条形基础、杯形基础、独立基础或设备基础的模板时，应符合下列要求。

a. 拆除前应先检查基槽（坑）土壤的安全状况，发现有松软、龟裂等不安全因素时，应采取安全防范措施后，方可进行作业。

b. 拆除模板时，应先拆内外木楞，再拆木面板；钢模板应先拆钩头螺栓和内外钢楞，后拆 U 形卡和 L 形插销。

c. 模板和支撑应随拆随运，不得在离槽（坑）上口边缘 1m 以内堆放。

② 拆除柱模应符合下列要求。

柱模拆除可分别采用分散拆和分片拆两种方法。

a. 分片拆除的顺序为：拆除全部支撑系统→自上而下拆除柱箍及横楞→拆除柱角 U 形卡→分片拆除模板→原地清理→刷防锈油或脱模剂→分片运至新支模地点备用。

b. 分散拆除的顺序为：拆除拉杆或斜撑→自上而下拆除柱箍或横楞→拆除竖楞→自上而下拆除配件及模板→运走分类堆放→清理→拔钉→钢模维修→刷防锈油或脱模剂→入库备用。

③ 拆除梁、板模板应符合下列要求。

a. 梁、板模板应先拆梁侧模，再拆板底模，最后拆除梁底模，并应分段分片进行，严禁成片撬落或成片拉拆。

b. 拆除模板时，严禁用铁棍或铁锤乱砸，已拆下的模板应妥善传递或用绳钩放至地面。

c. 待分片、分段的模板全部拆除后，将模板、支架、零配件等按指定地点运出堆放，并进行拔钉、清理、整修、刷防锈油或脱模剂，入库备用。

④ 拆除墙模应符合下列要求。

a. 墙模分散拆除顺序为：拆除斜撑或斜拉杆→自上而下拆除外楞及对拉螺栓→分层自上而下拆除木楞或钢楞及零配件和模板→运走分类堆放→拔钉清理或清理检修后刷防锈油或脱模剂→入库备用。

b. 预组拼大块墙模拆除顺序为：拆除全部支撑系统→拆卸大块墙模接缝处的连接型钢及零配件→拧去固定埋设件的螺栓及大部分对拉螺栓→挂上吊装绳扣并略拉紧吊绳后拧下剩

余对拉螺栓→用方木均匀敲击大块墙模立楞及钢模板，使其脱离墙体→用撬棍轻轻外撬大块墙模板使全部脱离→起吊、运走、清理→刷防锈油或脱模剂备用。

c. 拆除每一大块墙模的最后 2 个对拉螺栓后，作业人员应撤离大模板下侧，以后的操作均应在上部进行。个别大块模板拆除后产生局部变形者应及时整修好。

d. 大块模板起吊时，速度要慢，应保持垂直，严禁模板碰撞墙体。

3. 注意事项

① 拆模前应检查所使用的工具是否有效和可靠，扳手等工具必须装入工具袋或系挂在身上，并应检查拆模场所范围内的安全措施。

② 模板的拆除工作应设专人指挥。作业区应设围栏，其内不得有其他工种作业，并应设专人负责监护。

③ 多人同时操作时，应明确分工、统一信号或行动，应具有足够的操作面，人员应站在安全处。

④ 高处拆除模板时，应符合有关高处作业的规定，应搭脚手架，并设防护栏杆，防止上下在同一垂直面操作。搭设临时脚手架必须牢固。

⑤ 拆模必须拆除干净彻底，如遇特殊情况需中途停歇，应将已拆松动、悬空、浮吊的模板或支架进行临时支撑牢固或相互连接稳固。对活动部件必须一次拆除。

⑥ 已拆除了模板的结构，应在混凝土强度达到设计强度值后方可承受全部设计荷载。若在未达到设计强度以前，需在结构上加置施工荷载时，应另行核算，强度不足时，应加设临时支撑。

⑦ 如遇 6 级或 6 级以上大风时，应暂停室外的高处作业。雨、雪、霜后应先清扫施工现场，方可进行工作。

⑧ 拆除有洞口的模板时，应采取防止操作人员坠落的措施。洞口模板拆除后，应及时进行防护。

第二节　钢筋工程

一、钢筋的分类

钢筋混凝土用钢筋主要有热轧光圆钢筋、热轧带肋钢筋、余热处理钢筋、冷轧带肋钢筋、冷轧扭钢筋、冷拔螺旋钢筋、冷拔低碳钢丝等，如图 8-11 所示。

二、钢筋加工

1. 钢筋除锈

（1）钢筋的表面应洁净

油渍、漆污和用锤敲击时能剥落的浮皮、铁锈等应在使用前清除干净。在焊接前，焊点处的水锈应清除干净。钢筋除锈可采用机械除锈和手工除锈两种方法。

① 机械除锈可采用钢筋除锈机或钢筋冷拉、调直过程除锈。除锈机如图 8-12 所示。该机的圆盘钢丝刷有成品供应，其直径为 200～300mm、厚度为 50～100mm、转速一般为 1000r/min、电动机功率为 1.0～1.5kW。为了减少除锈时灰尘的飞扬，应装设排尘罩和排

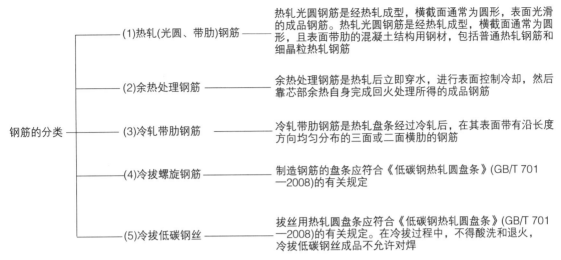

图 8-11　钢筋的分类

尘管道。

对直径较小的盘条钢筋，通过冷拉和调直过程自动去锈；粗钢筋采用圆盘铁丝刷除锈机除锈。

② 手工除锈可采用钢丝刷、砂盘、喷砂等除锈或酸洗除锈。工作量不大或在工地设置的临时工棚中操作时，可用麻袋布擦或用钢刷子刷；对于较粗的钢筋，用砂盘除锈法，即制作钢槽或木槽，槽内放置干燥的粗砂和细石子，将有锈的钢筋穿进砂盘中来回抽拉。

（2）起层锈片的处理

对于有起层锈片的钢筋，应先用小锤敲击，使锈片剥落干净，再用砂盘或除锈机除锈；对于因麻坑、斑点以及去掉锈皮而使钢筋截面损伤的钢筋，使用前应鉴定是否降级使用或做其他处置。

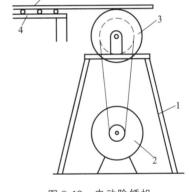

图 8-12　电动除锈机
1—支架；2—电动机；
3—圆盘钢丝刷；
4—滚轴台；5—钢筋

2. 钢筋切断

钢筋切断机具有断线钳、手压切断器、手动液压切断器，电动液压切断机、钢筋切断机等。

（1）手动液压切断器

手动液压切断器如图 8-13 所示。其工作总压力为 80kN，活塞直径为 36mm，最大行程

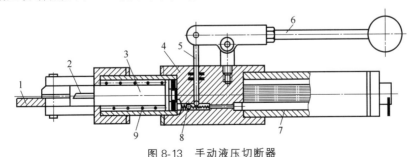

图 8-13　手动液压切断器
1—滑轨；2—刀片；3—活塞；4—缸体；5—柱塞；
6—压杆；7—贮油筒；8—吸油阀；9—回位弹簧

30mm，液压泵柱塞直径为8mm，单位面积上的工作压力79MPa，压杆长度438mm，压杆作用力220N，切断器长度为680mm，总重6.5kg，可切断直径16mm以下的钢筋。这种机具体积小、质量轻，操作简单，便于携带。

（2）电动液压切断机

电动液压切断机如图8-14所示。其工作总压力为320kN，活塞直径为95mm，最大行程28mm，液压泵柱塞直径为12mm，单位面积上的工作压力45.5MPa，液压泵输油率为4.5L/min，电动机功率为3kW，转数1440r/min。机器外形尺寸为889mm（长）×396mm（宽）×398mm（高），总重145kg。

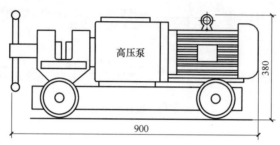

图 8-14　电动液压切断机

（3）钢筋切断机

钢筋切断机的刀片应由工具钢热处理制成，刀片的形状如图8-15所示。

钢筋切断机

扫码观看视频

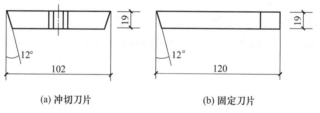

(a) 冲切刀片　　　　　(b) 固定刀片

图 8-15　钢筋切断机的刀片形状

使用前应检查刀片安装是否正确、牢固，润滑及空车试运转应正常。固定刀片与冲切刀片的水平间隙以0.5～1mm为宜；固定刀片与冲切刀片刀口的距离：对直径≤20mm的钢筋宜重叠1～2mm，对直径＞20mm的钢筋宜留5mm左右。

将同规格钢筋根据不同长度长短搭配，统筹排料；一般应先断长料，后断短料，以减少短头接头和损耗。

断料应避免用短尺量长料，以防止在量料中产生累计误差。宜在工作台上标出尺寸刻度并设置控制断料尺寸用的挡板。

向切断机送料时，应将钢筋摆直，避免弯成弧形。操作者应将钢筋握紧，并应在冲切刀片向后退时送进钢筋；切断较短的钢筋时，宜将钢筋套在钢管内送料，防止发生人身或设备安全事故。

3. 钢筋弯曲

（1）画线

钢筋弯曲前，对形状复杂的钢筋（如弯起钢筋），根据钢筋料牌上标明的尺寸，用石笔将各弯曲点位置画出。画线时应注意：

① 根据不同的弯曲角度扣除弯曲调整值，其扣法是从相邻两段长度中各扣一半；

② 钢筋端部带半圆弯钩时，该段长度画线时增加0.5d（d为钢筋直径）；

③ 画线工作宜从钢筋中线开始向两边进行；两边不对称的钢筋，也可从钢筋一端开始画线，如画到另一端有出入时，则应重新调整。

（2）钢筋弯曲成型

钢筋在弯曲机上成型时，如图 8-16 所示。心轴直径应是钢筋直径的 2.5～5.0 倍，成形轴宜加偏心轴套，以便适应不同直径的钢筋弯曲需要。弯曲细钢筋时，为了使弯弧一侧的钢筋保持平直，挡铁轴宜做成可变挡架或同定挡架（加铁板调整）。

（3）曲线形钢筋成型

弯制曲线形钢筋时，如图 8-17 所示，可在原有钢筋弯曲机的工作盘中央，放置一个十字架和钢套；另外在工作盘四个孔内插上短轴和成型钢套（和中央钢套相切）。插座板上的挡轴钢套尺寸可根据钢筋曲线形状选用。钢筋成型过程中，成型钢套起顶弯作用，十字架只协助推进。

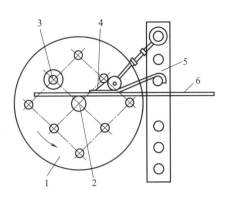

图 8-16　钢筋弯曲成型
1—工作盘；2—十字撑及圆套；
3—桩柱及圆套；4—挡轴钢套；
5—插座板；6—钢筋

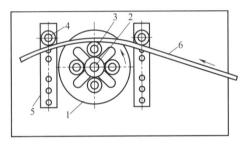

图 8-17　曲线形钢筋成型
1—工作盘；2—十字撑及圆套；3—桩柱及圆套；
4—挡轴钢套；5—插座板；6—钢筋

4. 钢筋冷拔

冷拔是使 $\phi6$～$\phi9$ 的光圆钢筋通过钨合金的拔丝模，如图 8-18 所示，来进行强力冷拔。钢筋通过拔丝模时，受到拉伸与压缩兼有的作用，使钢筋内部晶格变形而产生塑性变形，因而抗拉强度提高（可提高 50％～90％），塑性降低，呈硬钢性质。光圆钢筋经冷拔后称冷拔低碳钢丝。

冷拔低碳钢丝有时是经多次冷拔而成，不一定是一次冷拔就达到总压缩率。每次冷拔的压缩率不宜太大，否则拔丝机的功率要大，拔丝模易损耗，且易断丝。一般前道钢丝和后道钢丝的直径之比以 1：0.87 为宜。冷拔次数也不宜过多，否则易使钢丝变脆。

冷拔低碳钢丝的质量应符合《混凝土结构工程施工质量验收规范》（GB 50204—2015）中有关的规定。对用于预应力结构的甲级冷拔低碳钢丝，应加强检验，应逐盘取样检验。

图 8-18　钢筋冷拔示意

冷拔低碳钢丝经调直机调直后，抗拉强度降低 8%～10%，塑性有所改善，使用时应注意。

三、钢筋连接

钢筋连接有三种常用的连接方法：绑扎连接、焊接连接和机械连接。除个别情况（如不准出现明火）外，应尽量采用焊接连接，以保证质量、提高效率和节约钢材。钢筋焊接分为压焊和熔焊两种形式。压焊包括闪光对焊、电阻点焊和气压焊；熔焊包括电弧焊和电渣压力焊。此外，钢筋与预埋件 T 形接头的焊接应采用埋弧压力焊，也可用电弧焊或穿孔塞焊，但焊接电流不宜大，以防烧伤钢筋。

1. 钢筋焊接连接

（1）钢筋焊接连接一般规定

① 细晶粒热轧钢筋 HRBF400、HRBF500 施焊时，可采用与 HRB400、HRB500 钢筋相同的或者近似的钢筋，并经试验确认的焊接工艺参数。直径大于 28mm 的带肋钢筋，焊接参数应经试验确定；余热处理钢筋不宜焊接。

② 电渣压力焊适用于柱、墙、构筑物等现浇混凝土结构中竖向受力钢筋的连接。钢筋不得在竖向焊接后横置于梁、板等构件中做水平钢筋使用。

③ 在工程开工正式焊接之前，参与该项施焊的焊工应进行现场条件下的焊接工艺试验，并经试验合格后，方可正式生产。试验结果应符合质量检验与验收时的要求。焊接工艺试验的资料应存于工程档案中。

④ 钢筋焊接施工之前，应清除钢筋、钢板焊接部位以及钢筋与电极接触处表面上的锈斑、油污、杂物等；当钢筋端部有弯折、扭曲时，应予以矫直或切除。

⑤ 带肋钢筋闪光对焊、电弧焊、电渣压力焊和气压焊，宜将纵肋对纵肋安放和焊接。

⑥ 焊剂应存放在干燥的库房内，若受潮时，在使用前应经 250～350℃烘焙 2 小时。使用中回收的焊剂应清除熔渣和杂物，并应与新焊剂混合均匀后使用。

⑦ 两根同牌号、不同直径的钢筋可进行闪光对焊、电渣压力焊或气压焊，闪光对焊时直径差不得超过 4mm，电渣压力焊或气压焊时，其直径差不得超过 7mm。焊接工艺参数可在大、小直径钢筋焊接工艺参数之间偏大选用，两根钢筋的轴线应在同一直线上。对接头强度的要求，应按较小直径钢筋计算。

⑧ 当环境温度低于 -20℃时，不宜进行各种焊接。雨天、雪天不宜在现场进行施焊；必须施焊时，应采取有效遮蔽措施。焊后未冷却接头不得碰到冰雪。

在现场进行闪光对焊或电弧焊，当超过四级风力时，应采取挡风措施。进行气压焊当超过三级风力时，应采取挡风措施。

⑨ 焊机应经常维护保养和定期检修，确保正常使用。

（2）钢筋闪光对焊

闪光对焊广泛用于钢筋纵向连接及预应力钢筋与螺丝端杆的焊接。热轧钢筋的焊接宜优先用闪光对焊，不可能时才用电弧焊。

钢筋闪光对焊的原理如图 8-19 所示，是利用对焊机使两段钢筋接触，通过低电压的强电流，待钢筋被加热到一定温度变软后，进行轴向加压顶锻，形成对焊接头。

闪光对焊工艺可以分为连续闪光焊、预热闪光焊、闪光-预热-闪光焊。

① 连续闪光焊。施焊时，先闭合一次电路，使两根钢筋端面轻微接触，此时端面的间隙中即喷射出火花般熔化的金属微粒（闪光），接着徐徐移动钢筋使两端面仍保持轻微接触，

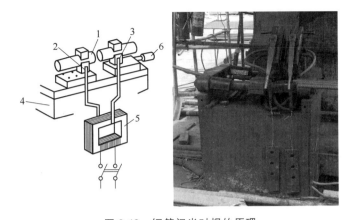

图 8-19 钢筋闪光对焊的原理

1—焊接的钢筋；2—固定电极；3—可动电极；4—机座；5—变压器；6—手动顶压机构

形成连续闪光。当闪光到预定的长度，使钢筋端头加热到将近熔点时，就以一定的压力迅速进行顶锻。先带电顶锻，再无电顶锻到一定长度，焊接接头即告完成。

② 预热-闪光焊。预热-闪光焊是在连续闪光焊前增加一次预热过程，以扩大焊接热影响区。其工艺过程包括：预热、闪光和顶锻。施焊时先闭合电源，然后使两根钢筋端面交替地接触和分开，这时钢筋端面的间隙中即发出断续的闪光，而形成预热过程。当钢筋达到预热温度后进入闪光阶段，随后顶锻而成。

③ 闪光-预热-闪光焊。闪光-预热-闪光焊是在预热闪光焊前加一次闪光过程，目的是使不平整的钢筋端面烧化平整，使预热均匀。其工艺过程包括：一次闪光、预热、二次闪光及顶锻。施焊时首先连续闪光，使钢筋端部闪平，其后的工艺过程与预热闪光焊相同。

（3）钢筋电阻点焊

电阻点焊主要用于钢筋的交叉连接，如用来焊接钢筋网片、钢筋骨架等。它生产效率高、节约材料，应用广泛。

常用的点焊机有单点点焊机、多头点焊机（一次可焊数点，用于宽大的钢筋网）、悬挂式点焊机（可焊钢筋骨架或钢筋网）、手提式点焊机（用于施工现场）。

焊点应进行外观检查和强度试验。热轧钢筋的焊点应进行抗剪试验，冷加工钢筋的焊点除进行抗剪试验外，还应进行拉伸试验。焊接质量应符合《钢筋焊接及验收规程》（JGJ 18—2012）的有关规定。

（4）钢筋电弧焊

电弧焊是利用弧焊机使焊条与焊件之间产生高温电弧，使焊条和电弧燃烧范围内的焊件熔化，待其凝固便形成焊缝或接头，电弧焊广泛用于钢筋接头、钢筋骨架焊接，装配式结构接头的焊接、钢筋与钢板的焊接及各种钢结构焊接。

钢筋电弧焊的接头形式如下。

① 帮条焊。帮条焊分为单面焊和双面焊。帮条焊时，宜采用双面焊；当不能进行双面焊时，方可采用单面焊，如图 8-20 所示。

② 搭接焊。搭接焊也分为单面焊和双面焊，搭接焊时，宜采用双面焊。当不能进行双面焊时，方可采用单面焊。如图 8-21 所示。

采用帮条焊或搭接焊时，钢筋的装配和焊接应符合下列要求。

a. 帮条焊时，两主筋端面的间隙应为 2～5mm；帮条与主筋之间应用四点定位焊固定；定位焊缝与帮条端部的距离宜大于或等于 20mm。

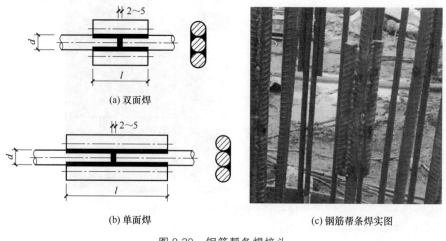

(a) 双面焊

(b) 单面焊　　　　　　　　　(c) 钢筋帮条焊实图

图 8-20　钢筋帮条焊接头

d—钢筋直径；l—帮条长度

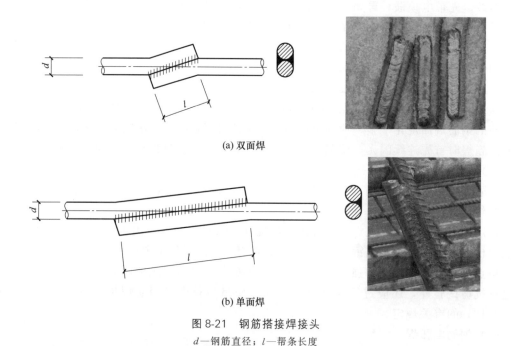

(a) 双面焊

(b) 单面焊

图 8-21　钢筋搭接焊接头

d—钢筋直径；l—帮条长度

　　b. 搭接焊时，焊接端钢筋应预弯，并应使两钢筋的轴线在同一直线上；用两点固定；定位焊缝与搭接端部的距离宜大于或等于 20mm。

　　c. 焊接时，应在帮条焊或搭接焊形成焊缝中引弧；在端头收弧前应填满弧坑，并应使主焊缝与定位焊缝的始端和终端熔合。

　　③ 预埋件电弧焊。预埋件钢筋电弧焊 T 形接头可分为角焊和穿孔塞焊两种，如图 8-22 所示。

　　钢筋与钢板搭接焊时，焊接接头如图 8-23 所示，应符合下列要求。

　　a. HPB300 钢筋的搭接长度 l 不得小于 4 倍钢筋直径，HRB400 钢筋搭接长度 l 不得小于 5 倍钢筋直径。

　　b. 焊缝宽度不得小于钢筋直径的 60%，焊缝厚度不得小于钢筋直径的 35%。

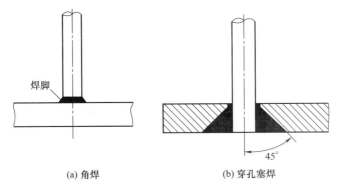

(a) 角焊　　　　　　　　　(b) 穿孔塞焊

图 8-22　预埋件钢筋电弧焊 T 形接头

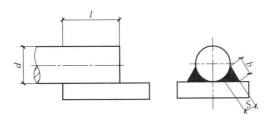

图 8-23　钢筋与钢板搭接焊接头

d—钢筋直径；l—搭接长度；b—焊缝宽度；S—焊缝厚度

④ 坡口焊。坡口焊是将两根钢筋的连接处切割成一定角度的坡口，辅助以钢垫板进行焊接连接的一种工艺。坡口焊主要分为平焊和立焊，如图 8-24 所示。

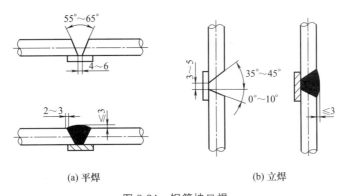

(a) 平焊　　　　　　　　　(b) 立焊

图 8-24　钢筋坡口焊

（5）钢筋电渣压力焊

电渣压力焊在建筑施工中多用于现浇钢筋混凝土结构构件内竖向或斜向（倾斜度在 4∶1 的范围内）钢筋的焊接接长。有自动与手工电渣压力焊。与电弧焊比较，它工效高、成本低，我国在一些高层建筑物施工中已取得很好的效果。如图 8-25 所示。

进行电渣压力焊宜用 BX2-1000 型焊接变压器。焊接大直径钢筋时，可将小容量的同型号焊接变压器并联。夹具需灵巧、上下钳口同心，否则不能保证规程规定的上下钢筋的轴线一致。

图 8-25　钢筋电渣压力焊

电渣压力焊过程分为引弧过程、电弧过程、电渣过程、顶压过程四个阶段。

① 引弧过程。引弧宜采用铁丝圈或焊条头引弧法，也可采用直接引弧法。

② 电弧过程。引燃电弧后，靠电弧的高温作用，将钢筋端头的凸出部分不断烧化，同时将接头周围的焊剂充分熔化，形成渣池。

③ 电渣过程。渣池形成一定的深度后，将上钢筋缓缓插入渣池中，此时电弧熄灭，进入电渣过程。由于电流直接通过渣池，产生大量的电阻热，使渣池温度升到接近 2000℃，将钢筋端头迅速而均匀地熔化。

④ 顶压过程。当钢筋端头达到全截面熔化时，迅速将上钢筋向下顶压，将熔化的金属、熔渣及氧化物等杂质全部挤出结合面，同时切断电源，施焊过程结束。

（6）钢筋气压焊

钢筋气压焊的焊接设备包括供气装置、多嘴环管加热器、加压器、焊接夹具等。

钢筋气压焊接属于热压焊。在焊接加热过程中，加热温度只为钢材熔点的 $80\%\sim90\%$，钢材未呈熔化液态，且加热时间较短，钢筋的热输入量较少，所以不会出现钢筋材质劣化倾向。另外，它设备轻巧，使用灵活，效率高，节省电能，焊接成本低，可全方位焊接，所以在我国逐步得到推广。

① 采用固态气压焊时，其焊接工艺应符合下列要求。

焊前钢筋端面应切平、打磨，使其露出金属光泽，钢筋安装夹牢，预压顶紧后，两钢筋端面局部间隙不得大于 3mm。气压焊加热开始至钢筋端面密合前，应采用碳化焰集中加热。钢筋端面密合后可采用中性焰宽幅加热，使钢筋端部加热至 $1150\sim1250℃$。气压焊顶压时，对钢筋施加的顶压力应为 $30\sim40N/mm^2$，常用三次加压法工艺过程。当采用半自动钢筋固态气压焊时，应使用钢筋常温直角切断机断料，两钢筋端面间隙控制在 $1\sim2mm$，钢筋端面平滑，可直接焊接。另外，由于采用自动液压加压，可一人操作。

② 采用熔态气压焊时，其焊接工艺应符合下列要求。

安装时，两钢筋端面之间应预留 $3\sim5mm$ 间隙。气压焊开始时，首先使用中性焰加热，待钢筋端头至熔化状态，附着物随熔滴流走，端部呈凸状时，即加压，挤出熔化金属，并密合牢固。

2. 钢筋机械连接

常用的钢筋机械连接主要有钢筋套筒挤压连接、钢筋毛镦粗直螺旋套筒连接和钢筋锥螺纹套管连接。

（1）钢筋套筒挤压连接

钢筋套筒挤压连接是将需连接的变形钢筋插入特制钢套筒内，利用液压驱动的挤压机进行径向或轴向挤压，使钢套筒产生塑性变形，使它紧紧咬住变形钢筋实现连接，如图 8-26 所示。它适用于竖向、横向及其他方向的较大直径变形钢筋的连接。与焊接相比，它具有节省电能、不受钢筋可焊性好坏影响、不受气候影响、无明火、施工简便和接头可靠度高等特点。

钢套筒的材料宜选用强度适中、延性好的优质钢材。挤压设备主要由挤压机、悬挂平衡器、吊挂小车、画标志用工具以及检查压痕卡板等构成。

钢筋挤压的要求如下。

① 应按标记检查钢筋插入套筒内的深度，钢筋端头离套筒长度中点不宜超过 10mm。

② 挤压时挤压机与钢筋轴线应保持垂直。

③ 压接钳就位，要对正钢套筒压痕位置标记，压模运动方向与钢筋两纵肋所在平面相

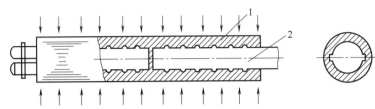

图 8-26　钢筋径向挤压连接原理图

1—钢套筒；2—被连接的钢筋

垂直。

④ 挤压宜从套筒中央开始，依次向两端挤压。

⑤ 施压时主要控制压痕深度。宜先挤压一端套筒（半接头），在施工作业区插入待接钢筋后再挤压另一端套筒。

（2）钢筋毛镦粗直螺旋套筒连接

钢筋毛镦粗直螺旋套筒连接是由钢筋液压冷镦机、钢筋直螺纹套丝机、扭力扳手和量规等组成的，如图 8-27 所示。

对连接钢筋可自由转动的，先将套筒预先部分或全部拧入一个被连接钢筋的端头螺纹上，而后转动另一根被连接钢筋或反拧套筒到预定位置，最后用扳手转动连接钢筋，使其相互对顶锁定连接套筒。对于钢筋完全不能转动的部位，如弯折钢筋或施工缝、后浇带等部位，可将锁定螺母和连接套筒预先拧入加长的螺纹内，再反拧入另一根钢筋端头螺纹上，最后用锁定螺母锁定连接

图 8-27　钢筋毛镦粗螺旋套筒连接

套筒；或配套应用带有正反螺纹的套筒，以便从一个方向上能松开或拧紧两根钢筋。直螺纹钢筋连接时，应采用扭力扳手按规定的最小扭矩值把钢筋接头拧紧。

镦粗直螺纹钢筋连接注意以下几点。

① 镦粗头的基圆直径应大于丝头螺纹外径，长度应大于 1.2 倍套筒长度，冷镦粗过渡段坡度应≤1∶3。

② 镦粗头不得有与钢筋轴线相垂直的横向表面裂纹。

③ 不合格的镦粗头，应切去后重新镦扭。不得对镦粗头进行二次镦粗。

④ 如选用热镦工艺镦粗钢筋，则应在室内进行钢筋镦头加工。

（3）钢筋锥螺纹套管连接

用于这种连接的钢套管内壁，用专用机床加工有锥螺纹，钢筋的对接端头亦在套丝机上加工有与套管匹配的锥螺纹。连接时，经对螺纹检查无油污和损伤后，先用手旋入钢筋，然后用扭矩扳手紧固至规定的扭矩即完成连接，如图 8-28 所示。它施工速度快、不受气候影响、质量稳定、对中性好。

此外，绑扎目前仍为钢筋连接的主要手段之一。钢筋绑扎时，钢筋交叉点应采用铁丝扎牢；板和墙的钢筋网，除外围两行钢筋的相交点全部扎牢外，中间部分交叉点可相隔交错扎牢，保证受力钢筋位置不产生偏移；梁和柱的箍筋应与受力钢筋垂直设置，弯钩叠合处应沿受力钢筋方向错开设置。钢筋绑扎搭接长度的末端与钢筋弯曲处的距离，不得小于钢筋直径的 10 倍，且接头不宜在构件最大弯矩处。钢筋搭接处，应在中部和两端用铁丝扎牢。

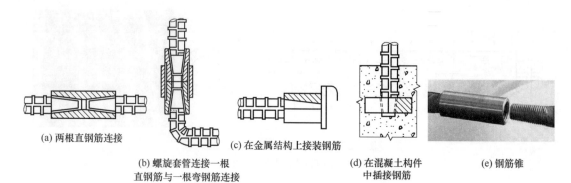

(a) 两根直钢筋连接

(b) 螺旋套管连接一根
直钢筋与一根弯钢筋连接

(c) 在金属结构上接装钢筋

(d) 在混凝土构件
中插接钢筋

(e) 钢筋锥

图 8-28　钢筋锥螺纹套管连接示意

第三节　混凝土工程

一、混凝土的搅拌

混凝土的搅拌应在混凝土搅拌机中进行，常用的搅拌机有强制式搅拌机和自落式搅拌机两类。

混凝土搅拌的技术要求按下列规定执行。

① 混凝土原材料按重量计的允许累计偏差，不得超过下列规定：水泥、外掺料±1%；粗细骨料±2%；水、外加剂±1%。

② 混凝土搅拌时间的要求。搅拌时间是影响混凝土质量及搅拌机生产效率的重要因素之一。不同搅拌机类型及不同稠度的混凝土拌合物有不同的搅拌时间。混凝土搅拌的最短时间可按表 8-2 采用。

表 8-2　混凝土搅拌的最短时间　　　　　　　　　　　　　　　单位：s

混凝土坍落度/mm	搅拌机机型	搅拌机出料量/L		
		<250	250～500	>500
≤40	强制式	60	90	120
>40 且<100	强制式	60	60	90
≥100	强制式	60		

注：1. 混凝土搅拌的最短时间系指全部材料装入搅拌筒中起，到开始卸料止的时间。

2. 当掺有外加剂与矿物掺合料时，搅拌时间应适当延长。

3. 当采用其他形式的搅拌设备时，搅拌的最短时间应按设备说明书的规定或经试验确定。

4. 采用自落式搅拌机时，搅拌时间宜延长 30s。

③ 混凝土投料顺序应从提高混凝土搅拌质量，减少叶片、衬板的磨损，减少拌合物与搅拌筒的黏结，减少水泥飞扬，改善工作环境，提高混凝土强度，节约水泥方面综合考虑确定。

二、混凝土的运输

在运输过程中，应控制混凝土不离析、不分层，并应控制混凝土拌合物性能满足施工要求。

① 当采用机动翻斗车运输混凝土时，道路应平整。

② 当采用搅拌罐车运送混凝土拌合物时，搅拌罐在冬期应有保温措施。

③ 当采用搅拌罐车运送混凝土拌合物时，卸料前应采用快挡旋转搅拌罐不少于20s。因运距过远、交通或现场等问题造成坍落度损失较大而卸料困难时，可采用在混凝土拌合物中掺入适量减水剂并快挡旋转搅拌罐的措施，减水剂掺量应有经试验确定的预案。

④ 当采用泵送混凝土时，混凝土运输应保证混凝土连续泵送，并应符合现行行业标准《混凝土泵送施工技术规程》（JGJ/T 10—2011）的有关规定。

三、混凝土的输送

混凝土输送是指对运输至现场的混凝土，采用输送泵、溜槽、吊车配备斗容器、升降设备配备小车等方式送至浇筑地点的过程。输送方式主要有借助起重机械的混凝土垂直输送、借助溜槽的混凝土输送和泵送混凝土输送，其中泵送混凝土输送是最常见和效率最高的输送方式。

泵送混凝土应符合下列规定。

① 混凝土泵与输送管连通后，应按所用混凝土泵使用说明书的规定进行全面检查，符合要求后方能开机进行空运转。

② 混凝土泵启动后，应先泵送适量水以湿润混凝土泵的料斗、活塞及输送管内壁等直接与混凝土接触的部位。

③ 确认混凝土泵和输送管中无异物后，应采取下列方法润湿混凝土泵和输送管内壁：泵送水泥浆；泵送1∶2水泥砂浆；泵送与混凝土内除粗骨料外的其他成分相同配合比的水泥砂浆。

④ 开始泵送时，混凝土泵应处于慢速、匀速并随时可反泵的状态。泵送速度应先慢后快，逐步加速。待各系统运转顺利后，方可以正常速度进行泵送。

⑤ 使用完毕后，应清理混凝土泵内壁以及输送管，以不影响下次使用。

四、混凝土浇筑

① 混凝土拌合物从搅拌机内卸料后，应以最少的转载次数和最短时间，从搅拌地点运到浇筑地点。混凝土拌合物从搅拌机中卸出到浇筑完毕的延续时间不宜超过表8-3的规定。

表8-3 混凝土拌合物从搅拌机中卸出到浇筑完毕的延续时间

混凝土生产地点	延续时间/min	
	气温≤25℃	气温＞25℃
预拌混凝土搅拌站	150	120
施工现场	120	90
混凝土制品厂	90	60

② 混凝土应分层浇筑。浇筑层厚度：当采用插入式振动器为振动器作用部分长度的1.25倍；当用表面式振动器时为200mm。

混凝土浇筑时的坍落度应符合表8-4的规定。

表8-4 混凝土浇筑时的坍落度

混凝土类别	坍落度/mm
素混凝土	10～40
配筋率不超过1%的钢筋混凝土	30～60
配筋率超过1%的钢筋混凝土	50～90
泵送混凝土	140～220

③ 浇筑混凝土时应分层分段进行，浇筑层厚度应根据混凝土供应能力、一次浇筑方量、混凝土初凝时间、结构特点、钢筋疏密综合考虑决定。

④ 在地基上浇筑混凝土前，对地基应事先按设计标高和轴线进行校正，并应清除淤泥和杂物。同时注意排除开挖出来的水和开挖地点的流动水。

五、混凝土振捣

混凝土浇筑
与振捣

扫码观看视频

混凝土振捣应依据振捣棒的长度和振动作用有效半径，有次序地分层振捣，振捣棒移动距离一般可在 40cm 左右（小截面结构和钢筋密集节点以振实为度）。振捣棒插入下层已振混凝土深度应不小于 5cm，严格控制振捣时间，一般在 20 秒左右，严防漏振或过振，并应随时检查钢筋保护层和预留孔洞、预埋件及外露钢筋位置，确保预埋件和预应力筋承压板底部混凝土密实，外露面层平整，施工缝符合要求。封闭性模板可增设附着式振捣器辅助振捣。混凝土振捣如图 8-29 所示。

图 8-29　混凝土振捣

机械振捣混凝土时应符合下列规定。

① 采用插入式振捣器振捣混凝土时，插入式振捣器的移动间距不宜大于振捣器作用半径的 1.4 倍，且插入下层混凝土内的深度宜为 50～100mm，与侧模应保持 50～100mm 的距离。

当振动完毕需变换振捣器在混凝土拌合物中的水平位置时，应边振动边竖向缓慢提出振捣器，不得将振捣器放在拌和物内平拖。不得用振捣器驱赶混凝土。

② 表面振捣器的移动距离应能覆盖已振动部分的边缘。

③ 附着式振捣器的设置间距和振动能量应通过试验确定，并应与模板紧密连接。

④ 对有抗冻要求的引气混凝土，不应采用高频振捣器振捣。

⑤ 应避免碰撞模板、钢筋及其他预埋部件。

⑥ 每一振点的振捣延续时间以混凝土不再沉落，表面呈现浮浆为度，防止过振、漏振。

⑦ 对于箱梁腹板与底板及顶板连接处的承托、预应力筋锚固区以及施工缝处等其他钢筋密集部位，宜特别注意振捣。

⑧ 当采用振动台振动时，应预先进行工艺设计。

六、施工缝的处理

① 应仔细清除施工缝处的垃圾、水泥薄膜、松动的石子以及软弱的混凝土层。对于达到强度、表面光洁的混凝土面层还应加以凿毛，如图 8-30 所示。用水冲洗干净并充分湿润，且不得积水。

② 要注意调整好施工缝位置附近的钢筋。要确保钢筋周围的混凝土不松动和不损坏，应采取钢筋防锈或阻锈等技术措施进行保护。

③ 在浇筑前，为了保证新旧混凝土的结合，施工缝处应先铺一层厚度为 1～1.5cm 的水泥砂浆，其配合比与混凝土内的砂浆成分相同。

④ 从施工缝处开始继续浇筑时，要注意避免直接向施工缝边投料。机械振捣时宜向施

工缝处渐渐靠近，并距 80~100mm 处停止振捣。但应保证对施工缝的捣实工作，使其结合紧密。

⑤ 对于施工缝处浇筑完新混凝土后要加强养护。当施工缝混凝土浇筑后，新浇混凝土在 12 小时以内就应根据气温等条件加盖草帘浇水养护。如果在低温或负温下则应该加强保温，还要覆盖塑料布阻止混凝土水分的散失。

⑥ 水池、地坑等特殊结构要求的施工缝处理，要严格按照施工图纸要求和有关规范执行。

⑦ 承受动力作用的设备基础的水平施工缝继续浇筑混凝土前，应对地脚螺栓进行一次观测校准。

七、混凝土养护

混凝土浇筑完毕后，宜采取自然养护，在混凝土表面铺上草帘、麻袋等定时浇水养护，或在混凝土表面覆盖塑料布进行保湿养护。

混凝土的蒸汽养护可分静停、升温、恒温、降温四个阶段，混凝土的蒸汽养护应分别符合下列规定。

① 静停期间应保持环境温度不低于 5℃，灌筑结束 4~6 小时且混凝土终凝后方可升温。

混凝土浇水养护

扫码观看视频

图 8-30　施工缝凿毛

② 升温速度不宜大于 10℃/小时。

③ 恒温期间混凝土内部温度不宜超过 60℃，最大不得超过 65℃，恒温养护时间应根据构件脱模强度要求、混凝土配合比情况以及环境条件等通过试验确定。

④ 降温速度不宜大于 10℃/小时。

1. 折叠箱梁蒸汽法

混凝土灌注完毕采用养护罩封闭梁体，并输入蒸汽控制梁体周围的湿度和温度。

气温较低时输入蒸汽升温，混凝土初凝后桥面和箱内均蓄水保湿。升温速度不超过 10℃/小时；恒温不超过 45℃，混凝土芯部温度不宜超过 60℃，个别最大不得超过 65℃。降温时降温速度不超过 10℃/小时；当降温至梁体温度与环境温度之差不超过 15℃时，撤除养护罩。箱梁的内室降温较慢，可适当采取通风措施。罩内各部位的温度保持一致，温差不大于 10℃。

蒸汽养护定时测温度，并做好记录。压力式温度计布置在内箱跨中和靠梁端 4m 处以及侧模外。恒温时每 2 小时测一次温度，升、降温时每 1 小时测一次，防止混凝土裂纹产生。

蒸汽养护结束后，要立即进行洒淡水养护，时间不得少于 7 天。对于冬季施工浇注的混凝土要采取覆盖养护，当平均气温低于 5℃时，要按冬季施工方法进行养护，箱梁表面喷涂养护剂养护。

2. 折叠自然养护

混凝土带模养护期间，应采取带模包裹、浇水、喷淋洒水等措施进行保湿、潮湿养护，保证模板接缝处不致失水干燥。为了保证顺利拆模，可在混凝土浇筑 24～48 小时后略微松开模板，并继续浇水养护至拆模后再继续保湿至规定龄期。

混凝土去除表面覆盖物或拆模后，应对混凝土采用蓄水、浇水或覆盖洒水等措施进行潮湿养护，也可在混凝土表面处于潮湿状态时，迅速采用麻布、草帘等材料将暴露面混凝土覆盖或包裹，再用塑料布或帆布等将麻布、草帘等保湿材料包覆。包覆期间，包覆物应完好无损，彼此搭接完整，内表面应具有凝结水珠。有条件地段应尽量延长混凝土的包覆保湿养护时间。

3. 折叠养生液法

喷涂薄膜养生液养护适用于不易洒水养护的异型或大面积混凝土结构。它是将过氯乙烯树脂料溶液用喷枪喷涂在混凝土表面上，溶液挥发后在混凝土表面形成一层塑料薄膜，将混凝土与空气隔绝，阻止其中水分的蒸发以保证水化作用的正常进行。有的薄膜在养护完成后自行老化脱落，否则不宜于喷洒在以后要做粉刷的混凝土表面上。在夏季，薄膜成型后要防晒，否则易产生裂纹。混凝土采用喷涂养护液养护时，应确保不漏喷。

在长期暴露的混凝土表面上一般采用灰色养护剂或清亮材料养护。灰色养护剂的颜色接近于混凝土的颜色，而且对表面还有粉饰和加色作用，到风化后期阶段，它的外观要比用白色养护剂好得多。清亮养护剂是透明材料，不能粉饰混凝土，只能保持原有的外观。

第四节 预应力工程

一、有黏结预应力施工

1. 施工工艺流程

有黏结预应力施工工艺流程如图 8-31 所示。

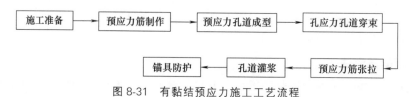

图 8-31　有黏结预应力施工工艺流程

2. 预应力筋制作施工要点

① 预应力筋制作或组装时，不得采用加热焊接或电弧切割。在预应力筋近旁对其他部件进行气割或焊接时，应防止预应力筋受焊接火花或接地电流的影响。

② 预应力筋应在平坦、洁净的场地上采用砂轮锯或切割机下料，其下料长度宜采用钢尺丈量。

③ 钢丝束预应力筋的编束、镦头锚板安装及钢丝镦头宜同时进行。钢丝的一端先穿入镦头锚板并镦头，另一端按相同的顺序分别编扎内外圈钢丝，以保证同一束内钢丝平行排列且无扭绞情况。

④ 钢绞线挤压锚具挤压时，在挤压模内腔或挤压套外表面应涂专用润滑油，压力表读数应符合操作使用说明书的规定。挤压锚具组装后，采用紧楔机将其压入承压板锚座内固定。

3. 预应力孔道成型施工要点

① 预应力孔道曲线坐标位置应符合设计要求，波纹管束形的最高点、最低点、反弯点等为控制点，预应力孔道曲线应平滑过渡。

② 曲线预应力束的曲率半径不宜小于 4m。锚固区域承压板与曲线预应力束的连接应有大于等于 300mm 的直线过渡段，直线过渡段与承压板相垂直。

③ 预埋金属波纹管安装前，应按设计要求确定预应力筋曲线坐标位置，点焊 $\phi8 \sim \phi10$ 钢筋支托，支托间距为 1.0～1.2m。波纹管安装后，应与钢筋支托可靠固定。

④ 金属波纹管的连接接长，可采用大一号同型号波纹管作为接头管。接头管的长度宜取管径的 3～4 倍。接头管的两端应采用热塑管或黏胶带密封。

⑤ 灌浆管、排气管或泌水管与波纹管连接时，先在波纹管上开适当大小孔洞，覆盖海绵垫和塑料弧形压板并与波纹管扎牢，再采用增强塑料管与弧形压板的接口绑扎连接，增强塑料管伸出构件表面外 400～500mm。图 8-32 所示为灌浆管、排气管节点图。

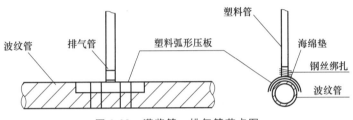

图 8-32　灌浆管、排气管节点图

⑥ 竖向预应力结构采用钢管成孔时应采用定位支架固定，每段钢管的长度应根据施工分层浇筑高度确定。钢管接头处宜高于混凝土浇筑面 500～800mm，并用堵头临时封口。

⑦ 混凝土浇筑使用振捣棒时，不得对波纹管和张拉与固定端组件直接冲击和持续接触振捣。

4. 预应力孔道穿束施工要点

① 预应力筋可在浇筑混凝土前（先穿束法）或浇筑混凝土后（后穿束法）穿入孔道，根据结构特点和施工条件等要求确定。固定端埋入混凝土中的预应力束采用先穿束法安装，波纹管端头设灌浆管或排气管，使用封堵材料可靠密封，如图 8-33 所示。

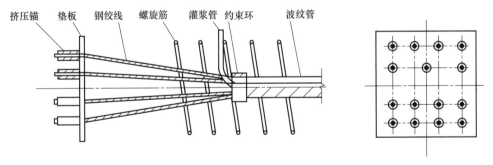

图 8-33　埋入混凝土中固定端构造

② 混凝土浇筑后，对后穿束预应力孔道，应及时采用通孔器通孔或采取其他措施清理孔管道。

③ 预应力筋穿束可采用人工、卷扬机或穿束机等动力牵引或推送穿束；依据具体情况可逐根穿入或编束后整束穿入。

④ 竖向孔道的穿束，宜采用整束由下向上牵引工艺，也可单根由上向下逐根穿入孔道。

⑤ 浇筑混凝土前先穿入孔道的预应力筋，应采用端部临时封堵与包裹外露预应力筋等防止腐蚀的措施。

5. 预应力筋张拉施工要点

① 预应力筋的张拉顺序，应根据结构体系与受力特点、施工方便、操作安全等综合因素确定。在现浇预应力混凝土楼盖结构中，宜先张拉楼板、次梁，后张拉主梁。预应力构件中预应力筋的张拉顺序，应遵循对称与分级循环张拉原则。

② 预应力筋的张拉方法，应根据设计和施工计算要求采取一端张拉或两端张拉。采用两端张拉时，宜两端同时张拉，也可一端先张拉，另一端补张拉。

③ 对同一束预应力筋，应采用相应吨位的千斤顶整束张拉。对直线束或平行排放的单波曲线束，如不具备整束张拉的条件，也可采用小型千斤顶逐根张拉。

④ 预应力筋张拉计算伸长值 Δl_p^c，可按下式计算

$$\Delta l_p^c = \frac{P_m l_p}{A_p E_s}$$

式中　　P_m——预应力筋的平均张拉力，N，取张拉端拉力与计算截面扣除孔道摩擦损失后的拉力平均值；

l_p——预应力筋的实际长度，mm；

A_p——预应力筋的截面面积，mm^2；

E_s——预应力筋的弹性模量，N/mm^2。

⑤ 预应力筋的张拉步骤与实际张拉伸长值记录，应从零应力加载至初拉力开始，测量伸长值初读数，再以均匀速度分级加载分级测量伸长值至终拉力。达到终拉力后，对多根钢绞线束宜持荷 2min，对单根钢绞线可适当持荷后锚固。

⑥ 对特殊预应力构件或预应力筋，应根据设计和施工要求采取专门的张拉工艺，如采用分阶段张拉、分批张拉、分级张拉、分段张拉、变角张拉等。

⑦ 对多波曲线预应力筋，可采取超张拉回松技术来提高内支座处的张拉应力并减少锚具下口的张拉应力。

⑧ 预应力筋张拉过程中实际伸长值与计算伸长值的允许偏差为±6%，如超过允许偏差，应查明原因采取措施后方可继续张拉。

⑨ 预应力筋张拉时，应按要求对张拉力、压力表读数、张拉伸长值、异常现象等进行详细记录。

6. 孔道灌浆及锚具防护施工要点

① 灌浆前应全面检查预应力筋孔道、灌浆管、排气管与泌水管等是否畅通，必要时可采用压缩空气清孔。

② 灌浆设备的配备必须保证连续工作和施工条件的要求。灌浆泵应配备计量校验合格的压力表。灌浆前应检查配套设备、灌浆管和阀门的可靠性。注入泵体的水泥浆应经过筛滤，滤网孔径不宜大于 2mm。与输浆管连接的出浆孔孔径不宜小于 10mm。

③ 掺入高性能外加剂的水泥浆，其水胶比宜为 0.35～0.38，外加剂掺量严格按试验配比执行。严禁掺入各种含氯盐或对预应力筋有腐蚀作用的外加剂。

④ 水泥浆的可灌性用流动度控制：采用流淌法测定时宜为 130～180mm，采用流锥法测定时宜为 12～18s。

⑤ 水泥浆宜采用机械拌制，应确保灌浆材料的拌和均匀。运输和间歇过长产生沉淀离

析时，应进行二次搅拌。

⑥ 灌浆顺序宜先灌下层孔道，后灌上层孔道。灌浆工作应匀速连续进行，直至排气管排出浓浆为止。在灌满孔道封闭排气管后，应再继续加压至 0.5～0.7MPa，稳压 1～2min，之后封闭灌浆孔。当发生孔道阻塞、串孔或中断灌浆时，应及时冲洗孔道或采取其他措施重新灌浆。

⑦ 当孔道直径较大，或采用不掺微膨胀剂和减水剂的水泥净浆灌浆时，可采用下列措施。

a. 二次压浆法：二次压浆之间的时间间隔为 30～45min；

b. 重力补浆：在孔道最高点处至少 400mm 以上连续不断地补浆，直至浆体不下沉为止。

⑧ 竖向孔道灌浆应自下而上进行，并应设置阀门，阻止水泥浆回流。为确保其灌浆密实性，除掺微膨胀剂和减水剂外，并应采用重力补浆。

⑨ 采用真空辅助孔道灌浆时，在灌浆端先将灌浆阀、排气阀全部关闭，在排浆端启动真空泵，使孔道真空度达到 -0.08～-0.1MPa 并保持稳定，然后启动灌浆泵开始灌浆。在灌浆过程中，真空泵保持连续工作，待抽真空端有浆体经过时关闭通向真空泵的阀门，同时打开位于排浆端上方的排浆阀门，排出少量浆体后关闭。灌浆工作继续按常规方法完成。

⑩ 当室外温度低于 5℃时，孔道灌浆应采取抗冻保温措施。当室外温度高于 35℃时，宜在夜间进行灌浆。水泥浆灌入前的温度不应超过 35℃。

⑪ 预应力筋的外露部分宜采用机械方法切割。预应力筋的外露长度不宜小于其直径的 1.5 倍，且不宜小于 25mm。

⑫ 锚具封闭前应将周围混凝土凿毛并清理干净，对凸出式锚具应配置保护钢筋网片。

⑬ 锚具封闭防护宜采用与构件同强度等级的细石混凝土，也可采用膨胀混凝土、低收缩砂浆等材料。图 8-34 所示为锚具封闭构造平面图。

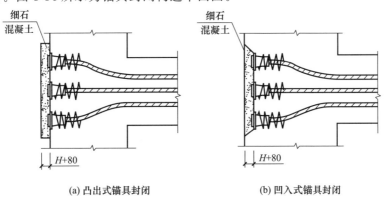

(a) 凸出式锚具封闭　　　　　　(b) 凹入式锚具封闭

图 8-34　锚具封闭构造平面图

H—锚板厚度

二、无黏结预应力施工

1. 施工工艺流程

无黏结预应力施工工艺流程如图 8-35 所示。

2. 无黏结预应力筋的制作施工要点

① 无黏结预应力筋的制作采用挤塑成型工艺，由专业化工厂生产，涂料层的涂敷和护

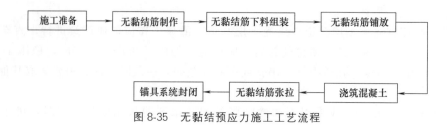

图 8-35　无黏结预应力施工工艺流程

套的制作应连续一次完成，涂料层防腐油脂应完全填充预应力筋与护套之间的空间，外包层应松紧适度。

② 无黏结预应力筋在工厂加工完成后，可按使用要求整盘包装并符合运输要求。

3. 无黏结预应力筋下料组装施工要点

① 挤塑成型后的无黏结预应力筋应按工程所需的长度和锚固形式进行下料和组装；并应采取局部清除油脂或加防护帽等措施防止防腐油脂从筋的端头溢出沾污非预应力钢筋。

② 无黏结预应力筋下料长度，应综合考虑其曲率、锚固端保护层厚度、张拉伸长值及混凝土压缩变形等因素，并应根据不同的张拉工艺和锚固形式预留张拉长度。

③ 钢绞线挤压锚具挤压时，在挤压模内腔或挤压套外表面应涂专用润滑油，压力表读数应符合操作使用说明书的规定。挤压锚具组装后，采用紧楔机将其压入承压板锚座内固定。

④ 下料组装完成的无黏结预应力筋应编号、加设标记或标牌、分类存放以备使用。

4. 无黏结预应力筋铺放施工要点

① 无黏结预应力筋铺放之前，应及时检查其规格尺寸和数量，逐根检查并确认其端部组装配件可靠无误后，方可在工程中使用。对护套轻微破损处，可采用外包防水聚乙烯胶带进行修补，每圈胶带搭接宽度不应小于胶带宽度的 1/2，缠绕层数不少于 2 层，缠绕长度应超过破损长度 30mm，严重破损的应予以报废。

② 张拉端端部模板预留孔应按施工图中规定的无黏结预应力筋的位置编号和钻孔。

③ 张拉端的承压板应采用与端模板可靠的措施固定定位，且应保持张拉作用线与承压面相垂直。

④ 无黏结预应力筋应按设计图纸的规定进行铺放，铺放时应符合下列要求。

a. 无黏结预应力筋采用与普通钢筋相同的绑扎方法，铺放前应通过计算确定无黏结预应力筋的位置，其垂直高度宜采用支撑钢筋控制，或与其他主筋绑扎定位，无黏结预应力筋的位置宜保持顺直。

b. 平板中无黏结预应力筋的曲线坐标宜采用马凳或支撑件控制，支撑间距不宜大于2.0m。无黏结预应力筋铺放后应与马凳或支撑件可靠固定。

c. 铺放双向配置的无黏结预应力筋时，应对每个纵横交叉点相应的两个标高进行比较，对各交叉点标高较低的无黏结预应力筋应先进行铺放，标高较高的次之，应避免两个方向的无黏结预应力筋相互穿插铺放。

d. 敷设的各种管线不应将无黏结预应力筋的设计位置改变。

e. 当采用多根无黏结预应力筋平行带状布束时，宜采用马凳或支撑件支撑固定，保证同束中各根无黏结预应力筋具有相同的矢高；带状束在锚固端应平顺地张开。

f. 当采用集团束配置多根无黏结预应力筋时，各根筋应保持平行走向，防止相互扭绞。

g. 无黏结预应力筋采取竖向、环向或螺旋形铺放时，应有定位支架或其他构造措施控制设计位置。

⑤ 在板内无黏结预应力筋绕过开洞处分两侧铺设，其离洞口的距离不宜小于 150mm，水平偏移的曲率半径不宜小于 6.5m，洞口四周边应配置构造钢筋加强；当洞口较大时，应沿洞口周边设置边梁或加强带，以补足被孔洞削弱的板或肋的承载力和截面刚度。

⑥ 夹片锚具系统张拉端和固定端的安装，应符合下列规定。

a. 张拉端锚具系统的安装，无黏结预应力筋两端的切线应与承压板相垂直，曲线的起始点至张拉锚固点应有大于等于 300mm 的直线段；单根无黏结预应力筋要求的最小弯曲半径对 φ12.7 和 φ15.2 钢绞线分别不宜小于 1.5m 和 2.0m。在安装带有穴模或其他预先埋入混凝土中的张拉端锚具时，各部件之间应连接紧密。

b. 固定端锚具系统的安装，将组装好的固定端锚具按设计要求的位置绑扎牢固，内埋式固定端垫板不得重叠，锚具与垫板应连接紧密。

c. 张拉端和固定端均应按设计要求配置螺旋筋或钢筋网片，螺旋筋和钢筋网片均应紧靠承压板或连体锚板。

5. 浇筑混凝土施工要点

① 浇筑混凝土时，除按有关规范的规定执行外，尚应遵守下列规定：

a. 无黏结预应力筋铺放、安装完毕后，应进行隐蔽工程验收，确认合格后方可浇筑混凝土；

b. 混凝土浇筑时，严禁踏压撞碰无黏结预应力筋、支撑架及端部预埋部件；

c. 张拉端、固定端混凝土必须振捣密实。

② 浇筑混凝土使用振捣棒时，不得对无黏结预应力筋、张拉与固定端组件直接冲击和持续接触振捣。

③ 为确定无黏结预应力筋张拉时混凝土的强度，可增加两组同条件养护试块。

6. 无黏结预应力筋张拉施工要点

① 安装锚具前，应清理穴模与承压板端面的混凝土或杂物，清理外露预应力筋表面。检查锚固区域混凝土的密实性。

② 锚具安装时，锚板应调整对中，夹片安装缝隙均匀并用套管打紧。

③ 预应力筋张拉时，对直线的无黏结预应力筋，应保证千斤顶的作用线与无黏结预应力筋中心线重合；对曲线的无黏结预应力筋，应保证千斤顶的作用线与无黏结预应力筋中心线末端的切线重合。

④ 无黏结预应力筋的张拉控制应力不宜超过 $0.75f_{ptk}$，并应符合设计要求。如需提高张拉控制应力值时，不得大于 $0.8f_{ptk}$。

⑤ 当采用超张拉方法减少无黏结预应力筋的松弛损失时，无黏结预应力筋的张拉程序宜为：从零开始张拉至 1.03 倍预应力筋的张拉控制应力（$1.03\sigma_{com}$）时锚固。

⑥ 无黏结预应力筋计算伸长值 Δl_p^c，可按下式计算

$$\Delta l_p^c = \frac{F_{pm} l_p}{A_p E_p}$$

式中　F_{pm}——无黏结预应力筋的平均张拉力，kN，取张拉端的拉力与固定端（两端张拉时，取跨中）扣除摩擦损失后拉力的平均值，或按理论公式计算；

　　　l_p——无黏结预应力筋的长度，mm；

　　　A_p——无黏结预应力筋的截面面积，mm^2；

　　　E_p——无黏结预应力筋的弹性模量，kN/mm^2。

⑦ 预应力筋的张拉步骤与实际张拉伸长值记录，应从零应力加载至初拉力开始，测量

伸长值初读数，再以均匀速度分级加载、分级测量伸长值至终拉力。

⑧ 当采用应力控制方法张拉时，应校核无黏结预应力筋的伸长值，当实际伸长值与设计计算伸长值相对偏差超过±6％时，应暂停张拉，查明原因并采取措施予以调整后，方可继续张拉。

⑨ 当无黏结预应力筋采取逐根或逐束张拉，确定张拉力时，应保证各阶段不出现对结构不利的应力状态，同时宜考虑后批张拉的无黏结预应力筋产生的结构构件的弹性压缩对先批张拉预应力筋的影响。

⑩ 无黏结预应力筋的张拉顺序应符合设计要求，如设计无要求时，可采用分批、分阶段对称或依次张拉。

⑪ 当无黏结预应力筋长度超过30m时，宜采取两端张拉；当筋长超过60m时，宜采取分段张拉和锚固。当有设计与施工实测依据时，无黏结预应力筋的长度可不受此限制。

⑫ 无黏结预应力筋张拉时，应按要求逐根对张拉力、张拉伸长值、异常现象等进行详细记录。

⑬ 夹片锚具张拉时，应符合下列要求。

a. 锚固采用液压顶压器顶压时，千斤顶应在保持张拉力的情况下进行顶压，顶压压力应符合设计规定值。

b. 锚固阶段张拉端无黏结预应力筋的内缩量应符合设计要求；当设计无具体要求时，其内缩量应符合《无黏结预应力混凝土结构技术规程》（JGJ 92—2016）的规定。为减少锚具变形导致的预应力筋内缩造成的预应力损失，可进行二次补拉并加垫片，二次补拉的张拉力为控制张拉力。

⑭ 当无黏结预应力筋设计为纵向受力钢筋时，侧模可在张拉前拆除，但下部支撑体系应在张拉工作完成之后拆除，提前拆除部分支撑应根据计算确定。

⑮ 张拉后应采用砂轮锯或其他机械方法切割夹片外露部分的无黏结预应力筋，其切断后露出锚具夹片外的长度不得小于30mm。

7. 锚具系统封闭施工要点

① 无黏结预应力筋张拉完毕后，应及时对锚固区进行保护。当锚具采用凹进混凝土表面布置时，宜先切除外露无黏结预应力筋多余长度，在夹片及无黏结预应力筋端头外露部分应涂专用防腐油脂或环氧树脂，并罩帽盖进行封闭，该防护帽与锚具应可靠连接；然后应采用微膨胀混凝土或专用密封砂浆进行封闭。

② 锚固区也可用后浇的外包钢筋混凝土圈梁进行封闭，但外包圈梁不宜凸出在外墙面以外。当锚具凸出混凝土表面布置时，锚具的混凝土保护层厚度不应小于50mm。外露预应力筋的混凝土保护层厚度要求：处于一类室内正常环境时，不应小于30mm；处于二类、三类易受腐蚀环境时，不应小于50mm。

第五节 装配式结构工程

一、施工流程

1. 装配整体式框架结构的施工流程

装配整体式框架结构是以预制柱（或现浇柱）、叠合板、叠合梁为主要预制构件，并通过叠合板的现浇以及节点部位的后浇混凝土形成的混凝土结构，其承载力和变形满足现行国家规范的应用要求，如图 8-36 所示。

装配整体式框架结构的施工流程如图 8-37 所示。

如混凝土柱采用现浇，其施工流程如图 8-38 所示。

2. 装配整体式剪力墙结构的施工流程

装配整体式剪力墙结构由水平受力构件和竖向受力构件组成，构件采用工厂化生产（或现浇剪力墙），运至施工现场后经过装配及后浇叠合形成整体，其连接节点通过后浇混凝土结合，水平向钢筋通过机械连接或其他方式连接，竖向钢筋通过钢筋灌浆套筒连接或其他方式连接。

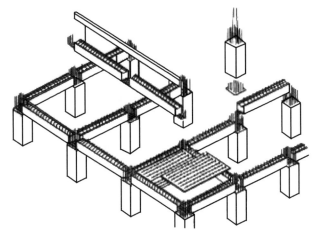

图 8-36 装配整体式框架结构

装配整体式剪力墙结构施工流程如图 8-39 所示。

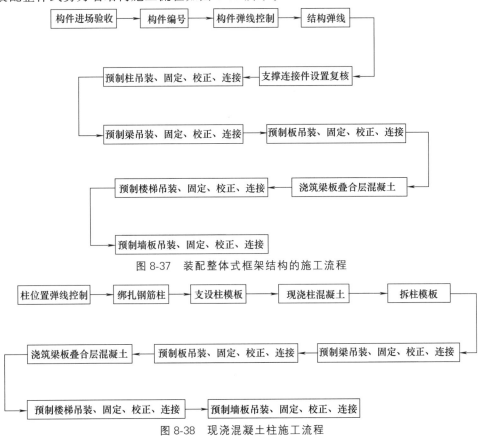

图 8-37 装配整体式框架结构的施工流程

图 8-38 现浇混凝土柱施工流程

如采用现浇剪力墙，其施工流程如图 8-40 所示。

关于装配整体式框架-现浇剪力墙结构的施工流程，可参照装配整体式框架结构和现浇剪力墙结构施工流程。

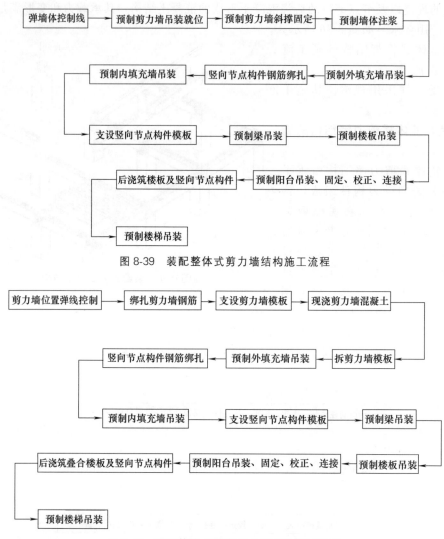

图 8-39 装配整体式剪力墙结构施工流程

图 8-40 装配整体式现浇剪力墙结构施工流程

二、构件安装

1. 预制柱施工技术要点

（1）预制框架柱吊装施工流程

预制框架柱吊装施工流程如图 8-41 所示。

（2）施工技术要点

① 根据预制柱平面各轴的控制线和柱框线校核预埋套管位置的偏移情况，并做好记录，若预制柱有小距离的偏移需借助协助就位设备进行调整。

② 检查预制柱进场的尺寸、规格，混凝土的强度是否符合设计和规范要求，检查柱上预留套管及预留钢筋是否满足图纸要求，套管内是否有杂物；同时做好记录，并与现场预留套管的检查记录进行核对，无问题后方可进行吊装。

③ 吊装前在柱四角放置金属垫块，以利于预制柱的垂直度校正，按照设计标高，结合柱子长度对偏差进行确认。用经纬仪控制垂直度，若有少许偏差应用千斤顶等进行调整。

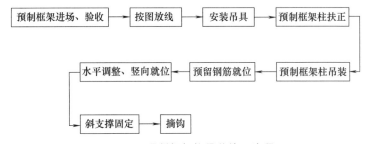

图 8-41　预制框架柱吊装施工流程

④ 柱初步就位时应将预制柱钢筋与下层预制柱的预留钢筋初步试对，无问题后准备进行固定。

⑤ 预制柱接头连接。预制柱接头连接采用套筒灌浆连接技术。

a. 柱脚四周采用坐浆材料封边，形成密闭灌浆腔，保证在最大灌浆压力（约 1MPa）下密封有效。

b. 如所有连接接头的灌浆口都未被封堵，当灌浆口漏出浆液时，应立即用胶塞进行封堵牢固；如排浆孔事先封堵胶塞，摘除其上的封堵胶塞，直至所有灌浆孔都流出浆液并已封堵后，等待排浆孔出浆。

c. 一个灌浆单元只能从一个灌浆口注入，不得同时从多个灌浆口注浆。

2. 预制梁施工技术要点

（1）预制梁吊装施工流程

预制梁吊装施工流程如图 8-42 所示。

（2）施工技术要点

① 测出柱顶与梁底标高误差，在柱上弹出梁边控制线。

② 在构件上标明每个构件所属的吊装顺序和编号，便于吊装工人辨认。

③ 梁底支撑采用立杆支撑 ＋ 可调顶托 ＋ 100mm ×

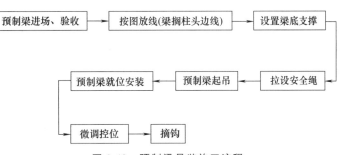

图 8-42　预制梁吊装施工流程

100mm 木方，预制梁的标高通过支撑体系的顶丝来调节。

④ 梁起吊时，用吊索钩住扁担梁的吊环，吊索应有足够的长度以保证吊索和扁担梁之间的角度≥60°。

⑤ 当梁初步就位后，借助柱头上的梁定位线将梁精确校正，在调平的同时将下部可调支撑上紧，这时方可松去吊钩。

⑥ 主梁吊装结束后，根据柱上已放出的梁边和梁端控制线，检查主梁上的次梁缺口位置是否正确，如不正确，需做相应处理后方可吊装次梁，梁在吊装过程中要按柱对称吊装。

⑦ 预制梁板柱接头连接。

a. 键槽混凝土浇筑前应将键槽内的杂物清理干净，并提前 24 小时浇水湿润。

b. 键槽钢筋绑扎时，为确保钢筋位置的准确，键槽预留 U 形开口箍，待梁柱钢筋绑扎完成后，在键槽上安装∩形开口箍与原预留 U 形开口箍双面焊接 $5d$（d 为钢筋直径）。

3. 预制剪力墙施工技术要点

（1）预制剪力墙吊装施工流程

预制剪力墙吊装施工流程如图 8-43 所示。

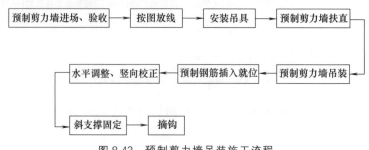

图 8-43　预制剪力墙吊装施工流程

（2）施工技术要点

① 承重墙板吊装准备：由于吊装作业需要连续进行，所以吊装前的准备工作非常重要，首先在吊装就位之前将所有柱、墙的位置在地面弹好墨线，根据后置埋件布置图，采用后钻孔法安装预制构件定位卡具，并进行复核检查；同时对起重设备进行安全检查，并在空载状态下对吊臂角度、负载能力、吊绳等进行检查，对吊装困难的部件进行空载实际演练（必须进行），将捯链、斜撑杆、膨胀螺栓、扳手、2m 靠尺、开孔电钻等工具准备齐全，操作人员对操作工具进行清点。检查预制构件预留灌浆套筒是否有缺陷、杂物和油污，保证灌浆套筒完好；提前架好经纬仪、激光水准仪并调平。填写施工准备情况登记表，施工现场负责人检查核对签字后方可开始吊装。

② 起吊预制墙板：吊装时采用带捯链的扁担式吊装设备，加设缆风绳。

③ 顺着吊装前所弹墨线缓缓下放墙板，吊装经过的区域下方设置警戒区，施工人员应撤离，由信号工指挥，就位时待构件下降至作业面 1m 左右高度时施工人员方可靠近操作，以保证操作人员的安全。墙板下放好垫块，垫块保证墙板底标高的正确（注：也可提前在预制墙板上安装定位角码，顺着定位角码的位置安放墙板）。

④ 墙板底部局部套筒若未对准时可使用捯链将墙板手动微调，重新对孔。底部没有灌浆套筒的外填充墙板直接顺着角码缓缓放下墙板。垫板造成的空隙可用坐浆方式填补。为防止坐浆料填充到外叶板之间，在苯板处补充 50mm×20mm 的保温板（或橡胶止水条）堵塞缝隙。

⑤ 垂直坐落在准确的位置后使用激光水准仪复核水平方向是否有偏差，无误差后，利用预制墙板上的预埋螺栓和地面后置膨胀螺栓（将膨胀螺栓在环氧树脂内蘸一下，立即打入地面）安装斜支撑杆，用检测尺检测预制墙体垂直度及复测墙顶标高后，利用斜撑杆调节好墙体的垂直度，方可松开吊钩（注：在调节斜撑杆时必须两名工人同时间、同方向进行操作）。

⑥ 斜撑杆调节完毕后，再次校核墙体的水平位置和标高、垂直度、相邻墙体的平整度。检查工具：经纬仪、水准仪、靠尺、水平尺（或软管）、铅锤、拉线。

⑦ 预制剪力墙钢筋竖向接头连接采用套筒灌浆连接，具体要求如下。

a. 灌浆前应制定灌浆操作的专项质量保证措施。

b. 应按产品使用要求计量灌浆料和水的用量并搅拌均匀，灌浆料拌合物的流动度应满足现行国家相关标准和设计要求。

c. 将预制墙板底的灌浆连接腔用高强度水泥基坐浆材料进行密封（防止灌浆前异物进

入腔内）；墙板底部采用坐浆材料封边，形成密封灌浆腔，保证在最大灌浆压力（1MPa）下密封有效。

d. 灌浆料拌合物应在制备后 0.5 小时内用完；灌浆作业应采取压浆法从下口灌注，有浆料从上口流出时应及时封闭；宜采用专用堵头封闭，封闭后灌浆料不应有任何外漏。

e. 灌浆施工时宜控制环境温度，必要时，应对连接处采取保温加热措施。

f. 灌浆作业完成后 12 小时内，构件和灌浆连接接头不应受到振动或冲击。

4. 预制楼（屋）面板施工技术要点

（1）预制楼（屋）面板吊装施工流程

预制楼（屋）面板吊装施工流程如图 8-44 所示。

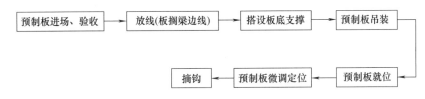

图 8-44　预制楼（屋）面板吊装施工流程

（2）施工技术要点（以预制带肋底板为例，钢筋桁架板参照执行）

① 进场验收。

a. 进场验收主要检查资料及外观质量，防止在运输过程中发生损坏现象，验收应满足现行施工及验收规范的要求。

b. 预制板进入工地现场，堆放场地应夯实平整，并应防止地面不均匀下沉。预制带肋底板应按照不同型号、规格分类堆放。预制带肋底板采用板肋朝上叠放的堆放方式，严禁倒置，各层预制带肋底板下部应设置垫木，垫木应上下对齐，不得脱空。堆放层数不应大于7 层，并有稳固措施。

② 在每条吊装完成的梁或墙上测量并弹出相应预制板四周控制线，并在构件上标明每个构件所属的吊装顺序和编号，便于吊装工人辨认。

③ 在叠合板两端部位设置临时可调节支撑杆，预制楼板的支撑设置应符合以下要求。

a. 支撑架体应具有足够的承载能力、刚度和稳定性，应能可靠地承受混凝土构件的自重和施工过程中所产生的荷载及风荷载。

b. 确保支撑系统的间距及距离墙、柱、梁边的净距符合系统验算要求，上下层支撑应在同一直线上。板下支撑间距不大于 3.3m。

当支撑间距大于 3.3m 且板面施工荷载较大时，跨中需在预制板中间加设支撑。

④ 在可调节顶撑上架设木方，调节木方顶面至板底设计标高，开始吊装预制楼板。

预制带肋底板的吊点位置应合理设置，起吊就位应垂直平稳，两点起吊或多点起吊时吊索与板水平面所成夹角不宜小于 60°，不应小于 45°。

⑤ 吊装应按顺序连续进行，板吊至柱上方 3～6cm 后，调整板位置使锚固筋与梁箍筋错开便于就位，板边线基本与控制线吻合。将预制楼板坐落在木方顶面，及时检查板底与预制叠合梁的接缝是否到位，预制楼板钢筋入墙长度是否符合要求，直至吊装完成。

安装预制带肋底板时，其搁置长度应满足设计要求。预制带肋底板与梁或墙间宜设置不大于 20mm 的坐浆或垫片。实心平板侧边的拼缝构造形式可采用直平边、双齿边、斜平边、部分斜平边等。实心平板端部伸出的纵向受力钢筋即胡子筋，当胡子筋影响预制带肋底板铺板施工时，可在一端不预留胡子筋，并在不预留胡子筋一端的实心平板上方设置端部连接钢筋代替胡子筋，端部连接钢筋应沿板端交错布置，端部连接钢筋支座锚固长度不应小于 $10d$、深入板内长度不应小于 $150mm$。

⑥ 当一跨板吊装结束后，要根据板四周边线及板柱上弹出的标高控制线对板标高及位置进行精确调整，误差控制在 $2mm$ 以内。

5. 预制楼梯施工技术要点

（1）预制楼梯安装施工流程

预制楼梯安装施工流程如图 8-45 所示。

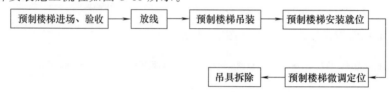

图 8-45　预制楼梯安装施工流程

（2）施工技术要点

① 楼梯间周边梁板叠合后，测量并弹出相应楼梯构件端部和侧边的控制线。

② 调整索具铁链长度，使楼梯段休息平台处于水平位置，试吊预制楼梯板，检查吊点位置是否准确，吊索受力是否均匀等；试起吊高度不应超过 $1m$。

③ 楼梯吊至梁上方 $30\sim50cm$ 后，调整楼梯位置使上下平台锚固筋与梁箍筋错开，板边线基本与控制线吻合。

④ 根据已放出的楼梯控制线，用就位协助设备等将构件根据控制线精确就位，先保证楼梯两侧准确就位，再使用水平尺和捯链调节楼梯水平。

⑤ 调节支撑板就位后调节支撑立杆，确保所有立杆全部受力。

6. 预制阳台、空调板施工技术要点

（1）预制阳台、空调板安装施工流程

预制阳台、空调板安装施工流程如图 8-46 所示。

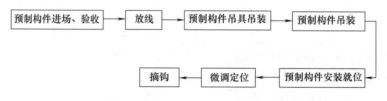

图 8-46　预制阳台、空调板安装施工流程

（2）施工技术要点

① 每块预制构件吊装前测量并弹出相应周边（隔板、梁、柱）控制线。

② 板底支撑采用钢管脚手架＋可调顶托＋$100mm\times100mm$ 木方，板吊装前应检查是否有可调支撑高出设计标高，校对预制梁及隔板之间的尺寸是否有偏差，并做相应调整。

③ 预制构件吊至设计位置上方 $3\sim6cm$ 后，调整位置使锚固筋与已完成结构预留筋错开便于就位，构件边线基本与控制线吻合。

④ 当一跨板吊装结束后，要根据板周边线、隔板上弹出的标高控制线对板标高及位置进行精确调整，误差控制在 $2mm$ 以内。

7. 预制外墙挂板施工技术要点

（1）外围护墙安装施工流程

外围护墙安装施工流程如图 8-47 所示。

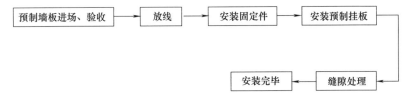

图 8-47 外围护墙安装施工流程

（2）施工技术要点

① 外墙挂板施工前准备。结构每层楼面轴线垂直控制点不应少于 4 个，楼层上的控制轴线应使用经纬仪由底层原始点直接向上引测；每个楼层应设置 1 个高程控制点；预制构件控制线应由轴线引出，每块预制构件应有纵横控制线 2 条；预制外墙挂板安装前应在墙板内侧弹出竖向与水平线，安装时应与楼层上该墙板控制线相对应。当采用饰面砖外装饰时，饰面砖竖向、横向砖缝应引测。贯通到外墙内侧来控制相邻板与板之间，层与层之间饰面砖砖缝对直；预制外墙板垂直度测量，4 个角留设的测点为预制外墙板转换控制点，用靠尺以此 4 个点在内侧进行垂直度校核和测量；应在预制外墙板顶部设置水平标高点，在上层预制外墙板吊装时，应先垫垫块或在构件上预埋标高控制调节件。

② 外墙挂板的吊装。预制构件应按照施工方案吊装顺序预先编号，严格按照编号顺序起吊；吊装应采用慢起、稳升、缓放的操作方式，应系好缆风绳控制构件转动；在吊装过程中，应保持稳定，不得偏斜、摇摆和扭转。预制外墙板的校核与偏差调整应按以下要求进行。

a. 预制外墙挂板侧面中线及板面垂直度的校核，应以中线为主调整。

b. 预制外墙板上下校正时，应以竖缝为主调整。

c. 墙板接缝应以满足外墙面平整为主，内墙面不平或翘曲时，可在内装饰或内保温层内调整。

d. 预制外墙板山墙阳角与相邻板的校正，以阳角为基准调整。

e. 预制外墙板拼缝平整的校核，应以楼地面水平线为准调整。

③ 外墙挂板底部固定、外侧封堵。外墙挂板底部坐浆材料的强度等级不应小于被连接构件的强度，坐浆层的厚度不应大于 20mm，底部坐浆强度检验以每层为一个检验批，每工作班组应制作一组且每层不应少于 3 组边长为 70.7mm 的立方体试件，标准养护 28 天后进行抗压强度试验。为了防止外墙挂板外侧坐浆料外漏，应在外侧保温板部位固定 50mm（宽）×20mm（厚）的具备 A 级保温性能的材料进行封堵。

预制构件吊装到位后应立即进行下部螺栓固定并做好防腐防锈处理。上部预留钢筋与叠合板钢筋或框架梁预埋件焊接。

④ 预制外墙挂板连接接缝施工。

预制外墙挂板连接接缝采用防水密封胶施工时应符合下列规定。

a. 预制外墙板连接接缝防水节点基层及空腔排水构造做法应符合设计要求。

b. 预制外墙挂板外侧水平、竖直接缝的防水密封胶封堵前，侧壁应清理干净，保持干燥。嵌缝材料应与挂板牢固黏结，不得漏嵌和虚粘。

c. 外侧竖缝及水平缝防水密封胶的注胶宽度、厚度应符合设计要求，防水密封胶应在预制外墙挂板校核固定后嵌填，先安放填充材料，然后注胶。防水密封胶应均匀顺直，饱满密实，表面光滑连续。

d. 外墙挂板十字拼缝处的防水密封胶注胶连续完成。

8. 预制内隔墙施工技术要点

（1）预制内隔墙安装施工流程

预制内隔墙安装施工流程如图 8-48 所示。

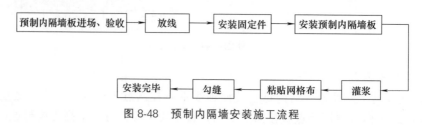

图 8-48　预制内隔墙安装施工流程

（2）操作要点

① 对照图纸在现场弹出轴线，并按排板设计标明每块板的位置，放线后需经技术员校核认可。

② 预制构件应按照施工方案吊装顺序预先编号，严格按照编号顺序起吊；吊装应采用慢起、稳升、缓放的操作方式，应系好缆风绳控制构件转动；在吊装过程中，应保持稳定，不得偏斜、摇摆和扭转。

吊装前在底板上测量、放线（也可提前在墙板上安装定位角码）。将安装位置洒水洇湿，地面上、墙板下放好垫块，垫块保证墙板底标高的正确。垫板造成的空隙可用坐浆方式填补，坐浆的具体技术要求同外墙板的坐浆。

起吊内墙板，沿着所弹墨线缓缓下放，直至坐浆密实，复测墙板水平位置是否有偏差，确定无偏差后，利用预制墙板上的预埋螺栓和地面后置膨胀螺栓（将膨胀螺栓在环氧树脂内蘸一下，立即打入地面）安装斜支撑杆，复测墙板顶标高后方可松开吊钩。

利用斜撑杆调节墙板垂直度（注：在利用斜撑杆调节墙板垂直度时必须两名工人同时间、同方向，分别调节两根斜撑杆）；刮平并补齐底部缝隙的坐浆。复核墙体的水平位置和标高、垂直度以及相邻墙体的平整度。

检查工具：经纬仪、水准仪、靠尺、水平尺（或软管）、铅锤、拉线。

填写预制构件安装验收表，施工现场负责人及甲方代表、项目管理、监理单位签字后进入下道工序（注：留存完成前后的影像资料）。

③ 内填充墙底部坐浆、墙体临时支撑。内填充墙底部坐浆材料的强度等级不应小于被连接构件的强度，坐浆层的厚度不应大于 20mm，底部坐浆强度检验以每层为一个检验批，每工作班组应制作一组且每层不应少于 3 组边长为 70.7mm 的立方体试件，标准养护 28 天后进行抗压强度试验。预制构件吊装到位后，应立即进行墙体的临时支撑工作，每个预制构件的临时支撑不宜少于 2 道，其支撑点距离板底的距离不宜小于构件高度的 2/3，且不应小于构件高度的 1/2，安装好斜支撑后，通过微调临时斜支撑使预制构件的位置和垂直度满足规范要求，最后拆除吊钩，进行下一块墙板的吊装工作。

三、钢筋套筒灌浆技术要点

灌浆套筒进场时，应抽取套筒采用与之匹配的灌浆料制作对中连接接头，并做抗拉强度检验，检验结果应符合《钢筋机械连接技术规程》（JGJ 107—2016）中Ⅰ级接头对抗拉强度的要求。

1. 灌浆套筒钢筋连接注浆工序

灌浆套筒钢筋连接注浆工序如图 8-49 所示。

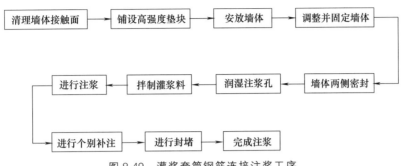

图 8-49 灌浆套筒钢筋连接注浆工序

2. 工序操作注意事项

① 清理墙体接触面：墙体下落前应保持预制墙体与混凝土接触面无灰渣、无油污、无杂物。

② 铺设高强度垫块：采用高强度垫块将预制墙体的标高找好，使预制墙体标高得到有效的控制。

③ 安放墙体：在安放墙体时应保证每个注浆孔通畅，预留孔洞满足设计要求，孔内无杂物。

④ 调整并固定墙体：墙体安放到位后采用专用支撑杆件进行调节，保证墙体垂直度、平整度在允许误差范围内。

⑤ 墙体两侧密封：根据现场情况，采用砂浆对两侧缝隙进行密封，确保灌浆料不从缝隙中溢出，减少浪费。

⑥ 润湿注浆孔：注浆前应用水将注浆孔进行润湿，避免因混凝土吸水导致注浆强度达不到要求，且与灌浆孔连接不牢靠。

⑦ 拌制灌浆料：搅拌完成后应静置 3～5min，待气泡排除后方可进行施工。灌浆料流动度在 200～300mm 为合格。

⑧ 进行注浆：采用专用的注浆机进行注浆，该注浆机使用一定的压力，将灌浆料由墙体下部注浆孔注入，灌浆料先流向墙体下部 20mm 找平层，当找平层注满后，注浆料由上部排气孔溢出，视为该孔注浆完成，并用泡沫塞子进行封堵。至该墙体所有上部注浆孔均有浆料溢出后视为该面墙体注浆完成。

⑨ 进行个别补注：完成注浆半个小时后检查上部注浆孔是否有因注浆料的收缩、堵塞不及时、漏浆造成的个别孔洞不密实情况。如有则用手动注浆器对该孔进行补注。

⑩ 进行封堵：注浆完成后，通知监理进行检查，合格后进行注浆孔的封堵，封堵要求与原墙面平整，并及时清理墙面上、地面上的余浆。

3. 质量保证措施

① 灌浆料的品种和质量必须符合设计要求和有关标准的规定。每次搅拌应有专人进行。

② 每次搅拌应记录用水量，严禁超过设计用量。

③ 注浆前应充分润湿注浆孔洞，防止因孔内混凝土吸水导致灌浆料开裂情况发生。

④ 防止因注浆时间过长导致孔洞堵塞，若在注浆时造成孔洞堵塞，应从其他孔洞进行补注，直至该孔洞注浆饱满。

⑤ 灌浆完毕，立即用清水清洗注浆机、搅拌设备等。

⑥ 灌浆完成后 24 小时内禁止对墙体进行扰动。

⑦ 待注浆完成 1 天后应逐个对注浆孔进行检查，发现有个别未注满的情况应进行补注。

四、后浇混凝土

1. 竖向节点构件钢筋绑扎

绑扎边缘构件及后浇段部位的钢筋，绑扎节点钢筋时需注意以下事项。

（1）现浇边缘构件节点钢筋

① 调整预制墙板两侧的边缘构件钢筋，构件吊装就位。

② 绑扎边缘构件纵筋范围内的箍筋，绑扎顺序是由下而上，然后将每个箍筋平面内的甩出筋、箍筋与主筋绑扎固定就位。由于两墙板间的距离较为狭窄，制作箍筋时将箍筋做成开口箍状，以便于箍筋绑扎，如图 8-50 所示。

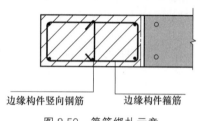

图 8-50　箍筋绑扎示意

边缘构件竖向钢筋　　边缘构件箍筋

③ 将边缘构件纵筋以上范围内的箍筋套入相应的位置，并固定于预制墙板的甩出钢筋上。

④ 安放边缘构件纵筋并将其与插筋绑扎固定。

⑤ 将已经套接的边缘构件箍筋安放调整到位，然后将每个箍筋平面内的甩出筋、箍筋与主筋绑扎固定就位。

（2）竖缝处理

在绑扎节点钢筋前先将相邻外墙板间的竖缝封闭，与预制墙板的竖缝处理方式相同，如图 8-51 所示。外墙板内缝处理：在保温板处填塞发泡聚氨酯（待发泡聚氨酯溢出后，视为填塞密实），内侧采用带纤维的胶带封闭。外墙板外缝处理（外墙板外缝可以在整体预制构件吊装完毕后再行处理）：先填塞聚乙烯棒，然后在外皮打建筑耐候胶。

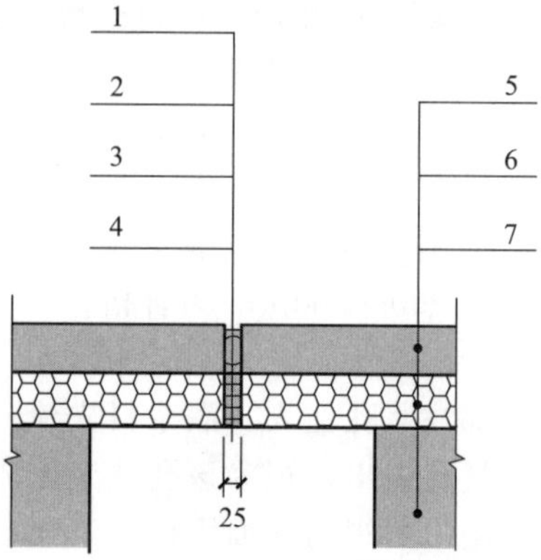

2. 支设竖向节点构件模板

充分利用预制内墙板间的缝隙及内墙板上预留的对拉螺栓孔充分拉模以保证墙板边缘混凝土模板与后支钢模板（或木模板）连接紧固好，防止胀模。支设模板时应注意以下几点。

① 节点处模板应在混凝土浇筑时不产生明显变形漏浆，并不宜采用周转次数较多的模板。为防止漏浆污染预制墙板，模板接缝处粘贴海棉条。

② 采取可靠措施防止胀模。设计时按钢模考虑，施工时也可使用木模，但要保障施工质量。

图 8-51　竖缝处理示意
1—灌浆料密实；2—发泡芯棒；
3—封堵材料；4—后浇段；
5—外叶墙板；6—夹心
保温层；7—内叶剪力墙板

3. 叠合梁板上部钢筋安装

① 键槽钢筋绑扎时，为确保 U 形钢筋位置的准确，在钢筋上口加 $\phi 6$ 钢筋，卡在键槽当中作为键槽钢筋的分布筋。

② 叠合梁板上部钢筋施工。所有钢筋交错点均绑扎牢固，同一水平直线上相邻绑扣呈八字形，朝向混凝土构件内部。

4. 浇筑楼板上部及竖向节点构件混凝土

（1）绑扎叠合楼板负弯矩钢筋和板缝

加强钢筋网片，预留预埋管线、埋件、套管、预留洞等。浇筑时，在露出的柱子插筋上做好混凝土顶标高标志，利用外圈叠合梁上的外侧预埋钢筋固定边模专用支架，调整边模顶标高至板顶设计标高，浇筑混凝土，利用边模顶面和柱插筋上的标高控制标志控制混凝土厚度和混凝土平整度。

（2）拆除支撑

当后浇叠合楼板混凝土强度符合现行国家及地方规范要求时，方可拆除叠合板下临时支撑，以防止叠合梁发生侧倾或混凝土过早承受拉应力而使现浇节点出现裂缝。

第六节　混凝土结构工程常见问题

一、钢筋绑扎

钢筋绑扎搭接接头松脱的处理方法如下。在钢筋骨架搬运过程中或振捣混凝土时，若发现绑扎搭接接头松脱，可将松脱的接头再用铁丝绑紧。尽量在模内或模板附近绑扎搭接头，绑扎部位在搭接部分的中心和两端，共三处，如图 8-52 所示。如条件允许，可用电弧焊焊上几点。除此之外，搬运钢筋骨架应轻抬轻放，避免有搭接接头的钢筋骨架松脱。

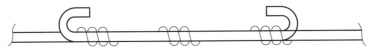

图 8-52　钢筋搭接处用铁丝扎紧

二、张拉

张拉过程中，为了保证构件的预应力受力均匀及构件达到设计要求的预应力值，通常可采取如下防治措施来严格控制滑丝和断丝的数量。

① 预应力筋下料时，应随时检查其表面质量，如果局部线段不合格，那么应切除；预应力筋编束时，应当逐根理顺，捆扎成束，不可紊乱。

② 预应力筋与锚具应良好匹配。现场实际使用的预应力筋与锚具，应该与预应力筋锚具组装件锚固性能试验用的材料一致，例如现场更换预应力筋与锚具，应重做组装件锚固性能试验。

③ 张拉预应力筋时，锚具、千斤顶安装要准确。

④ 焊接时，不得利用钢绞线作为接地线，也不可发生电焊烧伤预应力筋与波纹管的状况。

⑤ 预应力筋穿入孔道后，应当将其锚固夹持段及外端的浮锈和污物擦拭干净，以免钢绞线张拉锚固时夹片齿槽堵塞而导致钢绞线滑脱。

⑥ 当预应力张拉达到一定吨位后，若发现油压回落，再加油压又回落，这时有可能发生断丝，这时应当更换预应力筋后重新进行张拉。

⑦ 在预应力筋张拉过程中，应该严格控制预应力筋的断丝或滑丝数量。对后张法构件，不得超过国家标准的规定（见表 8-5）。对先张法构件，严禁超过结构同一截面预应力筋总数的 5%，且严禁相邻两根钢筋断丝或滑丝，在浇筑混凝土前发生断丝或滑丝时需予以更换。

表 8-5　滑丝、断丝限值

预应力筋种类	桥梁	建筑结构	
		有黏结	无黏结
钢丝、钢绞线	1%	3%	2%
	每束钢丝或钢绞线不得超过 1 根		
钢筋	不容许		

三、混凝土浇筑

1. 混凝土浇筑前发生初凝和离析现象的处理

混凝土浇筑前，不应发生初凝和离析现象，如果已经发生，可以进行重新搅拌，恢复混凝土和黏聚性和流动性后再进行浇筑。

2. 预防混凝土表面出现麻面现象的措施

麻面现象主要表现为混凝土表面出现缺浆和许多小凹坑与麻点，形成粗糙面，影响外表美观，但无钢筋外露现象。一般可以采取以下措施预防混凝土表面出现麻面。

① 模板表面应清理干净，不得粘有干硬水泥砂浆等杂物。

② 在浇筑混凝土前，模板应浇水充分湿润，并清扫干净。

③ 模板拼缝应严密，若有缝隙，则应用油毡纸、塑料条、纤维板或腻子堵严。

④ 模板隔离剂应选用长效的，涂刷要均匀，并防止漏刷。

⑤ 混凝土应当分层均匀振捣密实，严防漏振，每层混凝土均应振捣至排除气泡为止。

⑥ 不宜过早拆模。

3. 预防柱、墙、梁等混凝土表面出现凹凸和鼓胀现象的措施

一般可以采取以下措施预防柱、墙、梁等混凝土表面出现凹凸和鼓胀。

① 模板支架及墙模板斜撑必须安装在坚实的地基上，并应有足够的支承面积，从而保证结构不发生下沉。若为湿陷性黄土地基，则应有防水措施，防止浸水面造成模板下沉变形。

② 柱模板应设置足够数量的柱箍。底部混凝土水平侧压力较大，柱箍还应适当加密。

③ 混凝土浇筑前，应当仔细检查模板尺寸和位置是否正确，支承是否牢固，穿墙螺栓是否锁紧，若发现松动，则应及时处理。

④ 墙浇筑混凝土应分层进行，第一层混凝土浇筑厚度为 50cm，然后均匀振捣；上部墙体混凝土分层浇筑，每层厚度不得大于 1.0m，并应防止混凝土一次下料过多。

⑤ 为了防止构造柱浇筑混凝土时发生鼓胀，应在外墙每隔 1m 左右设置两根拉条，与构造柱模板或内墙拉结。

4. 混凝土表面的裂缝的处理

当混凝土构件裂缝宽度在 0.1mm 以上时，可用环氧树脂灌浆修补。材料以环氧树脂为主要成分加入增塑剂（邻苯二甲酸二丁酯）、稀释剂（二甲苯）和固化剂（乙二胺）等组成。修补时先用钢丝刷将混凝土表面的灰尘、浮渣及松散层仔细清除，严重的用丙酮擦洗，使裂缝处保持干净。然后选择裂缝较宽处布置灌浆钢嘴子，嘴子的间距根据裂缝大小和结构形式而定，一般为 300~600mm。嘴子用环氧树脂腻子封闭，待腻子干燥固定后，应进行漏浆检查以防止跑浆。最后对所有的嘴子都灌满浆液，有裂缝的混凝土经灌浆后，一般要在 7 天后方可加载使用。

5. 混凝土表面的孔洞的处理

修整混凝土表面孔洞的方法为：将孔洞周围的松散混凝土层和软弱浆膜凿去，用压力水冲洗干净，支设模板，再用比原混凝土强度等级提高一级的细石混凝土仔细浇筑并捣实。

第九章

钢结构工程

第一节 钢结构安装工程

一、基础、支承面和预埋件

1. 基础、支承面和预埋件检查

① 钢结构安装前应对建筑物的定位轴线、基础轴线和标高、地脚螺栓位置等进行检查，并应办理交接验收。当基础工程分批进行交接时，每次交接验收不应少于一个安装单元的柱基基础，并应符合下列规定：

a. 基础混凝土强度应达到设计要求；

b. 基础周围回填夯实应完毕；

c. 基础的轴线标志和标高基准点应准确、齐全，允许偏差应符合设计规定。如无设计规定，可参照表 9-1 执行。

表 9-1 建筑物定位轴线、基础上柱的定位轴线和标高、地脚螺栓（锚栓）的允许偏差

项目	允许偏差/mm	图例
建筑物定位轴线	$l/20000$，且不应大于 3.0	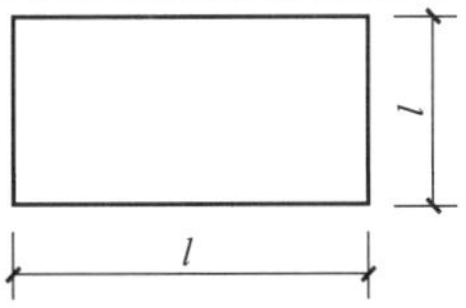
基础上柱的定位轴线	1.0	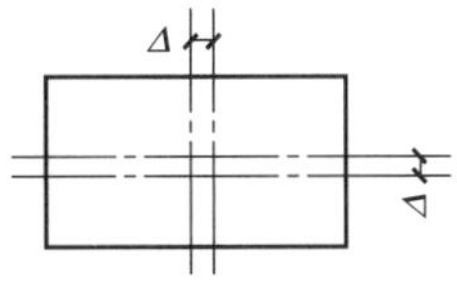
基础上柱底标高	±2.0	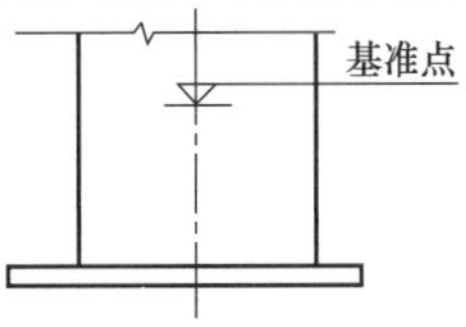 基准点
地脚螺栓（锚栓）位移	2.0	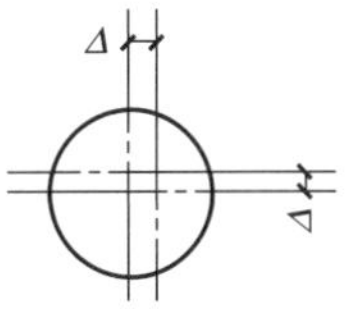

注：适用于多层及高层钢结构工程，单层钢结构工程可参考执行。

② 基础顶面直接作为柱的支承面、基础顶面预埋钢板（或支座）作为柱的支承面时，其支承面、地脚螺栓（锚栓）的允许偏差应符合表 9-2 的规定。

表 9-2　支承面、地脚螺栓（锚栓）的允许偏差

项目		允许偏差/mm
支承面	标高	±3.0
	水平度	$l/1000$
地脚螺栓（锚栓）	螺栓中心偏移	5.0
	螺栓露出长度	+10.0 0
	螺纹长度	+20.0 0
预留孔中心偏移		10.0

注：l 为锚栓总长度。

2. 钢柱脚采用钢垫板作支承

① 钢垫板面积应根据混凝土抗压强度、柱脚底板承受的荷载和地脚螺栓（锚栓）的紧固拉力计算确定。

② 垫板应设置在靠近地脚螺栓（锚栓）的柱脚底板加劲板或柱肢下，每根地脚螺栓（锚栓）侧应设 1~2 组垫板，每组垫板不得多于 5 块。

③ 垫板与基础面和柱底面的接触应平整、紧密；当采用成对斜垫板时，其叠合长度不应小于垫板长度的 2/3。

④ 柱底二次浇灌混凝土前垫板间应焊接固定。

3. 锚栓及预埋件安装

① 宜采取锚栓定位支架、定位板等辅助固定措施。

② 锚栓和预埋件安装到位后，应可靠固定；当锚栓埋设精度较高时，可采用预留孔洞、二次埋设等工艺。

③ 锚栓应采取防止损坏、锈蚀和污染的保护措施。

④ 钢柱地脚螺栓紧固后，外露部分应采取防止螺母松动和锈蚀的措施。

⑤ 当锚栓需要施加预应力时，可采用后张拉方法，张拉力应符合设计文件的要求，并应在张拉完成后进行灌浆处理。

4. 螺栓孔的制作与布置

① 不论粗制螺栓还是精制螺栓，其螺栓孔在制作时，尺寸、位置必须准确，对螺栓孔及安装面应做好修整，以便于安装。

② 钢结构构件每端至少应有两个安装孔。为了减少钢构件本身挠度导致孔位的偏移，一般采用钢冲子预先使连接件上、下孔重合。

5. 地脚螺栓的埋设

① 地脚螺栓的直径、长度，均应按设计规定的尺寸制作；一般地脚螺栓应与钢结构配套出厂，其材质、尺寸、规格、形状和螺纹的加工质量，均应符合设计施工图的规定。如钢结构出厂不带地脚螺栓时，则需自行加工，地脚螺栓各部尺寸应符合下列要求。

a. 地脚螺栓的直径尺寸与钢柱底座板的孔径应相适配，为便于安装找正、调整，多数是底座孔径尺寸大于螺栓直径。

b. 地脚螺栓长度尺寸可用下式确定。

$$l = h + s$$

或

$$l = h - h_1 + s$$

式中　l——地脚螺栓的总长度，mm；

　　　h——地脚螺栓埋设深度（系指一次性埋设），mm；

　　　h_1——当预留地脚螺栓孔埋设时，螺栓根部与孔底的悬空距离（$h-h_1$），一般不得小于 80mm；

　　　s——钢垫板高度、底座板厚度、垫圈厚度和螺栓伸出螺母的长度（2～3 扣）的总和，mm。

c. 为使埋设的地脚螺栓有足够的锚固力，其根部需经加热后加工成（或撖成）L、U 等形状。

② 样板尺寸放完后，在自检合格的基础上交监理抽检，进行单项验收。

③ 不论一次埋设或事先预留的孔二次埋设地脚螺栓时，埋设前，一定要将埋入混凝土中的一段螺杆表面的铁锈、油污清理干净，如清理不净，会使浇灌后的混凝土与螺栓表面结合不牢，易出现缝隙或隔层，不能起到锚固底座的作用。清理的一般做法是用钢丝刷或砂纸去锈；油污一般是用火焰烧烤去除。

④ 地脚螺栓在预留孔内埋设时，其根部底面与孔底的距离不得小于 80mm；地脚螺栓的中心应在预留孔中心位置，螺栓的外表与预留孔壁的距离不得小于 20mm。

⑤ 对于预留孔的地脚螺栓埋设前，应将孔内杂物清理干净，一般做法是用长度较长的钢凿将孔底及孔壁结合薄弱的混凝土颗粒及黏附的杂物全部清除，然后用压缩空气吹净，浇灌前用清水充分湿润，再进行浇灌。

⑥ 为防止浇灌时，地脚螺栓的垂直度及距孔内侧壁、底部的尺寸变化，浇灌前应将地脚螺栓找正后加固固定。

⑦ 固定螺栓可采用下列两种方法。

a. 先浇筑混凝土预留孔洞后，再埋螺栓时，采用型钢两次校正办法，检查无误后，浇筑预留孔洞。

b. 将每根柱的地脚螺栓每 8 个或 4 个用预埋钢架固定，一次浇筑混凝土，定位钢板上的纵横轴线允许误差为 0.3mm。

⑧ 做好保护螺栓措施。

⑨ 实测钢柱底座螺栓孔距及地脚螺栓位置数据，将两项数据归纳检查是否符合质量标准。

6. 地脚螺栓（锚栓）位移的控制

① 经检查测量，如埋设的地脚螺栓有个别的垂直度偏差很小时，应在混凝土养护强度达到 75% 及以上时进行调整。调整时可用氧-乙炔焰将不直的螺栓在螺杆处加热后采用木质材料垫护，用锤敲移、扶直到正确的垂直位置。

② 对位移或不直度超差过大的地脚螺栓，可在其周围用钢凿将混凝土凿到适宜深度后，用气割割断，按规定的长度、直径尺寸及相同材质材料，加工后采用搭接焊焊接上段，并采取补强的措施，来调整达到规定的位置和垂直度。

③ 对位移偏差过大的个别地脚螺栓除采用搭接焊法处理外，在允许的条件下，还可采用扩大底座板孔径侧壁来调整位移的偏差量的方法，并在调整后用自制的厚板垫圈覆盖，进行焊接补强固定。

④ 预留地脚螺栓孔在灌浆埋设前，当螺栓在预留孔内位置偏移超差过大时，可采用扩大预留孔壁的措施来调整地脚螺栓的准确位置。

⑤ 当螺栓位移超过允许值，可用氧-乙炔火焰将底座板螺栓孔扩大，安装时，另加长孔

垫板，焊好。也可将螺栓根部混凝土凿去 5～10cm，而后将螺栓稍弯曲，再烤直。

7. 地脚螺栓的保护与修补

① 与钢结构配套出厂的地脚螺栓在运输、装箱、拆箱时，均应加强对螺纹的保护。正确保护法是涂油后，用油纸及线麻包装绑扎，以防螺纹锈蚀和损坏；并应单独存放，不宜与其他零部件混装、混放，以免相互撞击损坏螺纹。

② 基础施工埋设固定的地脚螺栓，应在埋设过程中或埋设固定后，用罩式的护箱、盒加以保护。

③ 钢柱等带底座板的钢构件吊装就位前应对地脚螺栓的螺纹段采取以下保护措施。

a. 不得利用地脚螺栓作弯曲加工的操作。

b. 不得利用地脚螺栓作电焊机的接零线。

c. 不得利用地脚螺栓作牵引拉力的绑扎点。

d. 构件就位时，应用临时套管套入螺杆，并加工成锥形螺母带入螺杆顶端。

e. 吊装构件时，为防止水平侧向冲击力撞伤螺纹，应在构件底部拴好溜绳加以控制。

f. 安装操作，应统一指挥，相互协调一致，当构件底座孔位全部垂直对准螺栓时，将构件缓慢地下降就位；并卸掉临时保护装置，带上全部螺母。

④ 当螺纹被损坏的长度不超过其有效长度时，可用钢锯将损坏部位锯掉，用什锦钢锉修整螺纹，达到顺利带入螺母为止。

⑤ 如地脚螺栓的螺纹损坏长度超过规定的有效长度时，可用气割割掉大于原螺纹段的长度；再用与原螺栓相同的材质、规格的材料，一端加工成螺纹，并在对接的端头截面制成 30°～50° 的坡口与下端进行对接焊接后，再用相应直径、规格、长度的钢管套入接点处，进行焊接加固补强。经套管补强加固后，会使螺栓直径大于底座板孔径，可用气割扩大底座板孔的孔径。

二、构件安装

1. 设置标高观测点和中心线标志

钢柱安装前应设置标高观测点和中心线标志，同一工程的观测点和标志设置位置应一致，并应符合下列规定。

（1）标高观测点设置的规定

① 标高观测点的设置以牛腿（肩梁）支承面为基准，设在柱的便于观测处。

② 无牛腿（肩梁）柱，应以柱顶端与屋面梁连接的最上一个安装孔中心为基准。

（2）中心线标志设置的规定

① 在柱底板上表面上行线方向设一个中心标志，列线方向两侧各设一个中心标志。

② 在柱身表面上行线和列线方向各设一个中心线，每条中心线在柱底部、中部（牛腿或肩梁部）和顶部各设一处中心标志。

③ 双牛腿（肩梁）柱在行线方向两个柱身表面分别设中心标志。

2. 吊装机械的选用

（1）选择依据

① 构件最大重量（单个）、数量、外形尺寸、结构特点、安装高度及吊装方法等。

② 各类型构件的吊装要求，施工现场条件（道路、地形、邻近建筑物、障碍物等）。

③ 选用吊装机械的技术性能（起重量、起重臂杆长、起重高度、回转半径、行走方

式等）。

④ 吊装工程量的大小、工程进度要求等。

⑤ 现有或能租赁到的起重设备。

⑥ 施工力量和技术水平。

⑦ 构件吊装的安全和质量要求及经济合理性。

（2）选择原则

① 选用时，应考虑起重机的性能（工作能力），使用的方便性，吊装效率，吊装工程量和工期等要求。

② 能适应现场道路、吊装平面布置和设备、机具等条件，能充分发挥其技术性能。

③ 能保证吊装工程质量、安全施工和有一定的经济效益。

④ 避免使用大起重能力的起重机吊小构件，避免起重能力小的起重机超负荷吊装大的构件，避免选用改装的未经实际负荷试验的起重机进行吊装，或使用台班费高的设备。

（3）起重机形式的选择

① 起重机形式的选择见表9-3。

表 9-3　起重机形式的选择

类型	起重机的选择
高度不大的中、小型厂房	应先考虑使用起重量大、可全回转使用，移动方便的100～150kN履带式起重机和轮胎式起重机吊装主体结构
大型工业厂房主体结构（高度和跨度较大、构件较重）	宜采用500～750kN履带式起重机和350～1000kN汽车式起重机吊装
大跨度又很高的重型工业厂房的主体结构	宜选用塔式起重机吊装
厂房大型构件	可采用重型塔式起重机和塔桅起重机吊装
缺乏起重设备或吊装工作量不大、厂房不高	可考虑采用独脚桅杆、人字桅杆、悬臂桅杆及回转式桅杆（桅杆式起重机吊装）
单层钢结构厂房	回转式桅杆
重型厂房	塔桅式起重机
厂房位于狭窄地段，或厂房采取敞开式施工方案（厂房内设备基础先施工）	宜采用双机抬吊吊装厂房屋面结构，单机在设备基础上铺设枕木垫道吊装

② 一般吊装选择起重机时多按履带式、轮胎式、汽车式、塔式的顺序选用。

③ 对起重臂杆的选用，一般柱吊车梁吊装宜选用较短的起重臂杆；屋面构件吊装宜选用较长的起重臂杆，且应以屋架、天窗架的吊装为主选择。

④ 在选择时，如起重机的起重量不能满足要求，可采取以下措施。

a. 增加支腿或增长支腿，以增大倾覆边缘距离，减少倾覆力矩来提高起重能力。

b. 后移或增加起重机的配重，以增加抗倾覆力矩，提高起重能力。

c. 对于不变幅、不旋转的臂杆，在其上端增设拖拉绳，或增设一钢管、或格构式脚手架、或人字支撑桅杆，以增强稳定性和提高起重性能。

3. 钢柱吊装

钢柱起吊前，应从柱底板向上500～1000mm处，画一水平线，以便安装固定前后做复查平面标高基准用。

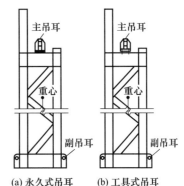

图 9-1　吊耳的设置

(a) 永久式吊耳　　(b) 工具式吊耳

注：永久式吊耳的缺点是钢材的消耗量大，不可反复使用，工具式吊耳可装卸，其优点是可以反复使用，用钢量少、费用省

　　钢柱吊装施工中为了防止钢柱根部在起吊过程中变形，钢柱吊装一般采用双机抬吊，主机吊在钢柱上部，辅机吊在钢柱根部，待柱子根部离地一定距离（约2m左右）后，辅机停止起钩，主机继续起钩和回转，直至把柱子吊直后，将辅机松钩。为了保证吊装时索具安全，吊装钢柱时，应设置吊耳，吊耳应基本通过钢柱重心的铅垂线。吊耳的设置如图9-1所示。

　　钢柱安装属于竖向垂直吊装，为使吊起的钢柱保持下垂，便于就位，钢柱的种类和高度确定绑扎点应符合表9-4的规定。

表 9-4　钢柱的种类和高度确定绑扎点

项目	内容
具有牛腿的钢柱	绑扎点应靠牛腿下部
无牛腿的钢柱	按钢柱高度比例，将绑扎点设在钢柱全长2/3的上方位置处，防止钢柱边缘的锐利棱角吊装时损伤吊绳，应用适宜规格的钢管割开一条缝，套在棱角吊绳处，或用方形木条垫护。注意绑扎牢固，并易拆除

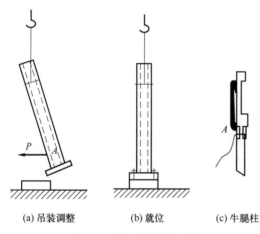

(a) 吊装调整　　(b) 就位　　(c) 牛腿柱

图 9-2　钢柱吊装就位示意

A—溜绳绑扎位置

　　钢柱柱脚套入地脚螺栓，防止其损伤螺纹，应用铁皮卷成筒套到螺栓上，钢柱就位后，取去套筒。

　　为避免吊起的钢柱自由摆动，应在柱底上部用麻绳绑好，作为牵制溜绳的方向调整措施。吊装前的准备工作就绪后，首先进行试吊，吊起一端的高度为100～200mm时应停吊，检查索具牢固程度。安装钢柱时，可指挥起重机缓慢下降，当柱底距离基础位置40～100mm时，调整柱底与基础两基准线达到准确位置，指挥起重机下降就位，并拧紧全部基础的螺栓和螺母，临时将柱子加固，安全后方可摘除吊钩。

　　如果进行多排钢柱安装，可继续按此做法吊装其余所有的柱子。钢柱吊装调整与就位，如图9-2所示。

4. 钢柱校正

　　钢柱的校正工作一般包括平面位置、标高及垂直度这三部分内容。钢柱校正工作主要是校正垂直度和复查标高。

　　① 钢柱常用垂直校正测量方法见表9-5和图9-3、图9-4。

表 9-5　钢柱常用垂直校正测量方法

项目	内容
经纬仪测量	(1)校正钢柱垂直度需用两台经纬仪观测。首先，将经纬仪放在钢柱一侧，使纵中丝对准柱子座的基线，然后固定水平度盘的各个旋钮。 (2)测钢柱的中心线，由下而上观测。若纵中心线对准，即是柱子垂直，不对准则需调整柱子，直到对准经纬仪纵中丝为止。 (3)以同样方法测横线，使柱子另一面中心线垂直于基线横轴。钢柱准确定位后，即可对柱子进行临时固定工作
线坠测量	(1)用线坠测量垂直度时，因柱子较高，应采用1～2kg重的线坠。 (2)其测量方法是在柱的适宜高度位置，把钢一端事先焊在柱子侧面上（也可用磁力吸盘），将线坠上线头拴好，量得柱子侧面和线坠吊线之间的距离，如上下一致则说明柱子垂直，相反则说明有误差。测量时，需设法稳住线坠，其做法是将线坠放入空水桶或盛水的水桶内，注意坠尖与桶底间保持悬空距离，才能测准确

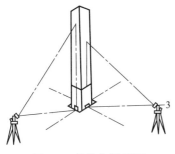

图9-3 经纬仪测量图

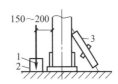

图9-4 线坠测量

1—线坠；2—水桶；3—调整螺杆千斤顶

校正除采用上述测量方法外，还可用增加或减换钢垫板来调整垂直度以及求取倾斜值的计算方法进行校正柱子，如图9-5所示。

② 钢柱吊装柱脚穿入基础螺栓就位后，柱子校正工作主要是对标高进行调整和对垂直度进行校正。

钢柱垂直度的校正，可采用起吊初校加千斤顶复校的办法，其操作要点如下。

a. 对钢柱垂直度的校正，可在吊装柱到位后，利用起重机起重臂回转进行初校，一般钢柱垂直度控制在20mm之内，拧紧柱底地脚螺栓，起重机方可松钩。

b. 千斤顶校正时，在校正过程中须不断观察柱底和砂浆标高控制块之间是否有间隙，以防校正过程中顶升过度造成水平标高产生误差。待垂直度校正完毕，再度紧固地脚螺栓，并塞紧柱子底部四周的承重校正块（每摞不得多于三块），并用点焊固定，如图9-6所示。

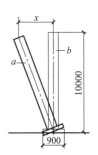

图9-5 计算法校正柱子

a—倾斜位置；
b—垂直位置

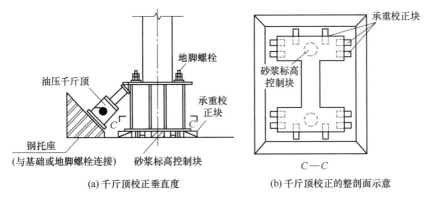

(a) 千斤顶校正垂直度

(b) 千斤顶校正的整剖面示意

图9-6 用千斤顶校正垂直度

c. 为了防止钢柱在垂直度校正过程中产生轴线位移，应在位移校正后在柱子底脚四周用4～6块10mm厚钢板作定位靠模，并与基础面埋件焊接固定，防止移动。

③ 其他的钢柱校正方法见表9-6和图9-7～图9-9。

5. 钢柱固定（适用于杯口基础钢柱）

（1）临时固定

柱子插入杯口就位，初步校正后，即用钢（或硬木）楔临时固定。

其方法是当柱插入杯口使柱身中心线对准杯口（或杯底）中心线后刹车，用撬杠拨正，

表 9-6　其他的钢柱校正方法

项目	校正方法		
	松紧楔子和用千斤顶校正法	撑杆校正法	缆风绳校正法
柱平面轴线校正	在起重机脱钩前将轴线误差调整到规范允许的偏差范围以内。就位后，如有微小偏差，在一侧将钢楔稍松动，另一侧打紧钢楔或敲打插入杯口内的钢楔，或用千斤顶侧向顶移纠正	在起重机脱钩前将轴线误差调整到规范允许的偏差范围以内。就位后，如有微小偏差，在一侧将钢楔稍松动，另一侧打紧钢楔或敲打插入杯口内的钢楔，或用千斤顶侧向顶移纠正	在起重机脱钩前将轴线误差调整到规范允许的偏差范围以内。就位后，如有微小偏差，在一侧将钢楔稍松动，另一侧打紧钢楔或敲打插入杯口内的钢楔，或用千斤顶侧向顶移纠正
校高校正	在柱安装前，根据柱实际尺寸(以牛腿面为准)用抹水泥砂浆或设钢垫板的方法来校正标高，使柱牛腿标高偏差在允许范围内，如安装后还有超差，则在校正吊车梁时，调整砂浆层、垫板厚度予以纠正，如偏差过大，则将柱拔出重新安装	—	
垂直度校正	在杯口用紧松钢楔、小型液压千斤顶等工具给柱身施加水平或斜向推力，使柱子绕柱脚转动来纠正偏差。在顶的同时，缓慢敲动对面楔子，并用坚硬石子把柱脚卡牢，以防发生水平位移。校好后打紧两面的楔子，对大型柱横向垂直度的校正，可用内顶或外设卡具外顶的方法。校正以上柱应考虑温差的影响，宜在早晨或阴天进行。柱子校正后灌浆前应每边两点用小钢塞 2~3 块将柱脚卡住，以防受风力等影响转动或倾斜	利用木或钢管撑杆在牛腿下面校正。校正时敲打木楔、拉紧捯链或转动手柄，即可给柱身施加一斜向力使柱子向箭头方向移动，同样应将对面的楔子稍松动，待垂直后再楔紧两面的楔子	在柱头四面各系一根缆风绳。校正时，将杯口钢楔稍微松动、拧紧或放松缆风绳上的法兰螺栓或捯链，即可使柱子向要求方向转动
优缺点	工具简单，工效高，适用于大、中型各种形式柱的校正，被广泛采用	工具亦较简单，适用于 10m 以下的矩形或工字形等中、小型柱的校正	需较多缆风绳，操作麻烦，占用场地大，常影响其他作业进行，而且校正后易回弹，会影响精度，仅适用于柱长度不大，稳定性差的中、小型柱子

注：适用于杯口基础钢柱。

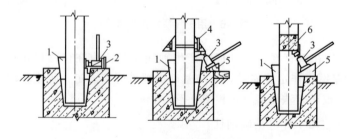

图 9-7　用千斤顶校正柱子

1—钢楔或木楔；2—钢顶座；3—小型液压千斤顶；

4—钢卡具；5—垫木；6—柱水平肢

在柱与杯口壁之间的四周空隙，每边塞入两个钢（或硬木）楔，再将柱子落到杯底并复查对线，接着将每两侧的楔子同时打紧，如图 9-10 所示。起重机即可松绳脱钩进行下一根柱的吊装。

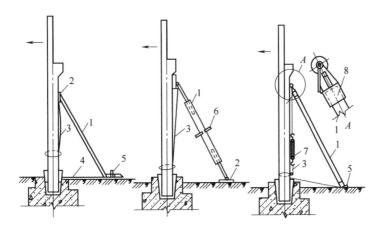

图 9-8　木杆或钢管撑杆校正柱垂直度

1—木撑杆或钢管撑杆；2—摩擦板；3—钢丝绳；4—槽钢撑头；

5—木楔或撬杠；6—转动手柄；7—捯链；8—钢套

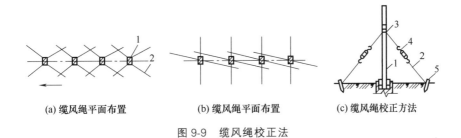

(a) 缆风绳平面布置　　　(b) 缆风绳平面布置　　　(c) 缆风绳校正方法

图 9-9　缆风绳校正法

1—柱；2—缆风绳用 3ϕ9～ϕ12 的钢丝绳或 ϕ6 的钢筋；3—钢箍；

4—花篮螺栓或 5kN 捯链；5—木桩或固定在建筑物上

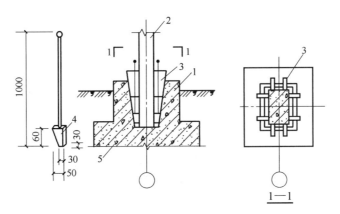

图 9-10　柱临时固定方法

1—杯形基础；2—柱；3—钢或木楔；4—钢塞；5—嵌小钢塞或卵石

重型柱或高 10m 以上的细长柱及杯口较浅的柱，若遇刮风天气，有时还需在柱两侧加缆风绳或支撑来临时固定。

（2）最后固定

在柱子最后校正后，立即进行最后固定。无垫板安装柱的固定方法是在柱与杯口的间隙内浇灌比柱混凝土强度等级高一级的细碎石混凝土。浇筑前，清理并湿润杯口，浇灌分两次进行，第一次灌至楔子底面，待混凝土强度等级达到 25% 后，将楔子拔出，再二次灌筑到与杯口平。采用缆风绳校正的柱子，待二次浇筑的混凝土强度达到 70%，方可拆除缆风绳。

有垫板安装柱（包括钢柱杯口插入式柱脚）常用二次灌浆方法，见表 9-7 和图 9-11、图 9-12。

表 9-7　常用二次灌浆方法（适用于有垫板安装柱）

项目	内容
赶浆法	在杯口一侧灌强度等级高一级的无收缩砂浆（掺水泥用量 0.03‰～0.05‰ 的铝粉）或细豆石混凝土，用细振动棒振捣使砂浆从柱底另一侧挤出，待填满柱底周围约 10cm 高，接着在杯口四周均匀地灌细石混凝土至与杯口平
压浆法	在杯口空隙内插入压浆管与排气管，先灌 20cm 高混凝土，并插捣密实，然后开始压浆，待混凝土被挤压上拱，停止顶压；再灌 20cm 高混凝土顶压一次，即可拔出压浆管和排气管，继续灌筑混凝土至与杯口平。此方法适用于截面很大、垫板高度较薄的杯底灌浆

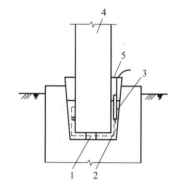

图 9-11　赶浆法
1—钢垫板；2—细石混凝土；3—插入式
振动器；4—柱；5—钢楔

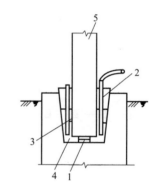

图 9-12　压浆法
1—钢垫板；2—压浆管；3—排气管；
4—水泥砂浆；5—柱

6. 钢柱安装的注意事项

① 柱校正时应先校正偏差大的一面，后校正偏差小的一面，如两个面偏差数字相近，则应先校正小面，后校正大面。

② 柱垂直度校正须用两台精密经纬仪观测，观测的上测点应设在柱顶，仪器架设位置应使其望远镜的旋转面与观测面尽量垂直（夹角应大于 75°），以免产生测量误差。

③ 柱子插入杯口应迅速对准纵横轴线，并在杯底处用钢楔把柱脚卡牢，在柱子倾斜一面敲打楔子，对面楔子只能松动，不得拔出，以防柱子倾倒。

④ 柱应随校正即灌浆，若当日校正的柱子未灌浆，次日应复核后再灌浆，以防因刮风受到振动、楔子松动变形和千斤顶回油等因素产生新的偏差。

⑤ 柱脚安装时，锚栓宜使用导入器或护套。

⑥ 首节钢柱安装后应及时进行垂直度、标高和轴线位置校正，钢柱的垂直度可采用经纬仪或线锤测量；校正合格后钢柱应可靠固定，并应进行柱底二次灌浆，灌浆前应清除柱底板与基础面间的杂物。

⑦ 首节以上的钢柱定位轴线应从地面控制轴线直接引上，不得从下层柱的轴线引上；

钢柱校正垂直度时，应确定钢梁接头焊接的收缩量，并应预留焊缝收缩变形值。

⑧ 倾斜钢柱可采用三维坐标测量法进行测校，也可采用柱顶投影点结合标高进行测校，校正合格后宜采用刚性支撑固定。

⑨ 灌浆（灌缝）时应将杯口间隙内的木屑等建筑垃圾清除干净，并用水充分湿润，使之能良好结合。

⑩ 捣固混凝土时，应严防碰动楔子而造成柱子倾斜。

⑪ 当柱脚底面不平（凹凸或倾斜），与杯底间有较大间隙时，应先灌筑一层同强度、同等级的稀砂浆，使其充满后，再灌细石混凝土。

⑫ 第二次灌浆前须复查柱子垂直度，超出允许误差应采取措施重新校正并纠正。

7. 预防风力和温差对钢柱安装的影响

（1）风力影响

① 风力对柱面产生压力，使柱身发生侧向弯曲，柱面的宽度越宽，柱子高度越高，受风力影响也就越大，影响柱子的侧向弯曲也就越严重。

② 柱子校正时，当柱子高度在8m以上，风力超过5级时不能进行操作。

③ 对已校正完的柱子应进行侧向梁的安装或采取加固措施，以增加整体连接的刚性，防止风力作用变形。

（2）温度影响

① 温度的变化会引起柱子侧向弯曲，使柱顶移位。由于受阳光照射的一面温度比没照射的一面高，因此阳面的膨胀程度也就越大，使柱子向阴面弯曲；温度越高，柱子阴阳面的温差就越大，柱子的弯曲程度也就越严重。

② 特别对细长的柱子，根据实测，由于温差而引起的柱顶偏移最大可达40mm以上，它大大地影响了校正精度和结构质量，故必须引起重视。

③ 温差对钢柱安装产生影响的防治措施。

a. 温差产生的影响主要是对长度较大的钢柱，对10m以上柱，施工各阶段的长度测量值进行温差换算，换算的标准为20℃；对10m以内的钢柱，一般可不考虑温差的影响。

b. 日照对单根钢柱影响较敏感，因此在钢柱安装就位后应及时安装相连系的其他承重构件，组成相对稳定的空间单元体系，以减少日照对钢柱柱端产生的位移影响。

c. 最后校正完毕的钢结构节间，其节点应及时固定。

d. 对温差影响大的柱，最好能在无阳光影响的时候（如阴天、早晨、晚间）进行校正。

e. 校正在同一直线上的柱，可选择第一根柱（称标准柱）在无温差影响下精确校正。而在同一直线上的其余柱校正时，如果受阳光温差影响，则根据当时标准柱的温差偏移值为准。这种方法在实际施工中证明是可行的，其缺点是校正工作较复杂并且效率较低。

f. 应根据气温（季节）控制柱垂直度偏差，并应符合下列规定。

气温接近当地年平均气温时（春、秋期），柱垂直偏差应控制在"0"附近；当气温高于或低于当地平均气温时，应符合下列规定。

规定一：应以每个伸缩段（两伸缩缝间）设柱间支撑的柱子为基准（垂直度校正至接近"0"），行线方向多跨厂房应以与屋架刚性连接的两柱为基准。

规定二：气温高于平均气温（夏期）时，其他柱应倾向基准点相反方向。

规定三：气温低于平均气温（冬期）时，其他柱应倾向基准点方向。

规定四：柱倾斜值应根据施工时气温与平均温度的温差和构件（吊车梁、垂直支撑和屋架等）的跨度或基准点距离决定。

规定五：已校正达到垂直度的柱子，在温度影响下也会自动偏斜。因此，在下一步安装支撑或吊车梁前,对校正完成的柱子为避免再偏斜,应做复测。检查柱子侧向弯曲程度的数值,是由柱底平面到柱顶的这一段距离内的水平位移来确定的,其水平位移的数值,可用经纬仪观测。

规定六:柱间支撑的安装应在柱子找正后进行,以达到增强整体连接、增加刚度、防止变形的目的。应在保证柱垂直度的情况下安装柱间支撑,且支撑不得弯曲。

8. 钢柱安装质量要求

① 单层钢结构中柱子安装的允许偏差见表9-8。

表 9-8　单层钢结构中柱子安装的允许偏差　　　　　　　　　　　单位:mm

项目		允许偏差	图例	检验方法
柱脚底座中心线对定位轴线的偏移		5.0		用吊线和钢尺检查
柱基准点标高	有吊车梁的柱	+3.0 −5.0	基准点	用水准仪检查
	无吊车梁的柱	+5.0 −8.0		
弯曲矢高		$H/1200$,且不大于 15.0		用经纬仪或拉线和钢尺检查
柱轴线垂直度	单层柱 $H\leqslant10m$	$H/1000$		用经纬仪或吊线和钢尺检查
	单层柱 $H>10m$	$H/1000$,且不大于 25.0		
	多节柱 单节柱	$H/1000$,且不大于 10.0		
	柱全高	35.0		

检查数量:H 为柱高。按钢柱数抽查 10%,且不应少于 3 件。

② 多层及高层钢结构中柱子安装的允许偏差见表9-9。

表 9-9　多层及高层钢结构中柱子安装的允许偏差　　　　　　　　单位:mm

项目	允许偏差	图例	检验方法
上、下柱连接处的错口 Δ	3.0		用钢尺检查
同一层柱的备柱顶高度差 Δ	5.0		用水准仪检查

续表

项目	允许偏差	图例	检验方法
同一根梁两端顶面的高差 Δ	$H/1000$，且不小于 10.0		用水准仪检查
主梁与次梁表面的高差 Δ	±2.0		用直尺和钢尺检查
压型金属板在钢梁上相邻列的错位	15.00		用直尺和钢尺检查

检查方法：用全站仪式激光经纬仪和钢直尺实测。

检查数量：标准柱全部检查，非标准柱抽查 10%，且不应小于 3 根。

9. 钢吊车梁吊装测量

（1）调整搁置钢吊车梁牛腿面的水平标高

先用水准仪（精度为 ±3mm/km）测出每根钢柱上原先弹出的 ±0.00 基准线在柱子校正后的实际变化值。一般实测钢柱横向近牛腿处的两侧，同时做好实测标记。根据各钢柱搁置吊车梁牛腿面的实测标高值，定出全部钢柱搁置吊车梁牛腿面的统一标高值，以统一标高值为基准，得出各搁置吊车梁牛腿面的标高差值。根据各个标高差值和吊车梁的实际高差来加工不同厚度的钢垫板。同一搁置吊车梁牛腿面上的钢垫板一般应分成两块加工，以利于两根吊车梁端头高度值不同的调整。在吊装吊车梁前，应先将精加工过的垫板点焊在牛腿面上。

（2）复测和调整吊车梁纵横轴线

钢柱的校正应把有柱间支撑的节间作为标准排架，以此为准从而控制其他柱子纵向的垂直偏差和竖向构件吊装时的累计误差；在已吊装完的柱间支撑和竖向构件的钢柱上复测吊车梁的纵横轴线，并应进行调整。

10. 钢吊车梁的绑扎

① 钢吊车梁一般绑扎两点。梁上设有预埋吊环的吊车梁，可用带钢钩的吊索直接钩住吊环起吊。自重较大的梁，应用卡环与吊环、吊索相互连接在一起；梁上未设吊环的可在梁端靠近支点处，用轻便吊索配合卡环绕吊车梁（或梁）下部左右对称绑扎，或用工具式吊耳吊装，如图 9-13 所示。

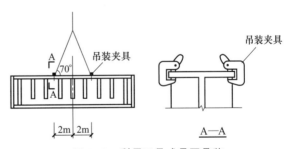

图 9-13 利用工具式吊耳吊装

② 绑扎时吊索应等长，左右绑扎点对称。

③ 梁棱角边缘应衬以麻袋片、汽车废轮胎块、半边钢管或短方木护角。

④ 在梁一端需拴好溜绳（拉绳），以防就位时左右摆动，碰撞柱子。

11. 钢吊车梁起吊

① 钢吊车梁吊装须在柱子最后固定，柱间支撑安装后进行。

② 钢吊车梁的安装，屋盖吊装之前，可采用单机吊、双机抬吊，利用柱子做拔杆设滑轮组（柱子经计算设缆风），另一端用起重机抬吊，一端为防止吊车梁碰牛腿，要用溜绳拉出一段距离，才能顺利起吊。

③ 屋盖吊装之后，最佳方案是利用屋架端头或柱顶栓滑轮组来抬吊车梁，这两种方法都要对屋架绑扎位置或柱顶通过验算而定。

④ 钢吊车梁应布置在接近安装位置处，使梁重心对准安装中心。安装可由一端向另一端，或从中间向两端顺序进行。当梁吊至设计位置离支座面20cm时，用人力扶正，使梁中心线与支承面中心线（或已安相邻梁中心线）对准，并使两端搁置长度相等，然后缓慢落下，如有偏差，稍吊起用撬杠引导正位；如支座不平，用斜铁片垫平。

⑤ 当梁高度与宽度之比大于4时，或遇五级以上大风时，脱钩前，应用钢丝将梁捆于柱上临时固定，以防倾倒。

12. 吊车梁的定位校正

① 校正应在梁全部安完、屋面构件校正并最后固定后进行。重量较大的吊车梁，亦可边安边校正。校正内容包括中心线（位移）、轴线间距（即跨距）、标高垂直度等。纵向位移在就位时已校正，故校正主要为横向位移。

② 高低方向校正主要是对梁的端部标高进行校正。可用起重机吊空、特殊工具抬空、油压千斤顶顶空，然后在梁底填设垫块。

③ 水平方向移动校正常用撬棒、钢楔、花篮螺栓、链条葫芦和油压千斤顶进行。一般重型吊车梁用油压千斤顶和链条葫芦进行水平方向移动校正较为方便。

④ 校正吊车梁中心线与起重机跨距时，先在起重机轨道两端的地面上，根据柱轴线放出起重机轨道轴线，用钢直尺校正两轴线的距离，再用经纬仪放线、钢丝挂线锤或在两端拉钢丝等方法校正，如图9-14所示实施。如有偏差，用撬杠拨正，或在梁端设螺栓、液压千斤顶侧向顶正，如图9-15（a）所示；或在柱头挂捯链将吊车梁吊起或用杠杆将吊车梁抬起，如图9-15（b）所示，再用撬杠配合移动拨正。

⑤ 吊车梁标高的校正。可将水平仪放置在厂房中部某一吊车梁上或地面上，在柱上测出一定高度的水准点，再用钢直尺或样杆量出水准点至梁面铺轨需要的高度，每根梁观测其两端及跨中共三点，根据测定的标高进行校正，校正时用撬杠撬起或在柱头屋架上弦端头节点上挂捯链，将吊车梁需垫垫板的一端吊起。重型柱在梁一端下部用千斤顶顶起填塞垫片，在校正标高的同时，用靠尺或线锤在吊车梁的两端（鱼腹式吊车梁在跨中）测垂直度。当偏差超过规范允许偏差（一般为5mm）时，用楔形钢板在一侧填塞纠正。

13. 吊车梁安装、固定

① 在每个节点上穿入的冲钉和临时螺栓数量，应根据安装过程所承受的荷载（包括自重）计算确定，并应符合以下规定：临时螺栓不少于该节点孔数的1/3，且不应少于2个；冲钉不宜多于临时螺栓的30%。

a. 钢梁安装宜采用专用卡具两点起吊，且应保证钢梁在起吊时为水平状态。

b. 一节柱一般有2层、3层或4层梁，原则上竖向构件由上向下逐件安装，由于上部和周边都处于自由状态，易于安装且保证质量。一般在钢结构安装实际操作中，同一列柱的钢梁从中间跨开始对称地向两端扩展安装，同一跨钢梁，先安装上层梁再安装中下层梁。

c. 在安装柱与柱之间的主梁时，会将柱与柱之间的距离撑开或缩小。测量必须跟踪校正，预留偏差值，留出节点焊接收缩量。

d. 梁与柱节点的焊接一般可以先焊一节柱的顶层梁，再从下向上立焊接各层梁与柱的

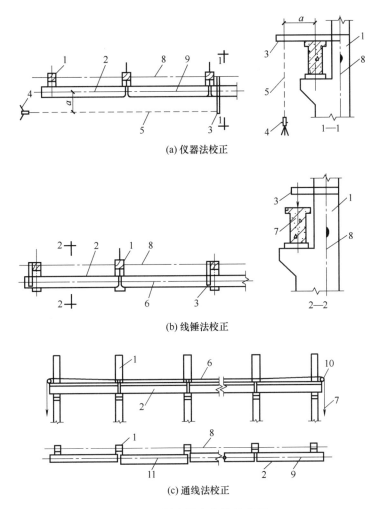

(a) 仪器法校正

(b) 线锤法校正

(c) 通线法校正

图 9-14 吊车梁中心线的校正

1—柱；2—吊车梁；3—短木尺；4—经纬仪；5—经纬仪与梁轴线平行视线；6—钢丝；

7—线锤；8—柱轴线；9—吊车梁轴线；10—钢管或圆钢；11—偏离中心线的吊车梁

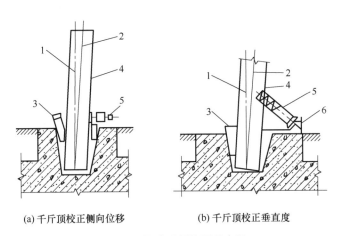

(a) 千斤顶校正侧向位移   (b) 千斤顶校正垂直度

图 9-15 用千斤顶校正吊车梁

1—铅垂线；2—柱中线；3—楔子；4—柱子；5—螺旋千斤顶；

6—千斤顶支座

节点。

　　e. 次梁根据实际施工情况逐层安装完成。

　　② 钢梁校正后应按设计要求连接固定。当采用高强度螺栓连接时，应符合紧固件连接工程的有关规定；当采用焊接连接时，应符合钢结构焊接工程的有关规定。

14. 钢梁、钢吊车梁安装的注意事项

　　① 钢梁宜采用两点起吊；当单根钢梁长度大于 21m，采用两点吊装不能满足构件强度和变形要求时，宜设置 3~4 个吊装点吊装或采用平衡梁吊装，吊点位置应通过计算确定。

　　② 钢梁可采用一机一吊或一机串吊的方式吊装，就位后应立即采用临时固定连接。

　　③ 钢梁面的标高及两端高差可采用水准仪与标尺进行测量，校正完成后应进行永久性连接。

　　④ 应严格控制钢柱制作、安装的定位轴线，可防止钢柱安装后轴线位移，以致吊车梁安装时垂直度或水平度产生偏差。

　　⑤ 应认真搞好基础支承平面的标高，其垫放的钢垫板应正确；二次灌浆工作应采用无收缩、微膨胀的水泥砂浆，避免基础标高超差，影响吊车梁安装水平度的超差。

　　⑥ 钢柱安装时，应认真按要求调整好垂直度和牛腿面的水平度，以保证下部吊车梁安装时达到要求的垂直度和水平度。

　　⑦ 预先测量吊车梁在支承处的高度和牛腿距柱底的高度，如产生偏差时，可用钢垫板在基础上平面或牛腿支承面上予以调整。

　　⑧ 吊装吊车梁前，为防止垂直度、水平度超差，应认真检查其变形情况，如发生扭曲等变形时应予以矫正，并采取刚性加固措施防止吊装再变形；吊装时根据梁的长度，可采用单机或双机进行吊装。

　　⑨ 安装时应按梁的上翼缘平面事先画的中心线，进行水平移位、梁端间隙的调整，达到规定的标准要求后，再进行梁端部与柱的斜撑等连接。

　　⑩ 吊车梁各部位置基本固定后应认真复测有关安装的尺寸，按要求达到质量标准后，再进行制动架的安装和紧固。

　　⑪ 应防止吊车梁垂直度、水平度超差，认真搞好校正工作。其顺序是首先校正标高，待屋盖系统安装完成后再进行其他项目的调整、校正工作，这样可防止因屋盖安装引起钢柱变形而直接影响吊车梁安装的垂直度或水平度的偏差。

15. 钢吊车梁安装质量要求

　　钢吊车梁安装允许偏差应符合表 9-10 的规定。

表 9-10　钢吊车梁安装允许偏差　　　　　　　　单位：mm

项目	允许偏差	图例	检验方法
梁的跨中垂直度 Δ	$H/500$		用吊线和钢尺检查

项目		允许偏差	图例	检验方法
侧向弯曲矢高		$l/1500$，且不应大于10.0		用拉线和钢尺检查
垂直上拱矢高		10.0		
两端制作中心位移 $\triangle$	安装在钢柱上时，对牛腿中心的偏移	5.0		
	安装在混凝土柱上时，对定位轴线的偏移	5.0		
吊车梁支座加劲板中心与柱子承压劲板中心的偏移 $\triangle_1$		$t/2$		用吊线和钢尺检查
同跨间内同一横截面吊车梁顶面高差 $\triangle$	支座处	10.0		用经纬仪、水准仪和钢尺检查
	其他处	15.0		
同跨间内同一横截面下挂式吊车梁地面高差 $\triangle$		10.0		
同列相邻两柱间吊车梁顶面高差		$l/1500$，且不应大于10.0		用水准仪和钢尺检查
相邻两吊车梁接头部位 $\triangle$	中心错位	3.0		用钢尺检查
	上承式顶面高差	1.0		
	下承式顶面高差	1.0		
同跨间任一截面的吊车梁中心跨距 $\triangle$		±10.0		用经纬仪和光电测距仪检查；跨度小时，可用钢尺检查
轨道中心对吊车梁腹板轴线的偏移 $\triangle$		$t/2$		用吊线和钢尺检查

注：t 为腹板的厚度。

16. 支撑安装

① 交叉支撑宜按从下到上的顺序组合吊装。

② 无特殊规定时，支撑构件的校正宜在相邻结构校正固定后进行。

③ 屈曲约束支撑应按设计文件和产品说明书的要求进行安装。

④ 支撑构件安装后对结构的刚度影响较大，故要求支撑的固定一般在相邻结构固定后，再进行支撑的校正和固定。

17. 钢桁架（屋架）安装

桁架（屋架）安装应在钢柱校正合格后进行，并应符合下列规定。

① 钢桁架（屋架）可采用整榀或分段安装。

② 钢桁架（屋架）应在起扳和吊装过程中防止产生变形。

③ 单榀钢桁架（屋架）安装时应采用缆绳或刚性支撑增加侧向临时约束。

18. 钢板剪力墙

① 钢板剪力墙吊装时应采取防止平面外的变形措施。

② 钢板剪力墙的安装时间和顺序应符合设计文件要求。

③ 钢板墙属于平面构件，易产生平面外变形，所以要求在钢板墙堆放和吊装时采取相应的措施，如增加临时肋板，防止钢板剪力墙的变形。

④ 钢板剪力墙主要为抗侧向力构件，其竖向承载力较小，钢板剪力墙开始安装时间应按设计文件的要求进行，当安装顺序有改变时应经设计单位的批准。

⑤ 设计时宜进行施工模拟分析，确定钢板剪力墙的安装及连接固定时间，以保证钢板剪力墙的承载力要求。

⑥ 对钢板剪力墙未安装的楼层，即钢板剪力墙安装以上的楼层，应保证施工期间结构的强度、刚度和稳定满足设计文件要求，必要时应采取相应的加强措施。

19. 关节轴承节点安装

① 关节轴承节点应采用专门的工艺装备进行吊装和安装。

② 轴承总成不宜解体安装，就位后应采取临时固定措施。

③ 连接销轴与孔装配时应密贴接触，宜采用锥形孔、轴，应采用专用工具顶紧安装。

④ 安装完毕后应做好成品保护。

20. 钢铸件或铸钢节点安装

① 出厂时应标记清晰的安装基准标记。

② 钢铸件与普通钢结构构件的焊接一般为不同材质的对接。现场焊接条件差，异种材质焊接工艺要求高。

③ 对于铸钢节点，要求在施焊前进行焊接工艺评定试验，并在施焊中严格执行，以保证现场焊接质量。

三、多层、高层钢结构

1. 多层及高层钢结构楼层标高确定

多层及高层钢结构楼层标高可采用相对标高或设计标高进行控制。

① 当按设计标高进行控制时，每节钢柱的柱顶或梁的连接点标高，均以底层的标高基点进行测量控制，同时也应考虑荷载使钢柱产生的压缩变形值和各节钢柱间焊接的收缩余量

值。除设计要求外，一般不采用这种结构高度的控制方法。

② 当按相对标高进行控制时，钢结构总高度的允许偏差是经计算确定的。计算时除应考虑荷载使钢柱产生的压缩变形值和各节钢柱间焊接的收缩余量外，尚应考虑逐节钢柱制作长度的允许偏差值。如无特殊要求，一般都采用相对标高进行控制安装。

③ 建筑物总高度的允许偏差和同一层内各节柱的柱顶高度差，应符合现行国家标准《钢结构工程施工质量验收规范》（GB 50205—2020）的有关规定。

④ 不论采用相对标高还是设计标高进行多层、高层钢结构安装，对同一层柱顶标高的差值均应控制在5mm以内，使柱顶高度偏差不致失控。

2. 多层、高层钢结构施工测量

① 多层及高层钢结构安装前，应对建筑物的定位轴线、底层柱的轴线、柱底基础标高进行复核，合格后再开始安装。

② 每节钢柱的控制轴线应从基准控制轴线的转点引测，不得从下层柱的轴线引出。

③ 安装钢梁前，应测量钢梁两端柱的垂直度变化，还应监测邻近各柱因梁连接而产生的垂直度变化；待一区域整体构件安装完成后，应进行结构整体复测。

④ 钢结构安装时，应分析日照、焊接等因素可能引起构件的伸缩或弯曲变形，并应采取相应措施。安装过程中，宜对下列项目进行观测，并应做记录：

a. 柱、梁焊缝收缩引起柱身垂直度偏差值；

b. 钢柱受日照温差、风力影响的变形；

c. 塔吊附着或爬升对结构垂直度的影响。

⑤ 主体结构整体垂直度的允许偏差为 $h/2500 + 10mm$（h 为高度），但不应大于50.0mm；整体平面弯曲允许偏差为 $b/1500$（b 为宽度），且不应大于25.0mm。

⑥ 高度在150m以上的建筑钢结构，整体垂直度宜采用GPS或相应方法进行测量复核。

3. 多层钢结构的吊装

多高层钢结构由于制作和吊装的需要，须对整个建筑从高度方向划分若干个流水段，并以每节框架为单位。

在吊装时，除保证单节框架自身的刚度外，还需保证自升式塔式起重机（特别是内爬式塔式起重机）在爬升过程中的框架稳定。

钢柱分节时既要考虑工厂的加工能力、运输限制条件以及现场塔吊的超重性能等因素，还应综合考虑现场作业的效率以及与其他工序施工的协调，所以钢柱分节一般取2~3层为一节；在底层柱较重的情况下，也可适当减少钢柱的长度。

为了加快吊装进度，每个流水段（每节框架）内还需在平面上划分流水区。把混凝土筒体和塔式起重机爬升区划分为一个主要流水区，余下部分的区域，划分为次要流水区；当采用两台或两台以上的塔式起重机施工时，按其不同的起重半径划分各自的施工区域。将主要部位（混凝土筒体、塔式起重机爬升区）安排在先行施工的区域，使其早日达到强度，为塔吊爬升创造条件。

4. 高层钢结构的吊装

高层钢结构在立面上划分多个流水作业段进行吊装，多数节的框架其结构类型基本相同，部分节较为特殊，如根据建筑和结构上的特殊要求，设备层、结构加强层、底层大厅、旋转餐厅层、屋面层等，为此应制定特殊构件吊装顺序。

整个流水段内为先柱后梁的吊装顺序：在标准流水作业段内先安装钢柱，再安装框架梁，然后安装其他构件，按层进行，从下到上，最终形成框架。国内目前多数采用此法，主要原因是：影响构件供应的因素多，构件配套供应有困难；在构件不能按计划供应的情况下尚可继续进行安装，有机动的余地；管理工作相对容易。

局部先柱后梁的吊装顺序是针对标准流水作业段而言，即安装若干根钢柱后立即安装框架梁、次梁和支撑等，由下而上逐间构成空间标准间，并进行校正和固定。然后以此标准间为依靠，按规定方向进行安装，逐步扩大框架，直至该施工层完成。

5. 多层及高层钢结构安装校正

① 基准柱应能够控制建筑物的平面尺寸并便于其他柱的校正，宜选择角柱为基准柱。

② 钢柱校正宜采用合适的测量仪器和校正工具。

③ 基准柱应校正完毕后，再对其他柱进行校正。

④ 同一流水作业段、同一安装高度的一节柱，当各柱的全部构件安装、校正、连接完毕并验收合格后，应再从地面引放上一节柱的定位轴线。

四、钢网架结构安装

1. 网架结构形式

网架结构形式主要分成三类，具体内容如下。

① 由平面桁架系组成的两向正交正放网架（图 9-16）、两向正交斜放网架（图 9-17）、两向斜交斜放网架、三向网架、单向折线形网架。

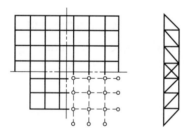 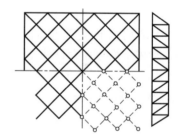

图 9-16 两向正交正放网架结构形式　　图 9-17 两向正交斜放网架结构形式

② 由四角锥体组成的正放四角锥网架、正放抽空四角锥网架、棋盘形四角锥网架（图 9-18）、斜放四角锥网架、星形四角锥网架（图 9-19）。

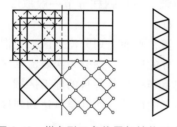 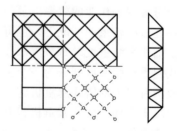

图 9-18 棋盘形四角锥网架结构形式　　图 9-19 星形四角锥网架结构形式

③ 由三角锥体组成的三角锥网架、抽空三角锥网架、蜂窝形三角锥网架。

2. 网架安装材料质量要求

① 网架安装前，根据《钢结构工程施工质量验收规范》（GB 50205—2020）对管、球加工的质量进行成品件验收，对超出允许偏差的零部件应进行处理。

② 网架结构用高强度螺栓连接时，应检查其出厂合格证，扭矩系数或紧固轴力（预拉

力）的检验报告是否齐全，并按规定做紧固轴力或扭矩系数复验。并根据设计图纸要求分规格、数量配套供应到现场。

③ 网架结构安装前应对焊接材料的品种、规格、性能进行检查、各项指标应符合现行国家标准和设计要求，检查焊接材料的质量合格证明文件、检验报告及中文标志等。对重要钢结构采用的焊接材料应进行抽样复验。

④ 网架结构主要施工材料是扣件式钢管脚手架作拼装支架。扣件的铸件材料应符合《可锻铸铁件》（GB/T 9440—2010）和《一般工程用铸造碳钢件》（GB/T 11352—2009）的规定。扣件和底座应符合《钢管脚手架扣件》（GB 15831—2006）的有关规定。

⑤ 牵引、起重用的索具钢丝绳，滑轮组的钢丝绳，缆风的钢丝绳，必须是合格的、无断丝的钢丝绳，否则会出现安全事故。

⑥ 地锚所用的材料、道木、钢筋混凝土等材料必须符合有关规范的要求。

3. 钢网架结构拼装原则

① 合理分割，即把网架根据实际情况合理地分割成各种单元体，使其经济地拼成整个网架。

② 拼装操作可在操作平台上进行。拼装平台按其作用分为小、中、总三种，分别为小拼、中拼、总拼网架用。平台基础应全部找平并坚固。平台各支点、托等应按尺寸刚性连接，必要时安装调节装置，误差应控制在网架拼装允许范围内。

③ 尽可能多地争取在工厂或预制场地焊接，尽量减少高空作业量，因为这样可以充分利用起重设备将网架单元翻身而能较多地进行平焊。

④ 节点尽量不单独在高空就位，而是和杆件连接在一起拼装，在高空仅安装杆件。

4. 钢网架结构拼装

（1）小拼

① 小拼可在小拼平台上进行。小拼平台有平台型和转动型两种，应当严格控制其结构尺寸，必要时应试拼，合格后正式拼装。

② 网架结构应在专门胎架上小拼，以保证小拼单元的精度和互换性。

③ 胎架在使用前必须进行检验，合格后再拼装。

④ 在整个拼装过程中，要随时对胎具位置和尺寸进行复核，如有变动，经调整后方可重新拼装。

⑤ 小拼单元的允许偏差应符合表 9-11 的规定。钢网架拼装小单元的尺寸一般应控制在负公差，如果正公差累积会使网格尺寸增大，使轴线偏移。

表 9-11　小拼单元的允许偏差

项目			允许偏差/mm
节点中心偏移			2.0
焊接球节点与钢管中心的偏移			1.0
杆件轴线的弯曲矢高			$l_1/1000$，且≤5.0
锥体型小拼单元	弦杆长度		±2.0
	锥体高度		±2.0
	上弦杆对角线长度		±3.0
平面桁架型小拼单元	跨长	≤24m	+3.0，−7.0
		>24m	+5.0，−10.0
	跨中高度		±3.0
	跨中拱度	设计要求起拱	±l/5000
		设计未要求起拱	+10.0

注：l_1 为杆件长度；l 为跨长。

（2）中拼

① 网架片或条、块的中拼装应在平整的刚性平台上进行。拼装前，应在空心球表面用套模划出杆件定位线，做好定位标记，在平台上按 1∶1 放大样，搭设立体靠模来控制网架的外形尺寸和标高，拼装时应设调节支点来调节钢管与球的同心度。如图 9-20～图 9-22 所示。

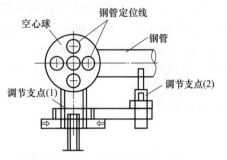

图 9-20　焊接球调节支点

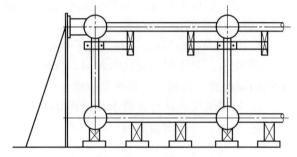

图 9-21　拼装和总拼的支点设置

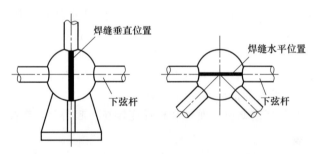

图 9-22　焊接球焊缝垂直与水平位置

② 焊接球节点网架结构在拼装前应考虑焊接收缩，其收缩量可通过试验确定。

a. 钢管球节点加衬管时，每条焊缝的收缩量为 1.5～3.5mm。

b. 钢管球节点不加衬管时，每条焊缝的收缩量为 2～3mm。

c. 焊接钢板节点，每个节点收缩量为 2～3mm。

③ 随时检查外形尺寸，中拼单元拼装后应具有足够刚度，并保证自身的几何尺寸稳定，否则应采取临时加固措施。

④ 中拼单元的允许偏差应符合表 9-12 的规定。

表 9-12　中拼单元的允许偏差

项目		允许偏差/mm
单元长度≤20m，拼接长度	单跨	±10.0
	多跨连续	±5.0
单元长度>20m，拼接长度	单跨	±20.0
	多跨连续	±10.0

（3）总拼

① 总拼应当是从中间向两边或从中间向四周发展。

② 拼时严禁形成封闭圈，封闭圈内施焊会产生很大的焊接收缩应力焊接。

5. 钢网架焊接

① 网架焊接时，一般先焊下弦，使下弦收缩而略上拱，然后焊接腹杆及上弦，即下弦→腹杆→上弦。

② 当用散件总拼时（不用小拼单元），如果把所有杆件全部定位焊好（即用电焊点上），则在全面施焊时将容易造成已定位焊的焊缝被拉裂。因为应当避免类似在封闭圈中进行焊接而没有自由收缩边。

③ 在焊接球网架结构中，钢管厚度大于 6mm 时，必须开坡口，在要求钢管与球全焊透连接时，钢管与球壁之间必须留有 1～2mm 的间隙，加衬管，以保证实现焊缝与钢管的等强连接。

6. 钢网架起拱类型及尺寸

当网架跨度 40m 以下可不起拱（拼装过程中，为防止网架下挠，根据经验留施工起拱）。

（1）起拱类型

网架起拱的类型见表 9-13 和图 9-23、图 9-24。

表 9-13　网架起拱的类型

项　目	内　容	项　目	内　容
按线形	折线形起拱	按找坡方向	单向起拱
	圆弧线形起拱		双向起拱

图 9-23　折线形起拱

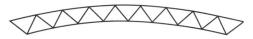

图 9-24　圆弧线形起拱

（2）起拱尺寸

单向圆弧线起拱和双向圆弧线起拱都要通过计算定几何尺寸。

折线形起拱时，对于桁架体系的网架，无论是单向或双向找坡，起拱计算较简单。但对四角锥或三角锥体系网架，当单向或双向起拱时计算均较复杂。

7. 钢网架防腐

① 网架的防腐处理包括制作阶段对构件及节点的防腐处理和拼装后最终的防腐处理。

② 焊接球与钢管连接时，钢管及球均不与大气相通，对于新轧制的钢管的内壁可不除锈，直接刷防锈漆即可，对于旧钢管内外均应认真除锈，并刷防锈漆。

③ 螺栓球与钢管的连接为大气相通状态，应用油腻子将所有空余螺孔及接缝处填嵌密实，并补刷防锈漆，保证不留渗漏水汽的缝隙。

④ 电焊后对已刷油漆的破坏处，应处理并按规定补刷好油漆。

8. 钢网架结构安装方法的选用

钢网架结构安装方法应根据网格受力和构造特点（如结构选型、网格刚度、外形特点、支撑形式、支座构造等），在满足质量、安全、进度和经济效益的条件下，结合当地的施工技术条件、场地条件和设备资源配备等因素，因地制宜综合确定。常用的工地安装方法见表 9-14 和图 9-25、图 9-26。

表 9-14　常用的工地安装方法

项　目	内　容
高空散装法	（1）将网架的杆件和节点（或小拼单元）直接在高空设计位置总拼成整体的方法称为高空散装法。 （2）适用于非焊接连接（螺栓球节点或高强螺栓连接）的各种类型网架安装，在大型的焊接连接网架安装施工中也有采用

项　目	内　容
分条或分块安装法	（1）分条分块安装法是高空散装法的组合扩大，将屋盖网格划分为若干个单元，条状单元一般沿长跨方向分割，其宽度为1～3个网格，其长度为 l 或 $l/2$（l 为短跨跨距）。 （2）块状单元一般沿网架平面纵横向分割成矩形或正方形单元。在地面胎架上拼装成条状或块状扩展组合成单元体后，用起重机、千斤顶等垂直吊升或提升到设计位置上拼装成整体网格
高空滑移法	将网架条状单元在建筑物上由一端滑移到另一端，就位后总拼成整体的方法称为高空滑移法。滑移时滑移单元应保证成为几何不变体系。高空滑移法适用于正放四角锥、正放抽空四角锥、两向正交正放四角锥等网架
整体吊装法	（1）将网架在地面总拼成整体后，用起重设备将其吊装至设计位置的方法称为整体吊装法。 （2）用整体吊装法安装网架时，可以就地与柱错位总拼或在场外总拼。 （3）此法适用于各种网架，更适用于焊接连接网架（因地面总拼易于保证焊接质量和几何尺寸的准确性）。 （4）此法缺点是需要较大的起重能力
整体提升法	（1）整体提升法是指在结构柱上安装提升设备来整体提升网格的方法。 （2）适用于周边支承及多点支承网架
整体顶升法	（1）将网架在地面就位拼成整体，用起重设备垂直地将网架整体顶升至设计标高并固定的方法称整体顶升法。 （2）顶升的概念是千斤顶位于网架之下，一般是利用结构柱作为网架顶升的临时支承结构。 （3）此法适用于周边支承及多点支承的大跨度网架

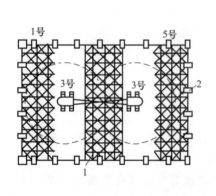 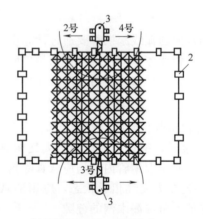 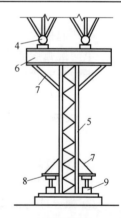

(a)吊装1号、5号段网格作业　　　　(b)吊装2号、4号、3号段作业　　　　(c)网格跨中挠度调节作业

图9-25　分条、分块安装法示意

1—网格；2—柱子；3—履带式起重机；4—下弦钢球；5—钢支柱；

6—横梁；7—斜撑；8—升降顶点；9—液压千斤顶

9. 高空散装法施工

（1）准备工作

① 根据测量控制网对基础轴线、标高或柱顶轴线、标高进行技术复核，对超出规范要求的与总承包单位、设计、监理协商解决。

② 检查预埋件或预埋螺栓的平面位置和标高。

③ 编制构件高空散装法施工组织设计。

④ 按施工平面布置图划分好材料堆放区、拼装区、堆放区，构件按吊装顺序进场。

⑤ 场地要平整夯实，并设排水沟。在拼装区、安装区设置足够的电源。

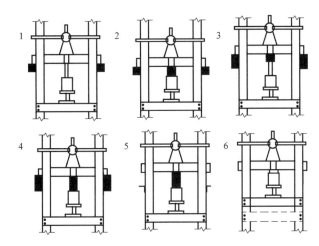

图 9-26　整体顶升法

1—顶升 150mm，两侧垫上方形垫块；2—回油，垫圆垫块；3—重复 1 过程；
4—重复 2 过程；5—顶升 130mm，安装两侧上级板；6—回油，下级板升一级

（2）构件检验

① 核对进场的各种节点、杆件及连接件规格、品种、数量及编号。

② 小拼单元验收合格。

③ 原材料出厂合格证明及复验报告。

（3）搭设拼装支架

当结构跨度大、杆件悬挑较大时，应进行工况分析，按需设置支承架，以控制自重和施工荷载产生的挠度。

① 一般为满堂脚手架，应按承重平台搭设。对支点位置（纵横轴线）应严格检查核对。

② 搭设拼装支架时，支架上支撑点的位置应设在下弦节点处。应验算支架的承载力和稳定性，必要时可进行试压，以确保安全可靠。

③ 支架应具有足够的强度和刚度。拼装支架应通过验算除满足强度要求外，还应满足单肢及整体稳定要求。

④ 由于拼装支架容易产生水平位移和沉降，在网架拼装过程中应经常观察支架变形情况并及时调整。应避免由于拼装支架的变形而影响网架的拼装精度。

（4）确定拼装顺序

① 安装顺序应根据构件形式、支承类型、结构受力特征、杆件小拼单元、临时稳定的边界条件、施工机械设备的性能和施工场地情况等诸多因素综合确定。

② 选定的高空拼装顺序应能保证拼装的精度、减少积累误差。

③ 平面呈矩形的周边支承结构总的安装顺序由建筑物的一端向另一端呈三角形推进。

④ 网片安装中，为防止累积的误差，应由屋脊网线分别向两边安装。

⑤ 平面呈矩形的三边支承结构，总的安装顺序在纵向应由建筑物的一端向另一端呈平行四边形推进，在横向应由三边框架内侧逐渐向大门方向（外侧）逐条安装。

⑥ 平面呈方形由两向正交正放桁架和两向正交斜放拱、索桁架组成的周边支承网架，总的安装顺序应先安装拱桁架，再安装索桁架，在拱索桁架已固定，且已形成能够承受自重的结构体系后，再对称安装周边四角、三角形网架，如图 9-27 所示。

⑦ 网片安装顺序可先由短跨方向，按起重机作业半径要求划分若干安装长条区。按区顺序依次流水安装构件。

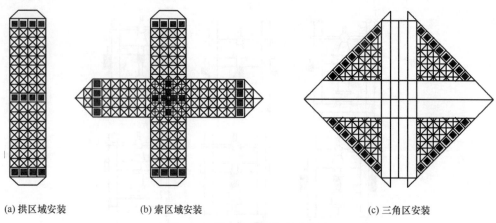

(a) 拱区域安装　　　　(b) 索区域安装　　　　　　　　(c) 三角区安装

图 9-27　拱索支撑网架安装顺序

（5）检查

① 网架安装应对建筑物的定位轴线（即基准轴线）、支座轴线和支承的标高、预埋螺栓（锚栓）位置进行检查，做出检查记录，办理交接验收手续。

② 网架安装过程中，应对网架支座轴线、支承面标高（或网架下弦标高，网架屋脊线、檐口线位置和标高）进行跟踪控制，发现误差积累应及时纠正。

③ 采用网片和小拼单元进行拼装时，要严格控制网片和小拼单元的定位线和垂直度。

④ 各杆件与节点连接时中心线应汇交于一点，螺栓球、焊接球应汇交于球心。

⑤ 网架结构总拼完成后纵横向长度偏差、支座中心偏移、相邻支座偏移、相邻支座高差、最低最高支座差等指标均符合网架相关规程的要求。

10. 分条或分块安装法施工

（1）网格单元划分

① 网格分条分块单元的划分，主要根据起重机的负荷能力和网格的结构特点而定。网格单元划分方法的操作过程和适用场合见表 9-15 和图 9-28～图 9-30。

表 9-15　网格单元划分方法的操作过程和适用场合

操作过程	适用场合
网格单元相互靠紧，可将下弦双角钢分开在两个单元上	适用于正放四角锥等网格
同架单元相互靠紧，单元间上弦用剖分式安装节点连接	可用于斜放四角锥等网架
单元之间空出一个节间，该节间在网架单元吊装后再在高空拼装	可用于两向正交正放等网架

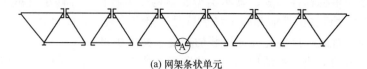

(a) 网架条状单元

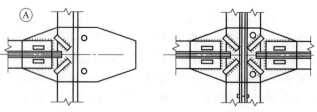

(b) 剖分式安装节点

图 9-28　正放四角锥网架条状单元划分方法示例

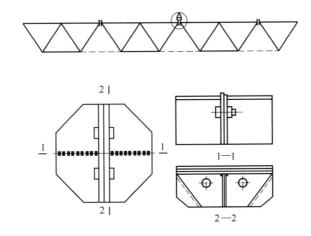

图 9-29　斜放四角锥网架单元划分方法

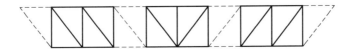

图 9-30　正交正放网架

②　对于正放类网架而言，在分割成条（块）状单元后，由于自身在自重作用下能形成几何不变体系，同时也有一定的刚度，一般不需要加固。但对于斜放类网架而言，在分割成条（块）状单元后，由于上弦为菱形结构可变体系，因而必须加固后方能吊装，图 9-31 所示为斜放四角锥网架块状单元调整示意图，图中虚线部分为临时加固的杆件。

（2）网架挠度调整

条状单元合拢前应先将其顶高，使中央挠度与网架形成整体后该处挠度相同。由于分条分块安装法多在中小跨度网架中应用，可用钢管做顶撑，在钢管下端设千斤顶，调整标高时将千斤顶顶高即可，比较方便。

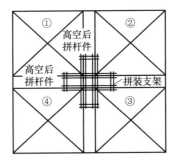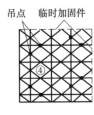

图 9-31　斜放四角锥网架块状单元调整示意图
①～④为块状单元

（3）网架尺寸控制

①　根据网架结构形式和起重设备能力决定分条或分块网架尺寸的大小，在地面胎具上拼装好。

②　分条或分块单元，自身应是几何不变体系，同时应有足够的刚度，否则应加固。

③　分条（块）网架单元尺寸必须准确，以保证高空总拼时节点吻合和减少偏差。一般可采用预拼法或套拼的办法进行尺寸控制。另外，还应尽量减少中间转运，如需运输，应用特制专用车辆，防止网架单元变形。

（4）焊接

①　网架焊接时，一般先焊下弦，使下弦收缩而略上拱，然后焊接腹杆及上弦，即下

弦→腹杆→上弦。

② 在焊接球网架结构中，钢管厚度大于 6mm 时，必须开坡口，在要求钢管与球全焊透连接时，钢管与球壁之间必须留有 1～2mm 的间隙，加衬管，以保证实现焊缝与钢管的等强连接。

③ 对于要求等强的焊缝，其质量应符合《钢结构工程施工质量验收规范》（GB 50205—2020）二级焊缝质量指标。

（5）支座固定

① 网架安装完毕后，网架整体尺寸、支座中心偏移、相邻支座偏移、高差及最低最高支座差等均应符合《钢结构工程施工质量验收规范》（GB 50205—2020）和网架规程的要求。

② 按规定和设计要求将支座焊接或固定。操作中应注意对橡胶支座或其他特殊支座的保护。

11. 高空滑移法安装施工

（1）高空滑移法分类

网架安装时应根据网架结构形式、现场环境、起重设备能力、网格尺寸等，确定采取何种滑移工艺。

① 高空滑移法按滑移方式分类见表 9-16 和图 9-32。

表 9-16　高空滑移法按滑移方式分类

项　目	内　容
单条滑移法	将条状单元一条一条地分别从一端滑移到另一端就位安装，各条之间分别在高空再行连接，即逐条滑移，逐条连成整体
逐条累计滑移法	先将条状单元滑移一段距离（能连接上第二单元的宽度即可），连接好第二单元后，两条一起再滑移一段距离（宽度同上），再连接第三条，三条又一起滑移一段距离，如此循环操作直至接上最后一条单元为止。 注：图 9-32 所示为最后一滑移单元，还有一个节间即已到位，余下 12m 宽网架在脚手架上就位拼装即告完成

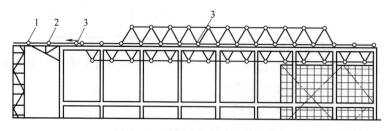

图 9-32　网架逐条累计滑移示意

1—10 吨手拉葫芦；2—双门滑轮组；3—单片滑轮

② 高空滑移法按摩擦方式分类见表 9-17。

表 9-17　高空滑移法按摩擦方式分类

项　目	内　容
滚动式滑移	网架装上滚轮，网架滑移时是通过滚轮与滑轨的滚动摩擦方式进行的
滑动式滑移	网架支座直接搁置在滑轨上，网架滑移时是通过支座底板与滑轨的滑动摩擦方式进行的

③ 高空滑移法按滑移坡度可分为水平滑移、下坡滑移及上坡滑移三类。如建筑平面为

矩形，可采用水平滑移或下坡滑移，当建筑平面为梯形时，短边高、长边低、上弦节点支承式网架，则可采用上坡滑移。

④ 高空滑移法按滑移时力作用的方向分类见表 9-18。

表 9-18　高空滑移法按滑移时力作用的方向分类

项　目	内　容
牵引法	将钢丝绳钩扎于网架前方,用卷扬机或手扳葫芦拉动钢丝绳,牵引网架前进,作用点受拉力
顶推法	用千斤顶顶推网架后方,使网架前进,作用点受压力

（2）滑移

① 滑道设置。根据网架大小，可用圆钢、钢板、角钢、槽钢、钢轨、四氟板加滚轮等方式设置滑道，牵引用的钢丝绳的质量和安全系数应符合有关规定。

② 挠度控制。单条滑移时，施工挠度情况与分条安装法相同。当逐条积累滑移时，滑移过程中仍然是两端自由搁置的立体桁架。如网架设计时未考虑分条滑移时的特点，网架高度设计得较小，这时网架滑移时的挠度将会超过形成整体后的挠度，可采用增加施工起拱度、开口部分增加临时网架层固接或在中间增设滑轨等处理方法。

③ 组合网架。组合网架由于无上弦而是钢筋混凝土板，不允许在施工中产生一定挠度后又抬高等反复变形，因此，设计时应验算组合网架分条后的挠度值，一般应适当加高，施工中不应该进行抬高调整。

④ 滑轨。

a. 滑轨的形式较多，如图 9-33 所示，可根据各工程实际情况选用。

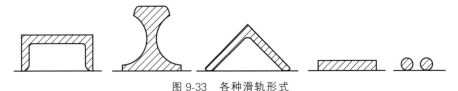

图 9-33　各种滑轨形式

b. 滑轨与圈梁顶预埋件连接可用电焊或螺栓连接。

c. 滑轨位置与标高，根据各工程具体情况而定。

如弧形支座高与滑轨一致，滑移结束后拆换支座较方便。当采用扁钢滑轨时，扁钢应与圈梁预埋件同标高，当滑移完成后拆换滑轨时不影响支座安装。如滑轨在支座下通过，则在滑移完成后，应有拆除滑轨的工作，施工组织设计应考虑拆除滑轨后支座落距不能过大（不大于相邻支座距离的 1/400）。当用滚动式滑移时，如把滑轨安置在支座轴线上，则最后有拆除滚轮和滑轨的操作（拆除时应先将滚轮全部拆除，使网架搁置于滑轨上，然后再拆除滑轨，以减少网架各支点的落差）。但可将滑轨设置在支座侧边，不发生拆除滚轮、滑轨时影响支座而使网架下落等问题。

d. 滑轨可固定于混凝土梁顶面的预埋件上，轨面标高应不低于网架支座设计标高。

滑轨接头处应垫实，若用电焊连接应锉平高出轨面的焊缝。当支座板直接在滑轨上滑移时，其两端应做成圆倒角，滑轨两侧应无障碍。摩擦表面应涂润滑油，否则易产生"卡轨"现象。

e. 当网架跨度较大时，宜在跨中增设滑轨，滑轨下的支承架应符合相关要求。

⑤ 导向轮。导向轮主要起保险作用，在正常情况下，滑移时导向轮是离开的，只有当同步差超过规定值或拼装偏差在某处较大时才碰上。但在实际工程中，由于制作拼装上的偏差，卷扬机不同时间的启动或停车也会造成导向轮顶上导轨的情况。

当设置水平导向轮时，可设在滑轨的内侧，导向轮与滑道的间隙应为 10~20mm。

（3）检验

① 每滑移一个流程，即检查网架各相关尺寸，对标高、轴线偏差、挠度进行测量和调整。

② 检查滑移中出现的问题，应及时进行修复。

（4）支座降落

① 当网架滑移完毕，经检查各部分尺寸标高、支座位置符合设计要求，开始用等比例提升方法，可用千斤顶或起落器抬起网架支承点，抽出滑轨，再用等比例下降方法，使网架平稳过渡到支座上，待网架下挠稳定，装配应力释放完后，即可进行支座固定。

② 网架安装完毕后，网架整体尺寸、支座中心偏移、相邻支座偏移、高差及最低最高支座差等均应符合《钢结构工程施工质量验收规范》（GB 50205—2020）和网架规程的要求。

③ 按规定和设计要求将支座焊接或固定。操作中应注意对橡胶支座或其他特殊支座的保护。

12. 整体吊装法安装施工

（1）网架空中移位

① 采用多根拔杆吊装网架时，网架在空中移位的力学分析计算简图如图 9-34 所示。

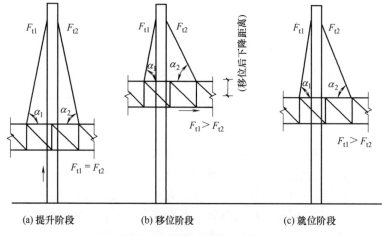

图 9-34　网架空中移位示意

α_1，α_2—拔杆两侧滑轮组夹角；F_{t1}，F_{t2}—拉力

② 网架提升时，每根拔杆两侧滑轮组夹角相等，上升速度一致，两侧滑轮组受力相等（$F_{t1}=F_{t2}$），其水平力也相等（$H_1=H_2$），网架只是垂直上升，不会水平移动。

③ 网架在空中移位时，每根拔杆的同一侧（如同为左侧或右侧）滑轮组钢丝绳徐徐放松，而另一侧滑轮组不动。此时放松一侧的钢丝绳因松弛而拉力 F_{t1} 变小，另一侧 F_{t2} 则由于网架重力而增大，因此两边的水平分力就不等（$H_1>H_2$）而推动网架移动或转动。

④ 网架就位时，即当网架移动至设计位置上空时，一侧滑轮组停止放松钢丝绳而处于拉紧状态，则 $H_1=H_2$，网架恢复平衡。

⑤ 网架空中移位时，由于一侧滑轮组不动，网架除平移外，还会以 O 点为圆心，OA 为半径的圆周运动而产生少许下降，网架移动距离（或转动角度）与网架下降高度之间的关系，可用图解法或计算法确定。

⑥ 网架空中移动的运动方向与拔杆及起重滑轮组布置有很大关系。如图 9-35 所示矩形网架采用 4 根拔杆对称布置,拔杆的起重平面(即起重滑轮组与拔杆所构成的平面)方向一致,且平行于网架的一边。因此使网架产生的水平分力 H 都平行于网架的一边,网架即产生单向的位移。

⑦ 如拔杆布置在同一圆周上,且拔杆的起重平面垂直于网架半径,这时使网架产生运动的水平分力 H 与拔杆起重平面相切。由于水平切向力 H 的作用,网架即产生绕其圆心旋转的运动,如图 9-36 所示。

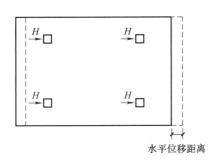

图 9-35 网架空中移动

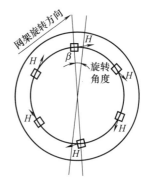

图 9-36 网架空中旋转

⑧ 对于中小跨度网架,可采用单根拔杆吊装,这时空中移位则收紧缆风绳、摆动拔杆顶端并辅以四角拉索来达到。

(2)多拔杆的同步控制与折减系数

网架在提升过程中应尽量同步,即各拔杆以均匀一致的速度上升,以减少起重设备即网架结构不均匀受力,并避免网架与柱或拔杆相碰。相邻点提升高差控制在 100mm 以下较合适。当遇到特殊情况时,也可通过验算或试验确定。

(3)缆风绳的初拉力

对于多根拔杆整体提升网架来说,保持拔杆顶端偏移值最小,是顺利吊装网架的关键之一。为此缆风绳的初拉力宜适当加大,但也应防止由此所引起的拔杆与地锚负荷大太的问题。

(4)多机抬吊的折减系数及升降速度

中小型网架,可利用现有的起重设备,采用多台履带式或轮车式起重机抬吊,这种方法准备工作简单,吊装方便。

① 起重机的抬吊系数。对于常用的四机抬吊,如考虑到有一台起重机提升慢或一台起重机提升快,参考前述多台拔杆情况,起重机抬吊折减系数取 1.33,即荷载降低系数取 0.75,是偏于安全的。

在工程实践中,往往遇到起重机的起重量满足不了吊装网架要求的情况,为此可采取相应的措施,如将每两台起重机的吊点穿通等方法,以适当放宽折减系数。

② 起重机吊钩升降速度。多台抬吊的关键是每台起重机吊钩升降速度一致,否则会造成起重机超载、网架受扭等事故。为了避免事故,可采取如下措施。

首先,可调整每台起重机的起吊速度,每台起重机分别吊以相同重量,测出每台起重机的起吊速度,如果速度相差不大,履带式起重机可从调整油门大小来调整速度;如果速度相差较大,则用多穿钢丝绳的办法减速。但进油量与油温有关,所以抬吊时,应将起重机发动片刻后再进行吊装。此外,吊装时必须统一信号,做到起步停车一致。

其次，可穿通每两台起重机的吊索，如产生起重速度不一致时，可通过滑轮组自行调整。

13. 整体提升法安装施工

（1）提升设备布置原则

网架整体提升，一般采用小机群（电动螺杆升板机、液压滑模千斤顶等），其布置原则如下：

① 网架提升时受力情况应尽量与设计受力情况接近；

② 每个提升设备所受荷载尽可能接近；

③ 提升设备的负荷能力应按额定能力乘以折减系数，电动螺杆升板机折减系数为 0.7～0.8；穿心式液压千斤顶折减系数为 0.5～0.6。升板机的折减系数主要考虑其安全使用性能，不宜负荷过大。穿心式液压千斤顶在液压管道及接头等较有把握时可适当提高负荷，但该类千斤顶的冲程非恒值，负荷大时冲程就小，负荷小时冲程就大，故使用时应注意使各千斤顶负荷接近，以利于同步提升。

（2）搭设提升设施

① 搭设提升平台。

② 按方案安装提升设备和穿钢绞线，对提升柱顶悬臂重新验算，对行进路线进行障碍物清理。穿钢绞线有上穿、下穿两种，通常采用上穿法。

③ 千斤顶要求支承座平面不能倾斜，并注意油管及各电器接口的方向。相同位置的千斤顶管路长度应一致，避免油压损失不均。

④ 检查设备，液压、泵站、千斤顶、电控系统等功能，检查各钢绞线锚固、垂直、松紧及排列等是否符合要求。

（3）穿钢绞线

① 将钢绞线放入导线套内，再将钢绞线插入千斤顶，同时安全锚下部有人握住带导线套的引线，不应向下拉，而是随钢绞线的推力而动，以防钢绞线脱套。

② 当钢绞线从安全锚下穿出时，将导向套引线取下。下放钢绞线直至接近固定锚时速度放慢。当还有 4～5m 时，穿入锚片随时锁紧。若再需下放时则先提起钢绞线，将锚片向上提再放下锁紧，直到钢绞线穿过。固定锚应进锚孔穿上锚片，钢绞线进入锚片压板孔定位。上部人员将松弛钢绞线拉紧。

③ 钢绞线顶出千斤顶 500mm。

④ 穿线时应有良好的联络，穿线顺序一般是先内后外，顺时或逆时针进行，穿线时固定锚应与千斤顶相同。穿好的钢绞线应拉开一定距离，防止打扭。

⑤ 按上述方法将一个千斤顶所有钢绞线穿好后，固定锚提至接近锚位打紧夹片，套上压板，旋入固定螺栓。检查后就可以进行预紧工作。

⑥ 预紧钢绞线。为使钢绞线在受力时一致，必须要预紧。在临时锚上放一个调锚盘，用千斤顶将每根钢绞线拉至 $4N/mm^2$，操作应对称进行，无误后，放下安全锚，油缸下锚紧缩缸。

（4）网架提升要求

① 网架提升过程中，各吊点间的同步差，将影响升板机等提升设备和网架杆件的受力状况，测定和控制提升中的同步差是保证施工质量和安全的关键措施。

② 网架规程中规定当用升板机时，允许升差值为相邻提升点距离的 1/400，且不大于15mm；当使用穿心式液压千斤顶时，允许升差值为相邻提升点距离的 1/250，且不大于25mm。这主要是由设备性能决定的，因升板机的同步性能较穿心式液压千斤顶好，因此选

用设备时应注意，刚度大的网架形式不宜用穿心式液压千斤顶提升。

（5）试提升

① 网架正式提升前必须进行试提升。结构提升离开地面 200mm，一般静置约 12 小时，并再次对提升系统和行进路线做全面检查。

② 钢绞线有无错孔、打绕现象，可用肉眼观察，钢绞线应排列整齐，能清晰看到线隙。

③ 固定锚具与构件紧密贴实，下端预留线头约 300mm。

④ 核实安全锚是否处于工作状态。

⑤ 根据需要搭设脚手架。核实结构合拢安装的杆件、规格、数量。

（6）正式提升

① 网架提升时应保证做到同步。

② 提升整个过程中，各监测点应及时监测其受力、标高、速度等参数并通过控制系统进行调整。

③ 随时检查千斤顶的受力及运行情况，检查和梳理钢绞线。

④ 钢结构由钢绞线的下端悬挂固定，上端由千斤顶下部锚具锚固，下部夹具已卡紧。

⑤ 千斤顶油缸充油，油缸上升，上部锚具夹持钢绞线带动钢结构上升，此时下部锚具打开，钢绞线相对下部锚具滑动。提升速度 2.5～3m/h。

⑥ 油缸升程到位，此时下部锚具夹紧，上部锚具打开，千斤顶回油，油缸下降返回。如此周而复始，开始下一个行程。

（7）支座就位

① 当网架整体提升到距设计标高 500mm 时，应检查及测定各结构端部距设计标高的实际值，当某一千斤顶达到就位高度，即关闭该泵组，若系统不能工作时，则采用单台手动调整，监测系统应力，整个结构达到平均设计标高后，锁定提升系统。

② 安装、焊接合拢构件，焊接网架支座。

14. 整体顶升法安装施工

（1）千斤顶的要求

顶升用的千斤顶可采用普通液压千斤顶或螺旋丝杆千斤顶，有条件时可采用计算机控制的穿钢绞线的液压千斤顶，要求千斤顶的行程和起重速度必须一致。

其使用负荷能力应将额定负荷能力乘以折减系数：丝杆千斤顶取 0.6～0.8；液压千斤顶取 0.4～0.6。

各千斤顶的行程和升起速度必须一致，千斤顶及其液压系统必须经现场检验合格后方可使用。

（2）纠偏

① 顶升前对网架拼装时支座的水平位移进行检查，做出记录。

② 在网架的四个支柱附近及中心处确定五个固定点。每顶升一个步距，观测这五个点的水平位移。

③ 每顶升一步距，测量十字梁四个端部与钢柱肢的导轨板的间隙，对照网架水平平面内的偏移。

④ 在顶升过程中，千斤顶要多次回油。回油操作也应由总控台统一指挥。

⑤ 若已发生偏移，且其值不大，则可以让千斤顶顶出时，略有倾斜，使之产生水平分力。也可在十字梁与钢柱肢导向板之间塞以钢楔，此钢楔顶升时随之上升，回油时加以锤击，也能起到防止和纠正偏移的作用。

⑥ 若偏移已发展到一定程度，则可用横顶法纠正。

（3）柱子稳定

当利用结构柱作为顶升的支承结构时，应注意柱子在顶升过程中的稳定性。

① 应验算柱子在施工过程中承受风力及垂直荷载作用下的稳定性。

② 采取措施保证柱子在施工期间的稳定性。

③ 及时连接柱间支撑、钢结构柱的缀板。当为钢筋混凝土柱时，如沿柱高度有框架梁及连系梁时，应及时浇筑混凝土。

④ 网架顶升时遇到异常情况时应停止顶升，待柱的连系结构施工完毕，并达到要求强度后再继续顶升。

（4）顶升

从开始顶升到最后就位，可归纳为三种程序，即初始顶升程序、正常顶升程序和最终就位程序。其中反复循环最多的是正常顶升程序，另外两种都只有一个循环，每完成一个循环，屋盖就升高了80cm。

正常顶升透视如图9-37所示。上、下小梁互相垂直，并相差一个步距。十字梁底面与下小梁相互垂直，并相差一个步距。十字梁底面与下小梁顶面净空为80cm，比千斤顶与下横梁底板总高度78cm略有余量，这个余量，对保证顶升安全及顺利进行是非常重要的。

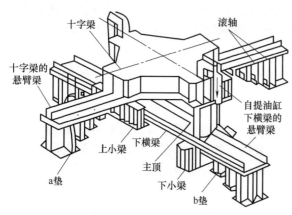

图9-37　正常顶升透视图

正常顶升的过程如下。

① 首先顶升17.5cm，将a垫的第一个台阶推入十字梁与上小梁之间。

② 千斤顶回油，十字梁搁置在a垫的这个台阶上。首次自提下横梁、千斤顶17.5cm。将b垫的第一个台阶推入下横梁与小梁之间。

③ 自提液压缸回油，下横梁、千斤顶支承在b垫的这个台阶上，准备第二次顶升。如此反复循环四次，a、b垫全部推入，十字梁升高70cm。

④ 第五次千斤顶顶升12cm，将a垫推出，把上小梁吊升到上级牛腿上，千斤顶回油，十字梁搁置在已升高一个步距的上小梁上。

⑤ 提升下横梁推出b垫，将下小梁吊升到上级牛腿上。自提液压缸、下横梁、千斤顶支承在已升高一个步距的下小梁上。至此这个步距的正常顶升就已经完成了。

15. 拼装支撑点（临时支座）拆除

① 拼装支撑点（临时支座）拆除必须遵循"变形协调，卸载均衡"的原则；避免临时支座超载失稳，或者构件结构局部甚至整体受损。

② 临时支座拆除的顺序和方法如下。

a. 由中间向四周，以中心对称进行，防止个别支撑点集中受力。

b. 根据各支撑点的结构自重挠度值，采用分区分阶段按比例下降或用每步不大于10mm的等步下降法拆除支撑点。

③ 拆除临时支撑点的注意事项。

a. 检查千斤顶行程是否满足支撑点下降高度，关键支撑点要增设备用千斤顶。

b. 降落过程中，应统一指挥，责任到人，遇问题由总指挥处理解决。

第二节　钢结构涂装施工

一、表面处理

1. 除锈方法

① 钢材表面处理的除锈方法应符合设计要求或根据所用涂层类型的需要确定，并达到设计规定的除锈等级。

② 各种的除锈方法的特点见表 9-19。

表 9-19　各种除锈方法的特点

除锈方法	设备工具	优点	缺点
手工、机械	砂布、钢丝刷、铲刀、尖锤、平面砂磨机、受力钢丝刷等	工具简单、操作方便、费用低	劳动强度大、效率低、质量差、只能满足一般涂装要求
酸洗	酸洗槽、化学药品、厂房等	效率高，适用大批件，质量较高，费用较低	污染环境，废液不易处理，工艺要求较严
喷射	空气压缩机、喷射机、油水分离器等	能控制质量，获得不同要求的表面粗糙度	设备复杂，需要一定操作技术，劳动强度较高，费用高，污染环境

③ 选择除锈方法时，除要根据各种方法的特点和防护效果外，还要根据涂装的对象、目的、钢材表面的原始状态、要求的除锈等级、现有的施工设备和条件以及施工费用等，进行综合考虑和比较，最后方可确定。

2. 手工和动力工具除锈

（1）手工除锈

主要是通过人力操作刮刀、手锤、钢丝刷和砂布等工具进行除锈。

手工操作，施工方便，但生产效率低，劳动强度大，除锈质量差，又污染环境，仅在局部除锈时方可采用。

（2）动力工具除锈

利用压缩空气或以电能为动力，使除锈工具产生圆周式或往复式运动，利用与钢材表面接触时产生摩擦和冲击，来清除氧化皮和锈蚀。

此种方法比手工除锈效率高、质量较好，一般情况下均可以采用。

3. 酸洗除锈

① 把金属构件浸入 15%～20% 的稀盐酸或稀硫酸溶液中浸泡 10～20 分钟，然后用清水洗干净。

② 如果金属表面锈蚀较轻，可用"三合一"溶液同时进行除油、除锈和钝化处理。

经"三合一"溶液处理后的金属构件应用热水洗涤 2～3 分钟，再用热风吹干，立即进行喷涂。

4. 喷射和抛射除锈

① 喷射除锈。使用经油水分离处理过的压缩空气将磨料从喷嘴高速喷出，压缩空气的压力一般为 0.4～0.6MPa，利用带有压力的高速磨料与钢材接触时产生的摩擦和冲击，来清除氧化皮和锈蚀。

此种方法不需固定地点，效率高，喷射点灵活性大，无死角，除锈质量好，同时使钢材表面获得一定的粗糙度，利于漆膜的附着；一般情况下除锈均应采用此种方法。

② 抛射（抛丸）除锈。利用抛丸机的叶轮片高速旋转，将磨料分散射向钢材表面，磨料高速飞出，冲击和摩擦钢材表面，从而除去钢材表面的锈蚀和氧化皮等。

此种方法效率高、除锈质量好，能使钢材表面获得一定的粗糙度以利漆膜的附着，劳动强度低，对环境污染较轻，制作厂应优先采用此种方法。

③ 施工现场环境的相对湿度高于80％，或钢材表面温度低于空气露点温度3℃时，禁止喷射除锈施工。

④ 喷射除锈后的钢材表面粗糙度，宜小于涂层总厚度的1/3～1/2。

5. 除锈等级

钢材表面除锈等级应符合表9-20的规定。

表9-20　钢材表面除锈等级

除锈等级	除锈方法	处理手段和清洁度要求		
Sa1	喷射或抛射	喷（抛）棱角砂、铁丸、断丝和混合磨料	轻度除锈	仅除去疏松轧制氧化皮、铁锈和附着物
Sa2			彻底除锈	轧制氧化皮、铁锈和附着物几乎全部被除去，至少2/3面积无任何可见残留物
Sa21/2			非常彻底除锈	轧制氧化皮、铁锈和附着物残留在钢材表面的痕迹已是点状或条状的轻微污痕，至少有95％面积无任何可见残留物
Sa3			除锈到出白	表面上轧制氧化皮、铁锈和附着物全部除去，具有均匀多点光泽
St2	手工和动力工具	使用铲刀、钢丝刷、机械钢丝刷、砂轮等	无可见油脂污垢，无附着不牢的氧化皮、铁锈和油漆涂层等附着物	
St3			无可见油脂污垢，无附着不牢的氧化皮、铁锈和油漆涂层的附着物。除锈比St2更为彻底，底材显露部分的表面应具有金属光泽	

二、油漆防腐涂装

1. 涂装方法的选用

① 合理的施工方法，对保证涂装质量、施工进度、节约材料和降低成本有很大的作用。
② 常用涂料的施工方法见表9-21。

表9-21　常用涂料的施工方法

施工方法	适用涂料的特性			被涂物	使用工具或设备	主要优缺点
	干燥速度	黏度	品种			
刷涂法	干性较慢	塑性小	油性漆、酚醛漆、醇酸漆等	一般构件及建筑物、各种设备管道等	各种毛刷	优点：投资少，施工方法简单，适于各种形状及大小面积的涂装。缺点：装饰性较差，施工效率低
手工辊涂法	干性较慢	塑性小	油性漆、酚醛漆、醇酸漆等	一般大型平面的构件和管道等	辊子	优点是投资少，施工方法简单，适用大面积物的涂装；缺点是装饰性较差，施工效率低
浸涂法	干性适当，流平性好，干燥速度适中	触变性好	各种合成树脂涂料	小型零件、设备和机械部件	浸漆槽、离心及真空设备	优点是设备投资较少。施工方法简单，涂料损失少，适用于构造复杂的构件；缺点是流平性不太好，有流挂现象，污染现场，溶剂易挥发

施工方法	适用涂料的特性			被涂物	使用工具或设备	主要优缺点
	干燥速度	黏度	品种			
空气喷涂法	挥发快,干燥适中	黏度小	各种硝基漆、橡胶漆、建筑乙烯漆、聚氨酯漆等	各种大型构件及设备和管道	喷枪、空气压缩机、油水分离器等	优点是设备投资较小,施工方法较复杂,施工效率比刷涂法高;缺点是消耗溶剂最大,有污染现象,易引起火灾
无气喷涂法	具有高沸点溶剂的涂料	高不挥发组分,有触变性	厚浆型涂料和高不挥发分涂料	各种大型钢结构、桥梁、管道、车辆和船舶等	高压无气喷枪、空气压缩机等	优点是设备投资较大,施工方法较复杂,效率比空气喷涂法高,能获得厚涂层;缺点是也要损失部分涂料,装饰性较差

2. 刷涂法

刷涂质量的好坏,主要取决于操作者的实际经验和熟练程度,刷涂时应注意以下基本操作要点。

① 使用漆刷时,一般应采用直握方法,用腕力进行操作。

② 涂刷时应蘸少量涂料,刷毛浸入漆的部分应为毛长的 $1/3 \sim 1/2$。

③ 对于干燥较慢的涂料,应按涂敷、抹平和修饰三道工序进行。

④ 对于干燥较快的涂料,应从被涂物一边按一定的顺序、快速、连续地刷平和修饰,不宜反复刷涂。

刷涂垂直平面时,最后一道应由上向下进行。刷涂水平表面时,最后一道应按光线照射的方向进行。

⑤ 漆膜的涂刷厚度应适中,防止流挂、起皱和漏涂。

⑥ 刷涂完毕,要将漆刷妥善保管,若长期不使用,须用溶剂清洗干净晾干,用塑料薄膜包好,存放在干燥的地方,以便再用。

3. 手工辊涂施工

① 辊涂法是用羊毛或合成纤维做成多孔吸附材料,贴附在空的圆筒上,所制成的滚子进行涂料施工的方法。

② 辊涂法施工基本操作要点如下。

a. 涂料应倒入装有辊涂板的容器中,将滚子的一半浸入涂料,然后提起,在辊涂板上来回辊涂几次,使滚子全部均匀地浸透涂料,并把多余的涂料滚压掉。

b. 滚子沿 W 形轻轻滚动,将涂料大致涂布于被涂物上,然后滚子上下密集滚动,将涂料均匀地分布开,最后使滚子按一定的方向滚平表面并修饰。

c. 滚动时,初始用力要轻,以防流淌,随后逐渐用力,使涂层均匀。

d. 滚子用完后,应尽量挤除漆料,或用稀释剂清洗干净,晾干后保存备用。

4. 浸涂法施工

① 浸涂法就是将被涂物放入漆槽中浸渍,经一定时间取出后吊起,让多余的涂料尽量滴净,再晾干或烘干。

② 浸涂法施工基本操作要点如下。

a. 为防止溶剂挥发扩散和灰尘落入漆槽内,在不作业时,漆槽应加盖,大漆槽应将涂料排放到地下漆库,浸涂槽敞口面应尽可能小。

b. 浸涂槽厂房内应装置排风设备。

c. 作业过程中，应严格控制好涂料黏度，每班应测定 1～2 次黏度，因涂膜的厚度主要取决于涂料的黏度。

d. 浸涂过程中，由于溶剂的挥发，易发生火灾，要做好防火工作。

5. 空气喷涂法

（1）空气喷涂法的概念　空气喷涂法是利用压缩空气的气流将涂料带入喷枪，经喷嘴吹散成雾状，并喷涂到物体表面上的一种涂装方法。

（2）喷涂操作基本要点

① 喷枪的调整。

a. 喷枪是空气喷涂的主要工具，在进行喷涂时，必须将空气压力、喷出量和喷雾幅度等调整到适当的程度，以保证喷涂质量。

b. 空气压力的控制，应根据喷枪的产品说明书进行调整。

空气压力大，可增强涂料的雾化能力，但涂料飞散大，损失也大。

空气压力过低，漆雾变粗，漆膜易产生"橘皮"、针孔等缺陷。

c. 涂料喷出量的控制，应按喷枪说明书进行。

喷雾形状和幅度的控制，喷雾幅度可通过调节喷枪的压力装置来控制；喷雾形状可调节喷枪的幅度来控制。

② 喷枪操作准则。

a. 喷涂距离控制。

距离过大，漆雾易落散，造成漆膜过薄而无光。

距离过近，漆膜易产生流淌和"橘皮"现象。

喷涂距离应根据喷涂压力和喷嘴大小来确定，一般使用大口径喷枪为 200～300mm，使用小口径喷枪为 150～250mm。

b. 喷枪的运行速度为 30～60cm/s，并应稳定。

c. 喷枪角度倾斜，漆膜易产生条纹和斑痕；运行速度过快，漆膜薄而粗糙；运行速度过慢，漆膜厚而易流淌。

喷幅搭接的宽度，一般为有效喷幅宽度的 1/4～1/3，并保持一致。

d. 暂停时，应将喷枪端部浸泡在溶剂里，以防堵塞，用完后，应立即用溶剂清洗干净。

（3）喷枪的维护

① 喷枪使用完后，应立即用溶液清洗干净。

② 枪体、喷嘴和空气帽应用毛刷清洗。气孔和喷漆孔遇有堵塞，应用木钎疏通，不准用金属丝或铁钉去捅，以防碰伤金属孔。

③ 暂停工作时，应将喷枪端部浸泡在溶剂中，以防涂料干固堵塞喷嘴。

④ 应经常检查针阀垫圈、空气阀垫圈密封处是否泄漏，如发现有应及时更换。

⑤ 喷枪的螺栓、螺纹和垫圈等连接处，应经常涂油保养；弹簧应涂润滑油脂，以防生锈。

⑥ 要定期对喷枪拆卸清洗，晾干、涂油后再组装使用。

6. 无气喷涂法

（1）无气喷涂法的概念

无气喷涂法是利用特殊形式的气动或其他动力驱动的液压泵，将涂料增至高压，当涂料经管路通过喷枪的喷嘴喷出时，其速度非常高，随着冲击空气和高压的急速下降及涂料溶剂的急剧挥发，使喷出的涂料体积骤然膨胀而雾化，高速地分散在被涂物表面上，形成漆膜。

因为涂料的雾化和涂料的附着不是用压缩空气，故称之为无气喷涂。

（2）无气喷涂施工操作要点

① 喷距是指喷枪嘴与被喷物表面的距离，一般以控制在 300～380mm 为宜。

② 喷幅宽度，较大的物件以 300～500mm 为宜，较小的物件以 100～300mm 为宜。一般为 300mm。

③ 喷嘴与物面的喷射角为 30°～80°。

④ 喷枪运行速度为 30～100cm/min。

⑤ 喷幅的搭接应为幅度的 1/6～1/4。

（3）注意事项

① 使用前，应首先检查高压系统各固定螺母以及管路接头是否拧紧，将松动的拧紧。

② 无气喷涂法施工前，涂料应经过过滤后才能使用。

③ 喷涂中，吸入管不得移出涂料液面，以免吸空，造成漆膜流淌。应经常注意补充涂料。

④ 暂停施工时，应将喷枪端部置于溶剂中。

⑤ 发生喷嘴堵塞时，应关枪，自锁挡片置于横向，取下喷嘴，先用刀片在喷嘴口切割数下（不得用刀尖凿），用刷子在溶剂中清洗，然后再用压缩空气吹通，或用木钎捅通。

⑥ 喷涂中，如停机时间不长，可不排出机内涂料，把枪头置于溶剂中即可，但对于双组分涂料（因干燥较快），则应排出机内涂料，并应清洁整机。

⑦ 喷涂结束后，将吸入管从涂料桶中提起，使泵空载运行，将泵内、过滤器、高压软管和喷枪内剩余涂料排出，然后用溶剂空载循环，将上述各器件清洗干净。清洗工作应在结束后及时进行，以免涂料变稠或固化，难于清洗干净。

⑧ 高压软管弯曲半径不得小于 50mm，也不允许重物压在上面。

⑨ 高压喷枪绝不许对准操作人员或他人。

7. 涂装施工注意事项

① 钢结构涂装时的环境温度和相对湿度，除应符合涂料产品说明书的要求外，还应符合下列规定。

a. 当产品说明书对涂装环境温度和相对湿度未做规定时，环境温度宜为 5～38℃，相对湿度不应大于 85%，钢材表面温度应高于露点温度 3℃，且钢材表面温度不应超过 40℃。

b. 被施工物体表面不得有凝露。

c. 遇雨、雾、雪、强风天气时应停止露天涂装，应避免在强烈阳光照射下施工。

d. 涂装后 4 小时内应采取保护措施，避免淋雨和沙尘侵袭；

e. 风力超过 5 级时，室外不宜喷涂作业。

② 涂料调制应搅拌均匀，应随拌随用，不得随意添加稀释剂。

③ 不同涂层间的施工应有适当的重涂间隔时间，最大及最小重涂间隔时间应符合涂料产品说明书的规定，应超过最小重涂间隔再施工，超过最大重涂间隔时应按涂料说明书的指导进行施工。

④ 表面除锈处理与涂装的间隔时间宜在 4 小时之内，在车间内作业或湿度较低的晴天不应超过 12 小时。

⑤ 工地焊接部位的焊缝两侧宜留出暂不涂装的区域，应符合表 9-22 的规定，焊缝及焊缝两侧也可涂装不影响焊接质量的防腐涂料。

⑥ 设计要求或钢结构施工工艺要求禁止涂装的部位，为防止误涂，在涂装前必须进行遮蔽保护。如地脚螺栓和底板、高强度螺栓结合面、与混凝土紧贴或埋入的部位等。

表 9-22　焊缝暂不涂装的区域

图　　示	钢板厚度(t)/mm	暂不涂装的区域宽度(b)/mm
	$t<50$	50
	$50{\leqslant}t{\leqslant}90$	70
	$t>90$	100

8. 油漆补涂

① 涂层有缺陷时，应分析并确定缺陷原因，及时修补。修补的方法和要求与正式涂层部分相同。

② 表面涂有工厂底漆的构件，因焊接、火焰校正、曝晒和擦伤等造成重新锈蚀或附有白锌盐时，应经表面处理后再按原涂装规定进行补漆。

③ 运输、安装过程的涂层碰损、焊接烧伤等，应根据原涂装规定进行补涂。

④ 后补漆和补漆，后补所用的涂料品种、涂层层次与厚度，涂层颜色应与原要求一致。表面处理可采用手工机械除锈方法，但要注意油脂及灰尘的污染。修补部位与不修补部位的边缘处，宜有过渡段，以保证搭接处的平整和附着牢固。

三、防火涂装

1. 涂装施工

① 喷涂应分若干层完成，第一层喷涂基本盖住钢材表面即可，以后每层喷涂厚度为 5～10mm，一般为 7mm 左右为宜。

② 在每层涂层基本干燥或固化后，方可继续喷涂下一层涂料，通常每天喷涂一层。

③ 喷涂保护方式、喷涂层数和涂层厚度应根据防火设计要求确定。喷涂时。喷枪要垂直于被喷涂的钢构件表面，喷距为 6～10mm，喷涂气压保持在 0.4～0.6MPa。喷枪运行速度要保持稳定，不能在同一位置久留，避免造成涂料堆积流淌。喷涂过程中，配料及往喷涂机内加料均要连续进行，不得停顿。

④ 施工过程中，操作者应采用测厚针检测涂层厚度，直到符合设计规定的厚度，方可停止喷涂。喷涂后，对于明显凹凸不平处，采用抹灰刀等工具进行剔除和补涂处理，以确保涂层表面均匀。

2. 薄涂型钢结构防火涂料涂装

（1）底层涂装

① 底涂层一般应喷涂 2～3 遍，待前一遍涂层基本干燥后再喷涂后一遍。第一遍喷涂以盖住钢材基面 70% 即可，第二、第三遍喷涂每层厚度不超过 2.5mm。

② 喷涂保护方式、喷涂层数和涂层厚度应根据防火设计要求确定。

③ 喷涂时，操作工手握喷枪要稳定，运行速度保持稳定。喷枪要垂直于被喷涂钢构件表面，喷距为 6～10mm。

④ 施工过程中，操作者应随时采用测厚针检测涂层厚度，确保各部位涂层达到设计规定的厚度要求。

⑤ 喷涂后，喷涂形成的涂层是粒状表面，当设计要求涂层表面平整光滑时，待喷涂完最后一遍应采用抹灰刀等工具进行抹平处理，以确保涂层表面均匀平整。

（2）面层涂装

① 当底涂层厚度符合设计要求，并基本干燥后，方可进行面层涂料涂装。

② 面层涂料一般涂刷 1～2 遍。如第一遍是从左至右涂刷，第二遍则应从右至左涂刷，以确保全部覆盖住底涂层。面层涂装施工应保证各部分颜色均匀、一致，接槎平整。

3. 涂装质量要求

① 涂层应在规定时间内干燥固化，各层间黏结牢固，不出现粉化、空鼓、脱落和明显裂纹。

② 钢结构接头、转角处的涂层应均匀一致，无漏涂出现。涂层厚度应达到设计要求；否则，应进行补涂处理，使之符合规定的厚度。

第三节 钢结构工程常见问题

一、钢筋变形

1. 钢构件在运输、堆放过程中，发生变形的处理

① 钢构件出现死弯变形时，一般采用机械矫正法治理：即用千斤顶或其他工具矫正或辅以氧乙炔火焰烤后矫正，由结构刚度情况而定，一般应以工具矫正为主，氧乙炔烘烤为辅，均能达到良好的效果，如图 9-38 所示。

② 钢构件出现缓弯变形时，可采用氧乙炔火焰加热矫正，或采用大型氧乙炔火焰枪烤。火焰烘烤时，三角形加热常用于矫正刚性较强、厚度较大构件的弯曲变形，线状加热多用于矫正刚性较大或变形量较大的结构，具体做法如图 9-39、图 9-40 所示。

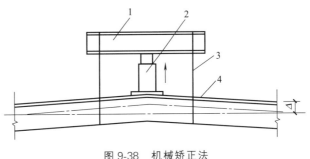

图 9-38　机械矫正法
1—钢模梁；2—千斤顶；3—钢丝绳；4—钢构件

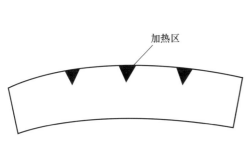

图 9-39　烤点布置

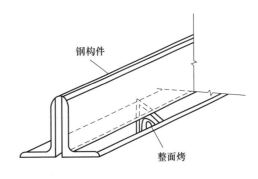

图 9-40　火焰烘烤矫正法

2. 防治钢零件加工时气割变形的措施

为了防止气割变形，操作中应遵循下列程序。

① 大型工件的切割，应先从短边开始。

② 在钢板上切割不同尺寸的工件时，应靠边靠角，合理布置，先割大件，后割小件。

③ 在钢板上切割不同形状时，应先割较复杂的，后割较简单的。

④ 窄长条形板的切割，采用两长边同时切割的方法，以便防止产生旁弯（俗称马刀弯）。

二、钢构件预拼装时超偏的预防

超偏现象主要表现为钢构件预拼装的几何尺寸、对角线、拱度、弯曲矢高超过允许值。为防止钢构件预拼装出现超偏现象，一般可以从以下几个方面着手。

① 预拼装比例应当按合同和设计要求，一般按实际平面情况预装 10％～20％。

② 钢构件组装必须严格控制尺寸，钢构件组装、预拼装应经计量检验，并使用统一的钢尺。

③ 钢构件预拼装地面应坚实，胎架强度、刚度必须经过设计计算确定，各支撑点的水平精度可采用已计量检验的各种仪器逐点测定调整。

④ 在胎架上预拼装时，不得对构件动用火焰、锤击或使用卡具、夹具等强行对正，各杆件的重心线应交汇于节点中心，并应完全处于自由状态。

⑤ 预拼装钢构件控制基准线与胎架基线必须保持一致。

⑥ 高强度螺栓连接预拼装时，使用的冲钉直径必须与孔径一，每个节点要多于 3 只，临时普通螺栓数量一般为螺栓孔的 1/3。

三、防火涂层表面裂纹的防治

防火涂层干燥后，表面出现裂纹，会影响涂层的整体性和绝缘性，从而会降低涂层的耐火极限等级和使用寿命，可采取如下防治措施。

① 应按防火涂料产品说明书的要求配套混合，按施工工艺规定厚度多道涂装。

② 在厚涂层上覆盖新涂层，应在厚涂层最少涂装间隔时间后进行。

③ 夏天高温下，涂装施工应避免曝晒，并注意保养。

④ 对涂层表面局部裂纹宽度大于验收规范要求的涂层应进行返修。

⑤ 处理涂层裂纹的方法，可用风动工具或手工工具将裂纹与周边区域涂层铲除，再分层多道进行修补涂装。

第十章 ▶▶

防水与屋面工程

第一节 屋面防水工程

一、卷材防水屋面

1. 屋面找平层施工

（1）工艺流程

屋面找平层施工工艺流程如图 10-1 所示。

防水工程

扫码观看视频

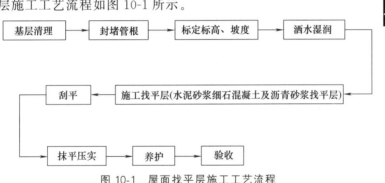

图 10-1 屋面找平层施工工艺流程

（2）施工要点

① 基层清理。将结构层、保温层上表面的松散杂物清扫干净，凸出基层表面的灰渣也要铲平，不要影响找平层的厚度。

② 封堵管根。在进行大面积找平层施工之前，应先将凸出屋面的管道根部、屋面暖沟墙根部、变形缝、烟囱等处封堵处理好。凸出屋面结构（如女儿墙、山墙、天窗壁、变形缝、烟囱等）的交接处和基层的转角处，找平层均应做成圆弧形，圆弧半径应符合表 10-1 的要求。内部排水的雨水口周围，找平层应做成略低的凹坑。

表 10-1 圆弧半径的要求

卷材种类	圆弧半径/mm
高聚物改性沥青防水卷材	50
合成高分子防水卷材	20

找平层施工按设计坡度方案线定出标高和坡度。标高、冲筋：根据坡度要求，拉线找坡，一般按 1~2m 贴点标高（贴灰饼）。找平砂浆时，先按流水方向以间距 1~2m 冲筋，并设置找平层分格（一般为 20mm，但女儿墙周边为 30mm），并且将缝与保温屋缝贯通。

③ 洒水湿润。抹找平层前，应适当洒水湿润基层表面，但不可洒水过量。沥青砂浆找

平层不能洒水。

④ 铺装水泥砂浆。按分格块装灰、铺平，用刮杠靠冲筋条刮平，找坡后用木抹子搓平，铁抹子压光。待浮水沉失后，人踏上去有脚印但不下陷为度，再用铁抹子压第二遍即可交活。找平层水泥砂浆一般配合比为1∶3，拌合稠度控制在7cm。混凝土找平层，混凝土强度不低于C20，分格缝间距不大于6m。

⑤ 养护。找平层抹平、压实以后24小时可浇水养护，一般养护期为7天，经干燥后铺设防水层。

⑥ 沥青砂浆找平层。

喷刷冷底子油：基层清理干净，喷涂两道均匀的冷底子油，作为沥青砂浆找平层的结合层。

配制沥青砂浆：先将沥青熔化脱水，预热至120～140℃；中砂和粉和均匀，加入预热熔化的沥青拌和，并继续加热至要求温度，但不应使升温过高，防止沥青炭化变质。

沥青砂浆施工的温度要求见表10-2。沥青砂浆找平层的技术要求应符合表10-3的要求。

表 10-2　沥青砂浆施工的温度要求

室外温度/℃	沥青砂浆温度/℃		滚压完毕
	拌制	开始滚压	
+5 以上	140～170	90～100	60
-10～+5	160～180	110～130	40

表 10-3　沥青砂浆找平层的技术要求

序号	项目	技 术 要 求
1	配合比	质量比1∶8(沥青∶砂)
2	厚度	基层为整体混凝土：15～20mm。基层为装配式混凝土板、整体或板状材料保温层：20～25mm
3	分格缝	位置：应留设在板端缝处。纵向间距：不宜大于4m。横向间距：不宜大于4m。缝宽：20mm
4	坡度	结构找坡：不应小于3%。材料找坡：宜为2%
5	表面平整度	纵坡：不应小于1%，沟底水落差不得超过200mm。用2m直尺检查，不应大于5mm

（3）质量验收要求

① 保证项目。

a. 原材料及配合比，必须符合设计要求和施工及验收规范的规定。

b. 屋面、天沟、檐沟找平层的坡度，必须符合设计要求，平屋面坡度不小于3%；天沟、檐沟纵向坡度不宜小于5‰。

c. 水泥、沥青应由出厂合格证或试验资料。

② 基本项目。

a. 水泥砂浆找平层无脱皮、起砂等缺陷。

b. 沥青砂浆应拌和均匀，沥青砂浆找平层应铺密实，无蜂窝等缺陷。

c. 找平层与凸出屋面结构交接处和转角处，应做成圆弧形或钝角，且要求整齐平顺。

d. 找平层分格缝设位置和间距，应符合设计和施工及验收规范的规定。

2. 屋面保温层施工

（1）施工工艺及施工要点

首先要检查作业基层表面应平整、干燥、干净，不得有灰尘和油污。基面含水率不大于

9％；屋面与山墙、女儿墙、天沟、檐沟及凸出屋面结构的连接处细部构造符合设计要求。

板状材料保温层施工工艺流程如图 10-2 所示。

图 10-2　板状材料保温层施工工艺流程

粘贴施工时，要在基面上刮满胶结材料，后将板块粘牢、铺平、压实，表面平整，板与板之间接缝要满涂胶结材料。当采用水泥砂浆粘贴时，板间缝隙采用保温灰浆填实并勾缝。保温灰浆的配合比为 1：1：10（水泥：石灰膏：同类保温材料碎粒，体积比）。

整体现浇（喷）保温层施工工艺流程如图 10-3 所示。

图 10-3　整体现浇（喷）保温层施工工艺流程

整体现喷硬质聚氨酯泡沫塑料保温层施工应符合下列要求：基层应平整、干燥和干净；出屋面的管道应在施工前安装牢固；喷涂硬质聚氨酯泡沫塑料的配比应准确计量，发泡厚度均匀一致；施工环境气温宜为 15～30℃；风力不宜大于三级，相对湿度小于 85％。

（2）质量验收要求

① 主控项目

a. 保温材料的堆积密度或表观密度、热导率以及板材的强度、含水率，必须符合设计要求。

b. 保温层的含水率必须符合设计要求。

② 一般项目

a. 保温层的铺设应符合下列要求：板状保温材料，紧贴（靠）基层，铺平垫稳，找坡正确，上下层错缝并嵌填密实。整体现浇保温层拌和均匀，分层铺设，压实适当，表面平整，找坡正确。

b. 保温层厚度的允许偏差，整体现浇保温层为＋10％，－5％；板状保温材料为±5％，且不得大于 4mm。

c. 当倒置式屋面保护层采用卵石铺压时，卵石应分布均匀，卵石的质量应符合设计要求。

（3）施工注意事项

块状保温层应在屋面周边靠女儿墙处设置 30mm 的缝隙，中间嵌填密封材料。保温材料宜设变形缝，变形缝间距为 6m，缝宽 20mm，中间嵌填密封材料。

板状材料保温层施工应注意：板状材料保温层的基层应平整、干燥和干净；板状保温材料应紧靠在需保温的基层表面上，并应铺平垫稳；分层铺设的板块上下层接缝应相互错开；板间缝隙应用同类材料嵌填密实；粘贴的板状保温材料应贴严、粘牢。

整体现浇（喷）保温层施工应注意：沥青膨胀蛭石、沥青膨胀珍珠岩宜用机械搅拌，并应色泽一致，无沥青团；压实程序根据试验确定，其厚度应符合设计要求，表面应平整；喷涂硬质聚氨酯泡沫塑料应按配比准确计量，发泡厚度均匀一致。

干铺的保温层可在负温度下施工；用有机胶黏剂粘贴的板状材料保温层在气温低于－10℃时不宜施工；用水泥砂浆粘贴的板状材料保温层，在气温低于 5℃时不宜施工。

雨天、雪天和五级风及其以上时不得施工；当施工中途下雨、下雪时，应采取遮盖措施。

3. 防水卷材的铺设方法

防水卷材的铺设方法如图 10-4 所示。

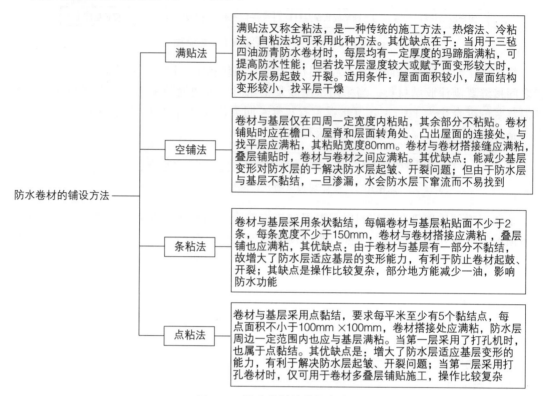

图 10-4　防水卷材的铺设方法

二、涂膜防水屋面

1. 细部构造施工

（1）工艺流程

现浇钢筋混凝土屋面工艺流程见图 10-5。

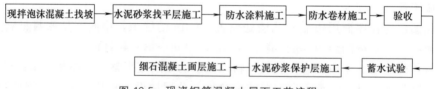

图 10-5　现浇钢筋混凝土屋面工艺流程

（2）施工要点

① 天沟、檐沟与屋面交接处的附加层宜空铺，空铺宽度不应小于 200mm，如图 10-6 所示。

② 无组织排水檐口的涂膜防水层收头，应用防水涂料多遍涂刷或用密封材料封严，如图 10-7 所示。

③ 泛水处的防水层，可直接刷至女儿墙的压顶下，收头处应多遍涂刷封严；压顶应做防水处理，见图 10-8。

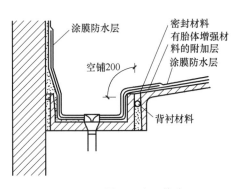

图 10-6 屋面天沟、檐沟

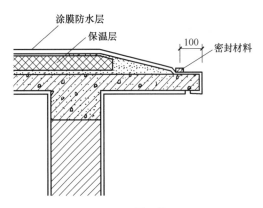

图 10-7 屋面檐口

④ 落水口周围直径 500mm 范围内，坡度不应小于 5%，并应用该涂料或密封材料密封，其厚度不应小于 2mm，落水口杯与基层接触处，应留宽 20mm、深 20mm 凹槽，并嵌填密封材料，如图 10-9 所示。

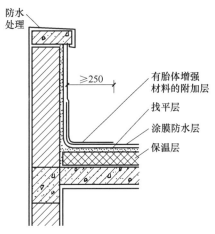

图 10-8 屋面泛水

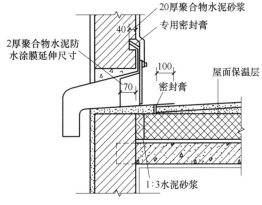

图 10-9 屋面落水口

⑤ 变形缝内应填充泡沫塑料，其上放垫衬材料，并用卷材封盖；顶部应加扣混凝土盖板或金属盖板，如图 10-10 所示。

（3）质量要求

① 防水涂料和胎体增强材料必须符合设计要求。

② 涂膜防水层不得有渗漏或积水现象。

③ 涂膜防水层在天沟、檐沟、檐口、水落口、泛水、变形缝和伸出屋面管道的防水构造必须符合设计要求。

2. 高聚物改性沥青防水涂膜施工

（1）工艺流程

高聚物改性沥青防水涂料工艺流程，如图 10-11 所示。

（2）施工要点

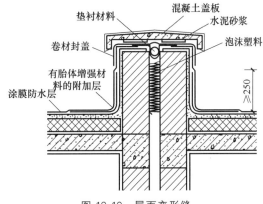

图 10-10 屋面变形缝

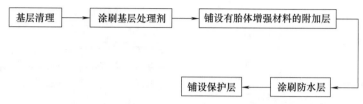

图 10-11　高聚物改性沥青防水涂料工艺流程

① 基层清理。将屋面清扫干净，表面不得有尘土、杂物等，如果有裂缝或凹坑，应用防水胶与滑石粉拌成的腻子修补，使之平滑。

② 涂刷基层处理剂。待基层清理干净后，即可满涂一道基层处理剂，可用刷子用力薄涂，使基层处理剂进入毛细孔和微缝中，也可用机械喷涂，涂刷应均匀一致，不漏底。基层处理剂常用稀释后的涂膜防水材料，其配合比应根据防水材料的种类按产品说明书的要求配置，溶剂型涂料可用溶剂稀释，乳液型涂料可用软水稀释。

③ 铺贴附加层。按设计和防水细部结构的要求，在天沟、檐沟与屋面交接处、女儿墙、变形缝、水落口等部位均加做附加层，使粘贴密实，然后再与大面同时做防水层涂刷。

④ 涂刷防水层。涂料涂布应分条或按顺序进行。分条时，每条宽度应与胎体增强材料宽度一致，以免工作人员踩踏刚涂好的涂层。涂刷不得过厚或堆积，避免露底或漏刷。人工涂布一般采用蘸刷法。涂布时先涂立面，后涂平面。

第一遍涂料经 2～4 小时表干后即可铺贴第一层胎体布，同时可刷第二遍涂料。

第二遍涂料实干后（12～14 小时）即可涂刷第三遍涂料。做法同第一遍涂料。

第三遍涂料表干后即可刷第四遍胶涂料，同时铺第二层胎体布。铺第二层胎体布时，上下层不得相互垂直铺设，搭接缝应错开，其间距不应小于宽幅的 1/3。

第四遍胶实干后，即可涂刷第五遍涂料。

第五遍胶料实干后，应进行蓄水试验。方法是临时关闭水落口，然后蓄水，蓄水深度按设计要求，时间不少于 24 小时。无女儿墙的屋面可做淋水试验，试验时间不少于 2 小时，如无渗漏，即认为合格，如发现渗漏，应及时修补，再做蓄水或淋水试验，直至不漏为止。

经蓄水试验不漏后，可打开落水口放水。

干燥后再刷第六遍涂料。

⑤ 铺设保护层。

a. 浅色涂料保护层。浅色涂料应待防水层养护完毕后进行，一般涂膜防水层应养护一周以上。涂刷前，应清除防水层表面的浮灰，浮灰用柔软、干净的棉布擦干净。施工时，操作人员应站在上风向，从檐口或端头开始依次后退进行涂刷或喷涂。

b. 水泥砂浆保护层。待涂膜防水层完全干燥后，经淋水试验，确保无误后方可施工。施工前，应根据结构情况每隔 4～6m 用木模设置分格缝。铺设水泥砂浆时，应随铺随拍实，并用刮尺刮平。保护层表面应平整，不能出现抹子压的痕迹和凹凸不平的现象。

c. 粒料保护层。细砂、云母或蛭石主要用于非上人屋面的涂膜防水屋面的保护层，使用前应先筛去粉料。用砂做保护层时，应采用天然水成砂，砂粒粒径不得大于涂层厚度的 1/4；使用云母或蛭石时不受此限制，因为这些材料是片状的，质地较软。当涂刷最后一道涂料时，边涂刷边撒布细砂（或云母、蛭石），同时用软质的胶辊在保护层上反复轻轻滚压，务必使保护层牢固地黏结在涂层上。涂层干燥后，应及时扫除未黏结的材料以回收利用。如不清扫，日后雨水冲刷就会堵塞水落口，造成排水不畅。

（3）施工注意事项

① 高聚物改性沥青防水涂膜严禁在雨天、雪天施工；五级风及其以上时不得施工。溶剂型涂料施工环境气温宜为$-5\sim35℃$；水乳型涂料施工环境气温宜为$5\sim35℃$；热熔型涂料施工环境气温不宜低于$-10℃$。

② 屋面基层的干燥程度，应视所选用的涂料特性而定。当采用溶剂型、热熔型改性沥青防水涂料时，屋面基层应干燥、干净。

③ 板缝应清理干净，细石混凝土应浇捣密实，板端缝中嵌填的密封材料应黏结牢固、封闭严密。无保温层屋面的板端缝和侧缝应预留凹槽，并嵌填密封材料。

④ 抹找平层时，分格缝应与板端缝对齐、顺直，并嵌填密封材料。

⑤ 涂膜施工时，板端缝部位空铺附加层的宽度宜为100mm。

⑥ 基层处理剂应配比准确，充分搅拌，涂刷均匀，覆盖完全，干燥后方可进行涂膜施工。

⑦ 防水涂膜应多遍涂布，其总厚度应达到设计要求。涂层的厚度应均匀，且表面平整。

⑧ 涂层间夹铺胎体增强材料时，宜边涂布边铺胎体；胎体应铺贴平整，排除气泡，并与涂料黏结牢固。在胎体上涂布涂料时，应使涂料浸透胎体，覆盖完全，不得有胎体外露现象。最上面的涂层厚度应不小于1.0mm。

⑨ 涂膜施工应先做好节点处理，铺设带有胎体增强材料的附加层，然后再进行大面积涂布。

⑩ 屋面转角及立面的涂膜应薄涂多遍，不得有流淌和堆积现象。

3. 聚氨酯防水涂膜施工

（1）工艺流程

聚氨酯防水涂膜施工工艺流程，如图10-12所示。

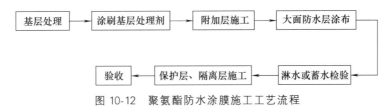

图 10-12 聚氨酯防水涂膜施工工艺流程

（2）施工要点

① 基层处理。清理基层表面的尘土、沙粒、砂浆硬块等杂物，并清扫干净。凹凸不平处应修补平整。

② 涂刷基层处理剂。待基层清理干净后，即可满涂一道基层处理剂，可用刷子用力薄涂，使基层处理剂进入毛细孔和微缝中，也可用机械喷涂，涂刷应均匀一致，不漏底。基层处理剂常用稀释后的涂膜防水材料，其配合比应根据防水材料的种类按产品说明书的要求配置。

③ 附加层施工。按设计和防水细部结构的要求，在天沟、檐沟与屋面交接处、女儿墙、变形缝、水落口等部位均加做附加层，使粘贴密实，然后再与大面同时做防水层涂刷。

④ 大面防水层涂布。准备配料。其配料方法是将聚氨酯甲、乙组分和二甲苯按产品说明书配比及投料顺序配合、搅拌至均匀，配制量视需要确定，用多少配制多少。附加层施工时的涂料也是用此法配制的。

第一遍涂膜施工：在基层处理剂基本干燥固化后（即为表干不粘手），用塑料刮板或橡皮刮板均匀涂刷第一遍涂膜，厚度为$0.8\sim1.0$mm，涂量约为$1kg/m^2$。涂刷应厚薄均匀一致，不得有漏刷、起泡等缺陷，若遇起泡，采用针刺消泡。

第二遍涂膜施工：待第一遍涂膜固化，实干时间约为24小时涂刷第二遍涂膜。涂刷方向与第一遍垂直，涂刷量略少于第一遍，厚度为0.5～0.8mm，用量约为0.7kg/m²，要求涂刷均匀，不得漏涂、起泡。

待第二遍涂膜实干后，涂刷第三遍涂膜，直至达到设计规定的厚度。

⑤ 淋水或蓄水试验。第五遍胶料实干后，应进行蓄水试验。方法是临时关闭水落口，然后蓄水，蓄水深度按设计要求，时间不少于24小时。无女儿墙的屋面可做淋水试验，试验时间不少于2小时，如无渗漏，即认为合格，如发现渗漏，应及时修补，再做蓄水或淋水试验，直至不漏为止。

⑥ 保护层、隔离层施工。采用撒布材料保护层时，筛去粉料、杂质等，在涂刷最后二层涂料时，边涂边撒布，撒布均匀、不露底、不堆积。待涂膜干燥后，将多余的或黏结不牢的粒料清扫干净。

采用浅色涂料保护层时，涂膜固化后进行，均匀涂刷，使保护层与防水层黏结牢固，不得损伤防水层。

采用水泥砂浆、细石混凝土或板块保护层时，最后一遍涂层固化实干后，做淋水或蓄水检验。合格后，设置隔离层，隔离层可采用干铺塑料膜、土工布或卷材，也可采用铺抹低强度等级的砂浆。在隔离层上施工水泥砂浆、细石混凝土或板块保护层，厚度20mm以上。

（3）安全注意事项

聚氨酯甲、乙组分及固化剂、稀释剂等均为易燃有毒物品，储存时应放在通风干燥且远离火源的仓库内，施工现场严禁烟火。操作时，工人统一带安全帽和口罩，以免中毒。施工人员应佩戴防护手套，防止接触聚氨酯渗入皮肤。

第二节　地下防水工程

一、卷材防水层施工

1. 卷材防水层施工工艺流程

卷材防水层施工工艺流程，如图10-13所示。

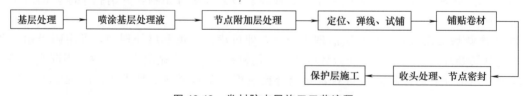

图 10-13　卷材防水层施工工艺流程

2. 外防外贴法施工要点

外防外贴法是在混凝土底板和结构墙体浇筑前，先在墙体外侧的垫层上用半砖砌筑高1m左右的永久性保护墙体。

① 砌筑永久性保护墙。在结构墙体的设计位置外侧，用M5砂浆砌筑半砖厚的永久性保护墙体。墙体应比结构底板高160mm左右。

② 抹水泥砂浆找平。在垫层和永久性保护墙表面抹1∶（2.5～3）的水泥砂浆找平层。找平层厚度、阴阳角的圆弧和平整度应符合设计要求或规范规定。

③ 涂布基层处理剂。找平层干燥并清扫干净后，按照所用的不同卷材种类，涂布相应的基层处理剂，如用空铺法，可不涂布基层处理剂。基层处理剂可用喷涂或刷涂法施工，喷涂应均匀一致，不露底。如基面较潮湿时，应涂刷湿固化型胶黏剂或潮湿界面隔离剂。

④ 铺贴卷材。地下室工程卷材防水层应先铺贴平面，后铺贴立面。第一块卷材应铺贴在平面和立面相交接的阴角处，平面和立面各占半幅卷材。待第一块卷材铺贴完后，以后的卷材应根据卷材的搭接宽度（长边为 100mm，短边为 150mm），在已铺卷材的搭接边上弹出基准线。厚度为 3mm 以下的高聚物改性沥青防水卷材，不得用热熔法施工。热塑性合成高分子防水卷材的搭接边，可用热风焊法进行黏结。

胶黏剂基本干燥后即可铺贴卷材。在平面与立面交界部位，应先铺贴平面部位的半幅卷材，然后沿阴角根部由下向上铺贴立面部位的另一半卷材。自平面折向立面的防水卷材，应与永久性保护墙体紧密贴严。

卷材铺贴完毕后，应用建筑密封材料对长边和短边搭接缝进行嵌缝处理。

⑤ 粘贴封口条。卷材铺贴完毕后，对卷材长边和短边的搭接缝应用建筑密封材料进行嵌缝处理，然后再用封口条做进一步封口密封处理，封口条的宽度为 120mm，如图 10-14 所示。

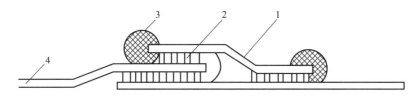

图 10-14　封口条密封处理

1—封口条；2—卷材胶黏剂；3—密封材料；4—卷材防水层

⑥ 铺设保护层。平面和立面交界部位的防水层施工完毕并经检查验收合格后，宜在防水层上虚铺一层沥青防水卷材做保护隔离层，铺设时宜用少许胶黏剂黏结固定，以防在浇筑细石混凝土刚性保护层时发生位移。保护隔离层铺设完毕，即可浇筑 40～50mm 厚的细石混凝土保护层。在浇筑细石混凝土的过程中，切勿损伤保护隔离层和卷材防水层。如有损伤必须及时对卷材防水层进行修补，修补后再继续浇筑细石混凝土保护层，以免留下渗漏隐患。

⑦ 砌筑临时性保护墙体。在浇筑结构墙体时，对立面部位的防水层和油毡保护层，按传统的临时性处理方法是将它们临时平铺在永久性保护墙体的平面上，然后用石灰浆砌筑 3 皮单砖临时性保护墙，压住油毡及卷材。

⑧ 浇筑平面保护层和抹立面保护层。油毡保护层铺设完后，平面部位即可浇筑 40～50mm 厚的 C20 细石混凝土保护层。立面部位（永久性保护墙体）防水层表面抹 20mm 厚 1 ∶（2.5～3）水泥砂浆找平层加以保护。拌和时宜掺入微膨胀剂。在细石混凝土及水泥砂浆保护层养护固化后，即可按设计要求绑扎钢筋，支模板进行浇筑混凝土底板和墙体施工。

⑨ 结构墙体外墙表面抹水泥砂浆找平层。先拆除临时性保护墙体，然后在外墙表面抹水泥砂浆找平层，如图 10-15 所示。

⑩ 铺贴外墙立面卷材防水层。将甩槎防水卷材上部的保护

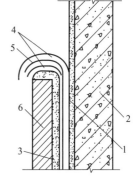

图 10-15　外墙表面抹
水泥砂浆找平层

1—油毡保护层表面的找平层；
2—结构墙体；3—外墙表面
的找平层；4—油毡保护层；
5—防水卷材；6—永久性
保护墙体

隔离卷材撕掉，露出卷材防水层，沿结构外墙进行接槎铺贴。铺贴时，上层卷材盖过下层卷材不应小于150mm，短边搭接宽度不应小于100mm。遇有预埋管（盒）等部位，必须先用附加卷材（或加筋防水涂膜）增强处理后再铺贴卷材防水层。铺贴完毕后，凡用胶黏剂粘贴的卷材防水层，应用密封材料对搭接缝进行嵌缝处理，并用封口条盖缝，用密封材料封边。

⑪ 外墙防水层保护施工。外墙防水层经检查验收合格，确认无渗漏隐患后，可在卷材防水层的外侧用胶黏剂点粘5～6mm厚聚乙烯泡沫塑料片材或40mm厚聚苯乙烯泡沫塑料保护层。外墙保护层施工完毕后，即可根据设计要求或施工验收规范的规定，在基坑内分步回填3：7灰土，并分步夯实。

⑫ 顶板防水层与保护层施工。顶板防水卷材铺贴同底板垫层上铺贴。铺贴完后应设置厚70mm以上的C20细石混凝土保护层，同时在保护层与防水层之间应设虚铺卷材做隔离层，以防止细石混凝土保护层伸缩而破坏防水层。

⑬ 回填土。回填土必须认真施工，要求分层夯实，土中不得含有石块、碎砖、灰渣等杂物，距墙面500mm范围内宜用黏土或2：8灰土回填。

3. 外防内贴法施工要点

当地下围护结构墙体的防水施工采用外防外贴法受现场条件限制时，可采用外防内贴法施工。

外防内贴法平面部位的卷材铺贴方法与外防外贴法基本相同。

① 浇筑混凝土垫层。如保护墙较高，可采取加大永久性保护墙下垫层厚度的做法，必要时可配置加强钢筋。

② 砌永久性保护墙。在垫层上砌永久性保护墙，厚度为1砖厚，其下干铺一层卷材。

③ 抹水泥砂浆找平层。在已浇筑的混凝土垫层和砌筑的永久性保护墙体上抹20mm厚1：（2.5～3）掺微膨胀剂的水泥砂浆找平层。

④ 涂布基层处理剂。待找平层的强度达到设计要求的强度后，即可在平面和立面部位涂布基层处理剂。

⑤ 铺贴卷材。卷材宜先铺立面后铺平面。立面部位的卷材防水层，应从阴阳角部位逐渐向上铺贴，阴阳角部位的第一块卷材，平面与立面各半幅，然后在已铺卷材的搭接边上弹出基准线，再按基准线铺贴卷材。

卷材的铺贴方法、卷材的搭接黏结、嵌缝和封口密封处理方法与外防外贴法相同。

⑥ 铺设保护隔离层和保护层。施工质量检查验收，确认无渗漏隐患后，先在平面防水层上点粘石油沥青纸胎卷材保护隔离层，立面墙体防水层上粘贴5～6mm厚聚乙烯泡沫塑料片材保护层。施工方法与外防外贴法相同。然后在平面卷材保护隔离层上浇筑厚50mm以上的C20细石混凝土保护层。

⑦ 浇筑钢筋混凝土结构层。按设计要求绑扎钢筋和浇筑混凝土主体结构，施工方法与外防外贴法相同。如利用永久性保护墙体代替模板，则应采取稳妥的加固措施。

⑧ 回填土。主体结构浇筑完毕后，应及时回填3：7灰土，并分步夯实。

4. 卷材防水层质量标准

（1）主控项目

① 卷材及配套材料质量必须符合设计要求和现行有关标准的规定。

② 细部做法。防水层及其转角处、变形缝、穿墙管道等必须符合设计要求和现行有关标准的规定。

（2）一般项目

① 基层质量。基层应牢固，基面应洁净、平整，不得有空鼓、松动、起砂和脱皮现象；阴阳角处应做成圆弧形。

② 卷材铺贴、搭接缝。卷材铺贴应符合现行有关标准的规定。搭接缝应黏结牢固，密封严密，不得有褶皱、翘边和鼓泡等缺陷。

③ 侧墙卷材防水层的保护层与防水层。应粘接牢固，结合紧密，厚度均匀一致。

④ 卷材搭接宽度偏差大于等于 −10mm。

二、高聚物改性沥青卷材防水施工

1. 工艺工艺

高聚物改性沥青卷材防水施工工艺流程，如图 10-16 所示。

图 10-16　高聚物改性沥青卷材防水施工工艺流程

2. 施工方法

（1）冷粘法施工

冷粘法是将冷胶黏剂（冷玛蹄脂、聚合物改性沥青胶黏剂等）均匀地涂布在基层表面和卷材搭接边上，使卷材与基层、卷材与卷材牢固地黏结在一起的施工方法。

① 涂刷胶黏剂要均匀、不露底、不堆积。胶黏剂涂布厚度一般为 1～2mm，用量不小于 1kg/m²。

② 涂刷胶黏剂后，铺贴防水卷材，其间隔时间根据胶黏剂的性能确定。

③ 铺贴卷材的同时，要用压辊滚压驱赶卷材下面的空气，使卷材粘牢。

④ 卷材的铺贴应平整顺直，不得有皱褶、翘边、扭曲等现象。卷材的搭接应牢固，接缝处溢出的冷胶黏剂随即刮平，或者用热熔法接缝。

⑤ 卷材接缝口应用密封材料封严，密封材料宽度不小于 10mm。

（2）自粘法施工

自粘法是在生产防水卷材时，就在卷材底面涂了一层压敏胶（属于高性能胶黏剂），压敏胶表面敷有一层隔离纸。施工时，撕掉隔离纸，直接铺贴卷材即可。很显然，压敏胶就是冷胶黏剂，自粘法靠压敏胶将基层与卷材、卷材与卷材紧密地黏结在一起。

① 先在基层表面均匀涂布基层处理剂，处理剂干燥后再及时铺贴卷材。

② 铺贴卷材时，要将隔离纸撕净。

③ 铺贴卷材时，用压辊滚压以驱赶卷材下面的空气，并使卷材粘牢。

④ 卷材的铺贴应平整顺直，不得有皱褶、翘边、扭曲等现象。卷材的搭接应牢固，接缝处宜采用热风焊枪加热，加热后随即粘牢卷材，溢出的压敏胶随即刮平。

⑤ 卷材接缝口应用密封材料封严，密封材料宽度不小于 10mm。

（3）热熔法施工

热熔法是用火焰喷枪（或喷灯）喷出的火焰烘烤卷材表面和基层（已刷过基层处理剂），待卷材表面熔融至光亮黑色，基层得到预热，立即滚铺卷材。边熔融卷材表面，边滚铺卷材，使卷材与基层、卷材与卷材之间紧密粘接。

① 若防水层为双层卷材，第二层卷材的搭接缝与第一层的搭接缝应错开卷材幅宽的1/3～1/2，以保证卷材的防水效果。

② 喷枪或喷灯等加热器喷出的火焰，距卷材面的距离应适中；幅宽内加热应均匀，不得过分加热或烧穿卷材，以卷材表面熔融至光亮黑色为宜。

③ 卷材表面热熔后，应立即滚铺卷材，并用压辊滚压卷材，排除卷材下面的空气，使卷材黏结牢固、平整，无皱褶、扭曲等现象。

④ 卷材接缝处，用溢出的热熔改性沥青随即刮平封口。

（4）保护层施工

平面做水泥砂浆或细石混凝土保护层；立面防水层施工完，应及时稀撒石渣后抹水泥砂浆保护层。

3. 注意事项

① 热熔防水卷材施工中材质允许条件下，可在－10℃的温度下施工，不受季节限制。雨天、五级风天不得施工。

② 基层应干燥，基层个别稍潮处应用火焰喷枪烘烤干燥，然后再进行施工。

③ 热熔施工容易着火，必须注意安全，施工现场不得有其他明火作业。若屋面有易燃设备，施工必须小心谨慎，以免引起火灾。

④ 施工中必须遵守国务院颁发的《建筑安装工程安全技术规程》以及其他有关安全防火的专门规定。

⑤ 火焰喷枪或汽油喷灯应设专人保管和操作。点燃的火焰喷枪不准对着人或堆放卷材处，以防造成烫伤或着火。

三、合成高分子卷材防水施工

1. 工艺流程

合成高分子卷材防水施工工艺流程，如图 10-17 所示。

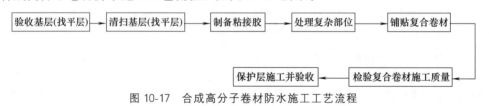

图 10-17　合成高分子卷材防水施工工艺流程

2. 施工方法

（1）三元乙丙卷材防水层（满粘法）

① 铺贴前在基层上排尺弹线，作为掌握铺贴的标准线，使其铺设平直。

② 涂刷基层胶黏剂。基层胶黏剂需经搅拌均匀方可使用，分别涂刷在基层和卷材表面，涂刷应均匀、不漏底、不堆积。

③ 卷材涂刷胶黏剂。将卷材展开摊铺在干净、平整的基层上，用长柄滚刷或扁刷蘸满胶黏剂均匀地涂刷在卷材表面上，但接头部位 100mm 以内不能涂胶，胶黏剂基本干燥，指触基本不粘手后即可铺贴卷材。

④ 基层表面涂布胶黏剂。待底胶基本干燥后，用长柄滚刷或扁刷蘸满胶黏剂均匀涂在干净的基层表面上，涂胶后，待指触基本不粘手时即可进行铺贴卷材的施工。

⑤ 卷材粘贴。将卷材用圆木卷好，由两人抬至铺设端头。注意用标准线控制，位置要

正确，粘接固定端头，然后沿弹好的标准线向另一端铺贴。操作时卷材不要拉得太紧，并注意方向沿标准线进行，以保证卷材搭接宽度。

卷材不得在阴阳角处接头，接头处应间隔错开。操作中注意排气，每铺完一张卷材，应立即用干净的滚刷从卷材的一端开始横向用力滚压一遍，以便将空气排出。滚压排除空气后，为使卷材粘接牢固，应用外包橡胶的钢辊再滚压一遍。

⑥ 卷材搭接缝的粘接。卷材铺好压实后，应将搭接部位的结合面清理干净，在搭接部位每隔 1m 左右涂刷少许基层胶黏剂，将接头部位的卷材翻开临时粘接固定，再用与卷材配套的接缝专用胶黏剂，用毛刷在接缝粘合面上分别涂刷均匀，不露底、不堆积，指触基本不粘手后，用手一边压合一边驱除空气，黏合后再用压辊滚压一遍，粘接牢固，不翘边、不起鼓。

⑦ 收头处理。待卷材全部铺贴完毕后，需对卷材铺贴状况进行全面检查，是否粘合牢固，有无翘边、起鼓现象。然后将全部搭接缝处用毛刷清扫干净尘土、杂物，涂刷一遍基层胶黏剂，涂刷宽度应比密封胶带宽度多 5～10mm，胶黏剂基本干燥，指触基本不粘手后，再将密封胶带沿卷材搭接缝压紧在卷材上，不得压偏或出现间断，用压辊压实后，取下隔离纸。

卷材防水层经过验收合格后，即可做保护层。

（2）聚氯乙烯（PVC）卷材防水层

铺贴聚氯乙烯防水卷材接缝采用焊接法施工时，应符合下列规定。

① 卷材的搭接缝可采用单焊缝或双焊缝。单焊缝搭接宽度为 60mm，有效焊接宽度不应小于 30mm；双焊缝搭接宽度应为 80mm，中间应留设 10～20mm 的空腔，有效焊接宽度不宜小于 10mm。

② 焊接缝的结合面宜清理干净，焊接应严密。

③ 根据需防水基层轮廓进行排尺弹线，并确定好卷材铺贴方向。

④ 将聚氯乙烯卷材依弹线自然布置在基层上，应平整顺直，不得扭曲，尽量少接头，有接头部位应相互错开。

⑤ 基层四周立面刷胶满粘，大面积平面宜采用空铺法，接缝采用热风焊接，收口部位采用固定件及铝压条固定，并用密封胶密封。

⑥ 铺贴时，卷材与卷材之间应相互平行，焊接前要检查卷材铺放是否平整顺直，搭接尺寸是否准确，卷材焊接部位应干净、干燥，先焊长边焊缝，后焊短边焊缝，依此顺序铺贴至屋面边缘。

⑦ 焊接时，待焊枪升温至 200℃ 左右，将焊枪平口伸入焊缝处，先预焊，后施焊，应焊嘴与焊接方向呈 45°，将聚氯乙烯卷材用热风吹至表面熔融，用压辊压实，观察焊缝处有无亮色提浆。

⑧ 待焊缝温度降至常温时，用木柄弯针检查焊缝是否有虚焊、脱焊、漏焊。

⑨ 如遇凸出基层的管道，可用聚氯乙烯光板焊成直径略小于管道的圆筒，用焊枪加热，紧紧套在管道上根部焊实，收口处用专用铝压条箍紧，边缘裁齐，用密封胶封口。

⑩ 外墙外立面施工一般采用满粘法，施工方法与三元乙丙防水层满粘法施工相同。

⑪ 防水层施工完毕后，应对铺设的卷材进行全面的质量检查，如有损坏，应及时进行修补处理，经验收合格后，及时进行保护层施工。

（3）自粘橡胶高分子防水卷材

自粘橡胶高分子防水卷材宜采用预铺反粘法施工，并符合下列规定。

自粘橡胶高分子防水卷材宜单层铺设；在潮湿基面铺设时，基面应平整坚固、无明显积水；卷材长边应采用自粘边搭接，短边应采用胶粘带搭接，卷材端部搭接区应相互错开；立面施工时，在自粘边位置距离卷材边缘 10～20mm 范围内，应每隔 400～600mm 进行机械固定，并应保证固定位置被卷材完全覆盖；浇筑结构混凝土时不得损伤防水层；经检查验收合格后，应及时进行保护层施工。

3. 注意事项

① 当卷材上面设保护层时，做保护层前必须认真检查防水卷材的施工质量，经确认合格后方可再进行保护层施工。施工时应防止工具等各种原因将防水层破坏现象的发生。

② 严禁在雨天施工，五级风以上时不得施工，气温低于 0℃ 时不宜施工。施工中途下雨应做好已铺贴卷材周边的防护工作。

③ 防水工程应建立各道工序的自检、交接检查和专职人员检查的"三检"制度，并有完整的检查记录。

四、普通防水砂浆防水层施工

1. 工艺流程

普通防水砂浆防水层施工工艺流程，如图 10-18 所示。

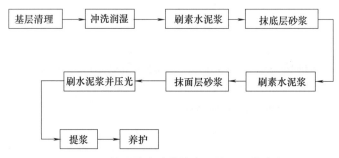

图 10-18 普通防水砂浆防水层施工工艺流程

2. 施工要点

（1）防水砂浆的配置和拌和

① 普通防水砂浆。普通水泥砂浆防水层的配合比应符合表 10-4 的规定。

表 10-4 普通水泥砂浆防水层的配合比

名称	配合比（质量比）		水灰比	适用范围
	水泥	砂		
水泥浆	1	—	0.55～0.60	水泥砂浆防水层的第一层
水泥浆	1	—	0.37～0.4 0.55～0.6	水泥砂浆防水层的第三层 水泥砂浆防水层的第五层
水泥砂浆	1	1.5～2.0	0.4～0.5	水泥砂浆防水层的第二、四层

② 防水砂浆的拌和。水泥浆可用人工拌和，将水泥放入桶中，然后按设计水灰比加水拌和均匀；水泥砂浆应用机械搅拌，先将水泥和砂倒入搅拌机，干拌均匀，再加水搅拌 1～2 分钟。

拌合的灰浆不宜存放过久，防止离析和产生初凝，以保证灰浆的和易性和质量。当采用普通硅酸盐水泥拌制灰浆时，气温为 5～20℃ 时，存放时间应小于 60 分钟，气温为 20～35℃ 时，存放时间应小于 45 分钟；当采用矿渣硅酸盐水泥或火山灰质硅酸盐水泥拌制灰浆时，气温为 5～20℃ 时，存放时间应小于 90 分钟，气温为 20～35℃ 时，存放时间应小于 50

分钟。

（2）混凝土墙（顶板）抹防水砂浆层

① 操作工艺要求如下。

第一层：水泥浆层。水灰比为 0.55～0.6，厚度为 2mm，分两次抹成。

混凝土基层处理完毕并保潮后，用铁抹子刮抹一层 1mm 原水泥浆，往返用力刮抹 5～6 遍，使水泥颗粒充分分散，以填实基体的孔隙，提高黏结力。第二次再抹 1mm，其厚度要均匀并应找平。水泥浆抹完后，应在初凝前再用排笔蘸水依次均匀地水平涂刷一遍，但要注意不可蘸水太多，以免将水泥浆冲掉。

第二层：水泥砂浆层。水灰比为 0.4～0.5，厚度为 4～5mm。此层应在第一层水泥浆初凝期间涂抹，抹压要轻，不要破坏水泥浆层，但要压入该层厚度的 1/4 内。在水泥砂浆初凝前，再用扫帚顺序地按同一个方向在砂浆表面扫出横向条纹，此时切忌蘸水扫和不按同一个方向地往返扫。

第三层：水泥浆层。水灰比为 0.37～0.4，厚度为 2mm。此层应在第二层（水泥砂浆层）终凝后涂抹。涂抹前要喷水湿润第二层砂浆表面，然后按第一层（水泥浆层）的做法涂抹，但涂抹方向应改为垂直，上下往返刮抹 4～5 遍。

第四层：水泥砂浆层。水灰比为 0.4～0.5，厚度为 4～5mm。此层应在第三层素灰凝结前按第二层做法涂抹，并在水泥砂浆初凝前分次用铁抹子抹压 5～6 遍，最后用铁抹子压光。

第五层：水泥浆层。水灰比为 0.55～0.6。此层是在第四层水泥砂浆层抹压两遍后，用毛刷均匀地涂刷于第四层水泥砂浆层上并同第四层水泥砂浆层一起压光。

② 操作注意事项。刚性多层做法防水层各层抹灰的间隔时间应根据所用的水泥品种及其凝结时间而定，应严格按计划施工。

水泥浆抹面要薄而均匀，不宜太厚。桶中的灰浆要经常搅拌，以免产生分层离析和初凝。各层抹面严禁撒干水泥。

为使水泥砂浆与水泥浆紧密结合，在揉浆时首先薄抹一层水泥砂浆，然后用铁抹子用力揉压，使水泥砂浆压入水泥浆层（但注意不能压透该层）。揉压不够，会影响两层的黏结，水泥砂浆层严禁喷水涂抹。

水泥砂浆初凝前，即用手指按上去，砂浆不粘手，有少许水印时，可进行收压工作。收压是用铁抹子平光压实，一般做两遍。第一遍收压表面要粗毛，第二遍收压表面要细毛，使砂浆密实，强度高，不易起砂。

水泥砂浆防水层各层应紧密贴合，宜连续施工；如必须留槎时，采用阶梯坡形槎，但离阴阳角处不得小于 200mm；接槎应依次顺序操作，层层搭接紧密。

（3）砖墙面抹水泥砂浆防水层

砖墙面水泥砂浆防水层的做法，除第一层外，其他各层操作方法与混凝土墙面操作相同。抹灰前一天用水管把砖墙浇透，第二天抹灰时再把砖墙洒水湿润，然后在墙面上涂刷水泥浆一遍，厚度约为 1mm，涂刷时沿水平方向往返涂刷 5～6 遍，涂刷要均匀，灰缝处不得遗漏。涂刷后，趁水泥浆呈糨糊状时即抹第二层防水砂浆。

（4）地面抹水泥砂浆防水层

混凝土地面的水泥砂浆防水层施工与混凝土墙面的不同之处，主要是水泥浆层（第一层、第三层）不是采用刮抹的方法，而是将搅拌好的水泥浆倒在地面上，用刷子往返用力涂刷均匀。

第二层和第四层是在水泥浆初凝前，将拌好的水泥砂浆均匀铺在水泥浆层上，按墙面操作要求抹压,各层厚度也与墙面防水层相同。施工时应由里向外,尽量避免施工时踩踏防水层。

在防水层表面需做地砖或其他面层材料时,可在第四层压光3～4遍后,用毛刷将表面扫毛,凝固且达到上人强度后再进行装饰面层施工。

(5)水泥砂浆防水层的养护

水泥砂浆防水层终凝后,应及时覆盖进行浇水养护。养护时先用喷壶慢慢喷水,养护一段时间后再用水管浇水。

养护温度不宜低于5℃,养护时间不得小于14天,夏天应增加浇水次数,但避免在中午最热时浇水养护,对于易风干部分,浇水间隔时间要缩短,以保持表面为湿润状态为准。

(6)细部构造及处理

① 防水层的设置高度应高出地墙(面)15cm以上。

② 穿透防水层的预埋螺栓等,可沿螺栓四周剔成深3cm、宽2cm的凹槽(凹槽尺寸视预埋件大小调整)。在防水层施工前,将预埋件铁锈、油污清除干净,用水灰比为0.2左右的水泥砂浆将凹槽嵌实,随即刷水泥浆一道。

③ 露出防水层的管道等,应根据管件的大小在其周围剔出适当尺寸的沟槽,将铁锈除尽,冲洗干净后用水灰比为0.2的干素灰将沟槽捻实,随即抹水泥浆一层、砂浆一层并扫成毛面。

3. 质量要求

① 原材料(水泥、砂)、外加剂、配合比及其做法,必须符合设计要求和施工规范的规定。

② 水泥砂浆防水层与基层必须结合牢固,无空鼓。

③ 外观表面平整、密实、无裂痕、起砂、麻面等缺陷。阴阳角呈圆弧形,尺寸符合要求。

④ 留槎位置正确,按层次顺序操作,层层搭接紧密。

五、掺外加剂水泥砂浆防水层施工

1. 工艺流程

掺外加剂水泥砂浆防水层施工工艺流程,如图10-19所示。

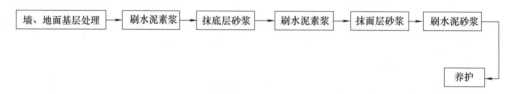

图 10-19 掺外加剂水泥砂浆防水层施工工艺流程

2. 防水砂浆的配制

① 防水砂浆的配制应通过试配确定配合比,试配时要依据以下因素:所选外加剂的品种、适用范围、性能指标、成分、掺量等,应通过试验确定;所选水泥的品种、强度等级、初终凝时间;根据工程实际情况和要求选择水泥、外加剂进行试配。

② 砂浆的拌制应采用机械搅拌,按照选定的配合比准确称量各种原材料,投料顺序要参照外加剂使用说明书进行,搅拌时间适当延长。

3. 施工要点

① 施工温度不低于5℃，不高于35℃。不得在雨天、烈日曝晒下施工。阴阳角应做成圆弧形。圆弧半径阳角为100mm，阴角为50mm。

② 严格掌握好各工序间的衔接，须在上一层没有干燥或终凝时，及时抹下层，以免粘不牢影响防水质量。

③ 抹灰前把基层表面的油垢、灰尘和杂物清理干净，对光滑的基层表面进行凿毛处理，麻面率不小于75%，然后用水湿润基层。

④ 在已凿毛和干净湿润的基面上，均匀刷一道水泥防水剂素浆作结合层，以提高防水砂浆与基层的黏结力，厚度约2mm。

⑤ 在结合层未干之前，必须及时抹第一层防水砂浆作找平层，抹平压实后，用木抹子搓出麻面。

⑥ 在找平层初凝后，及时抹第二层防水砂浆，用钢抹子反复压实。

⑦ 在第二层防水砂浆终凝以后，抹面层砂浆（或其他饰面）可分两次抹压，抹压前，先在底层砂浆上刷一道防水净浆，随涂刷随抹面层砂浆，最后压实压光。

⑧ 水泥砂浆防水层终凝后，应及时进行养护，养护温度不宜低于5℃，养护时间不得小于14天，养护期间应保持湿润。

4. 质量要求

（1）保证项目

① 原材料（水泥、砂）、外加剂、配合比及其做法，必须符合设计要求和施工规范的规定。

② 水泥砂浆防水层与基层必须结合牢固，无空鼓。

（2）基本项目

① 外观表面平整、密实、无裂纹、起砂、麻面等缺陷。阴阳角呈圆弧形，尺寸符合要求。

② 留槎位置正确，按层次顺序操作，层层搭接紧密。

六、聚合物水泥砂浆防水层施工

1. 工艺流程

聚合物水泥砂浆防水层施工工艺流程，如图10-20所示。

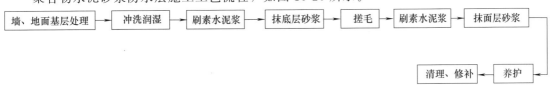

图 10-20 聚合物水泥砂浆防水层施工工艺流程

2. 防水砂浆的配制

① 聚合物水泥砂浆参考配合比如下。水泥∶砂∶聚合物乳液∶水＝1∶（1～2）∶（0.25～0.50）∶适量。施工时应视工程特点在施工现场经试拌确定。

② 聚合物水泥砂浆应采用人工或立式搅拌机拌和，拌和器具应清理干净。拌制时，水泥与砂先干拌均匀，然后倒入乳液和水拌和3～5分钟，配制好的聚合物水泥砂浆应在20～45分钟（视气候而定）内用完。

3. 施工要求

① 聚合物水泥砂浆施工温度以 5～35℃ 为宜，室外施工不得在雨天、雪天和五级风及以上时施工。施工前，应清除基层的疏松层、油污、灰尘等杂物，并用钢丝刷将基层划毛。

② 涂抹聚合物水泥砂浆前，应先将基层用水冲洗干净，充分湿润，不积水。按产品说明书的要求配制底涂材料打底，涂刷时力求薄而均匀。

③ 聚合物水泥砂浆应在底涂材料涂刷 15 分钟后开始铺抹。

④ 聚合物水泥砂浆铺抹应按下列要求进行。

a. 涂层厚度大于 10mm 时，立面和顶面应分层施工，第二层应待第一层指触干燥后进行，各层紧密贴合。

b. 每层宜连续施工，如必须留槎时，应采用阶梯形槎，接槎部位离阴阳角不得小于 200mm，接槎应依层次顺序操作，层与层搭接紧密。

c. 铺抹可采用抹压或喷涂施工。喷涂施工时，喷枪的喷嘴应垂直于基面，合理调整压力和喷嘴与基面距离的关系。

d. 铺抹时应压实、抹平；如遇气泡要挑破压紧，保证铺抹密实；最后一层表面应提浆压光。

⑤ 聚合物水泥砂浆防水层应在终凝后进行保湿养护，时间不少于 7 天。在防水层未达到硬化状态时，不得浇水养护或直接受雨水冲刷，硬化后可采用干湿交替的养护方法。在潮湿环境中，可在自然条件下养护。

⑥ 过水构筑物应待聚合物水泥砂浆防水层施工完成 28 天后方可投入运行。

⑦ 施工完成后，应及时将施工机具清洗干净。

4. 验收要求

（1）主控项目

① 水泥砂浆防水层的施工质量检验数量，应按施工面积每 $100m^2$ 抽查 1 处，每处 $10m^2$，且不得少于 3 处。

② 水泥砂浆防水层的原材料及配合比必须符合设计要求。

③ 水泥砂浆防水层各层之间必须结合牢固，无空鼓现象。

（2）一般项目

① 水泥砂浆防水层表面应密实、平整，不得有裂纹、起砂、麻面等缺陷，阴阳角处应做成圆弧形。

② 水泥砂浆防水层施工缝留槎位置应正确，接槎应按层次顺序操作，层层搭接紧密。

③ 水泥砂浆防水层的平均厚度应符合设计要求，最小厚度不得小于设计值的 85％。

第三节　防水与屋面工程常见问题

一、卷材防水屋面

1. 卷材防水屋面的鼓泡现象的处理

鼓泡是卷材防水层常见症害之一，它可使卷材产生拉伸疲劳、保护层脱落，从而加速防水层老化，最终破裂而致渗漏。

① 对于较小的鼓泡，可以用针刺破，排净空气，然后用针筒注入黏结剂，用力辊压使卷材与基层粘牢，最后以密封材料封住针孔。

② 对于直径超过 200mm 的大鼓泡，应当将鼓泡对角切开，将卷材翻起，接着用喷灯将基层和翻起的卷材烤干，然后采用胶黏剂重新将卷材粘实，最后用比切口每边大 100mm 的卷材覆盖铺贴，必要时可以留设排气管。

2. 卷材防水屋面的开裂现象的处理

产生的部位多为板端缝轴裂，大面上的龟裂，管道周围的环形缝，屋面与立墙交接处、檐口与檐沟交接处的通缝，以及天沟、女儿墙和压顶的横向裂缝。

① 对于板端缝、屋面与天沟及立墙的交接处的开裂，应当沿缝剔除原防水层，接着将两侧卷材掀起，在板端缝及交接缝中嵌填防水密封材料，然后沿缝空铺 300mm 宽的卷材条带，最后将防水层补贴严密。

② 对于大面龟裂，应当沿裂缝凿除原防水层，清理干净后，沿缝做防水涂料加增强布处理，最后将防水层补实贴牢。

③ 对于天沟等横向开裂处，应当沿缝凿开并清理干净，然后在缝中嵌填密封材料，上部涂刷防水涂料（压顶应做高分子卷材防水层）。

④ 对于管道周围的环形缝，应当沿缝凿去原有防水层并清理干净，接着沿管道周围将混凝土剔凿 20mm×20mm 的凹槽，槽内嵌填密封防水材料，然后沿管道四周做卷材增强层处理，最后将管道周围的防水层做好。

3. 卷材防水屋面中，防水层与基层剥离现象的处理

坡度较大的屋面或立墙部位出现防水层与基层剥离，将会导致雨量较大时雨水进入屋面，导致渗漏。因此，必须处理防水层与基层剥离问题。

① 对于交角处，应首先将防水层切开，翻起立面卷材，并将找平层处理干净，然后用满粘法与平面防水层压粘一层卷材，最后将立面防水卷材翻下重新与平面卷材黏结，卷材之间的搭接宽度不应小于 150mm。

② 对于大面上的剥离，应首先切开防水层，将找平层处理干净、干燥，然后涂刷胶黏剂重新将卷材防水层粘贴在基层上，最后在切开缝上粘贴 300mm 的卷材条。

③ 对于坡度较大或立面上，可以采用机械固定法，即用带垫圈的钉子或压条将剥离处钉牢，钉距应当小于 900mm，钉子上端用密封材料封严。

4. 卷材防水屋面中，搭接缝脱缝现象的处理

处理搭接缝脱缝时，首先翻开脱离的搭接缝卷材，用溶剂清洗干净，然后涂胶黏剂，重新进行搭接缝粘贴，最后在接口处用防水密封材料封口。

二、涂膜防水

涂膜防水出现的渗漏现象的处理方法如下。

① 当发现涂膜防水层有渗漏时，首先应查明原因，并根据渗漏程度和范围制订相应的技术措施，恢复其防水功能。

② 在制订修补方案时，应当考虑屋面结构的安全性（即不超过原屋面结构的设计允许外荷载）；还应兼顾屋面的分水与排水的走向，不应造成屋面积水。

③ 当屋面结构出现裂缝时，应先对裂缝进行治理或采取堵漏，待结构稳定后方可治理防水层。

④ 在治理屋面渗漏时，一般宜采取多道设防、多种防水材料复合使用的技术方案；对于新旧搭接缝部位，还应采取密封处理及增设保护层措施。修复范围应比原有渗漏的周边各扩大 150mm，修复的防水材料及其防水层的厚度应与原设计标准相当，并应加铺胎体增强材料，适当增加涂刷次数，且在新旧防水层的界面处，需用密封材料封严。

⑤ 维修部位的基层和新旧搭接缝部位均应达到干净、干燥和平整的要求。当个别部位达不到干燥要求时，可以采取喷火法进行烘烤，确保修复部位黏结牢固。

三、熬制沥青

熬制沥青时沥青起火的处理方法如下。

如发现沥青锅内着火，切不可惊慌失措。此时应立即用铁锅盖盖住锅灶，切断电源，停止鼓风，封闭炉门，熄灭炉火，并迅速有序地离开起火地点，以免爆炸。如沥青外溢到地面起火，可用干砂压住，或用泡沫灭火机灭火。绝对禁止在已着火的沥青处理方法上浇水，否则更助长沥青的燃烧。

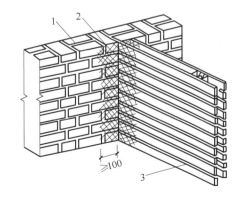

第十一章 ▶▶
建筑装饰装修工程

第一节 抹 灰 工 程

墙面做拉
毛处理

扫码观看视频

一、室内墙面抹灰施工

1. 工艺流程

室内墙面抹灰施工工艺流程，如图 11-1 所示。

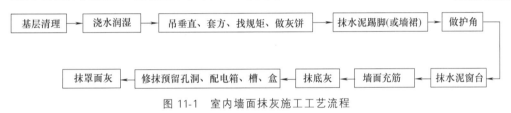

```
基层清理 → 浇水润湿 → 吊垂直、套方、找规矩、做灰饼 → 抹水泥踢脚(或墙裙) → 做护角

抹罩面灰 ← 修抹预留孔洞、配电箱、槽、盒 ← 抹底灰 ← 墙面充筋 ← 抹水泥窗台
```

图 11-1　室内墙面抹灰施工工艺流程

2. 施工要点

（1）基层清理

为了使抹灰砂浆与基体表面黏结牢固，防止抹灰层产生空鼓现象，抹灰前对基层进行必要的处理。对凹凸不平的基层表面应剔平，或用 1:3 水泥砂浆补平。对楼板洞、穿墙管道及墙面脚手架洞、门窗框与立墙交接缝隙处均应用 1:3 水泥砂浆或水泥混合砂浆（加少量麻刀）分层嵌塞密实。对表面上的灰尘、污垢和油渍等事先均应清除干净，并洒水润湿。墙面太光的要凿毛，或用掺加 10% 107 胶的 1:1 水泥砂浆薄抹一层。不同材料相接处，如砖墙与木隔墙等，应铺设金属网，如图 11-12 所示，搭接宽度从缝边起两侧均不小于 100mm，以防抹灰层因基体温度变化胀缩不一而产生裂缝。在内墙面的阳角和门洞口侧壁的阳角、柱角等易于碰撞之处，宜用强度较高的 1:2 水泥砂浆制作护角，其高度应不低于 2m，每侧宽度不小于 50mm，对砖砌体基体，应待砌体充分沉实后方抹底层灰，以防砌体沉陷拉裂灰层。

（2）浇水湿润

一般在抹灰前一天，用水管或喷壶顺墙自上而下浇水湿润。不同的墙体，不同的环境，需要不同的浇水量。浇水要分次进行，最终以墙体既

图 11-2　砖木交接处基体处理
1—砖墙（基体）；2—钢丝网；3—板条墙

湿润又不泌水为宜。

（3）吊垂直、套方、找规矩、做灰饼

根据设计图纸要求的抹灰质量，根据基层表面平整垂直情况，用一面墙做基准，吊垂直、套方、找规矩，确定抹灰厚度，抹灰厚度不应小于 7mm。当墙面凹度较大时，应分层抹平。每层厚度不大于 7～9mm。操作时应先抹上灰饼，再抹下灰饼。抹灰饼时应根据室内抹灰要求，确定灰饼的正确位置，再用靠尺板找好垂直与平整。灰饼宜用 M15 水泥砂浆抹成 50mm 见方形状，抹灰层总厚度不宜大于 20mm。

房间面积较大时应先在地上弹出十字中心线，然后按基层面平整度弹出墙角线，随后在距墙阴角 100mm 处吊垂线并弹出铅垂线，再按地上弹出的墙角线往墙上翻引弹出阴角两面墙上的墙面抹灰层厚度控制线，以此做灰饼，然后根据灰饼充筋。灰饼的做法如图 11-3 所示。

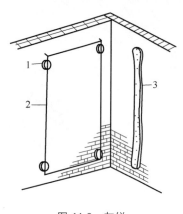

图 11-3　灰饼
1—灰饼；2—引线；3—标筋

（4）修抹预留孔洞、配电箱、槽、盒

堵缝工作要作为一道工序安排专人负责，把预留孔洞、配电箱、槽、盒周边的洞内杂物、灰尘等物清理干净，浇水湿润，然后用砖将其补齐砌严，用水泥砂浆将缝隙塞严，压抹平整、光滑。

（5）抹水泥踢脚或墙裙

根据已抹好的灰饼充筋（此筋可以充得宽一些，80～100mm 为宜，因此筋即为抹踢脚或墙裙的依据，同时也作为墙面抹灰的依据）。水泥踢脚、墙裙、梁、柱、楼梯等处应用 M20 水泥砂浆分层抹灰，抹好后用大杠刮平，木抹搓毛，常温第二天用水泥砂浆抹面层并压光，抹踢脚或墙裙厚度应符合设计要求，无设计要求时凸出墙面 5～7mm 为宜。凡凸出抹灰墙面的踢脚或墙裙上口必须保证光洁、顺直，踢脚或墙面抹好将靠尺贴在大面与上口平，然后用小抹子将上口抹平压光，凸出墙面的棱角要做成钝角，不得出现毛茬和飞棱。

（6）做护角

墙、柱间的阳角应在墙、柱面抹灰前用 M20 以上的水泥砂浆做护角，其高度自地面以上不小于 2m。如图 11-4 所示。将墙、柱的阳角处浇水湿润，第一步在阳角正面立上八字靠尺，靠尺凸出阳角侧面，凸出厚度与成活抹灰面平。然后在阳角侧面，依靠尺边抹水泥砂浆，并用铁抹子将其抹平，按护角宽度（不小于 50mm）将多余的水泥砂浆铲除。第二步待水泥砂浆稍干后，将八字靠尺移至抹好的护角面上（八字坡向外）。在阳角的正面，依靠尺边抹水泥砂浆，并用铁抹子将其抹平，按护角宽度将多余的水泥砂浆铲除。抹完后去掉八字

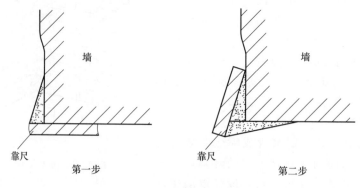

图 11-4　水泥护角做法

靠尺,用素水泥浆涂刷护角尖角处,并用抒角器自上而下抒一遍,使其形成钝角。

(7) 抹水泥窗台

先将窗台基层清理干净,清理砖缝,松动的砖要重新补砌好,用水润透,用 1:2:3 豆石混凝土铺实,厚度宜大于 25mm,一般 1 天后抹 1:2.5 水泥砂浆面层,待表面达到初凝后,浇水养护 2~3 天,窗台板下口抹灰要平直,没有毛刺。

(8) 墙面充筋

当灰饼砂浆达到七八成干时,即可用与抹灰层相同砂浆充筋,充筋根数应根据房间的宽度和高度确定,一般标筋宽度为 50mm。两筋间距不大于 1.5m。当墙面高度小于 3.5m 时宜做立筋;大于 3.5m 时宜做横筋,做横向充筋时做灰饼的间距不宜大于 2m。

(9) 抹底灰

一般情况下充筋完成 2 小时左右可开始抹底灰为宜,抹前应先抹一层薄灰,要求将基体抹严,抹时用力压实使砂浆挤入细小缝隙内,接着分层装档、抹至与充筋平,用木杠刮找平整,用木抹子搓毛。然后全面检查底子灰是否平整,阴阳角是否方直、整洁,管道后与阴角交接处、墙顶板交接处是否光滑、平整、顺直,并用托线板检查墙面垂直与平整情况。抹灰面接槎应平顺,地面踢脚板或墙裙,管道背后应及时清理干净,做到活完场清。

(10) 抹罩面灰

罩面灰应在底灰六七成干时开始抹罩面灰(抹时如底灰过干应浇水湿润),罩面灰两遍成活,每遍厚度约 2mm,操作时最好两人同时配合进行,一人先刮一遍薄灰,另一人随即抹平。依先上后下的顺序进行,然后赶实压光,压时要掌握火候,既不要出现水纹,也不可压活,压好后随即用毛刷蘸水,将罩面灰污染处清理干净。施工时整面墙不宜留施工槎;如遇有预留施工洞时,可甩下整面墙待抹为宜。

(11) 养护。

水泥砂浆抹灰 24 小时后应喷水养护,养护时间不少于 7 天。

3. 施工注意事项

① 室内抹灰采用高凳上铺脚手板时,宽度不得少于两块脚手板(50cm),间距不得大于 2m,移动高凳时上面不得站人,作业人员最多不得超过 2 人。高度超过 2m 时,应由架子工搭设脚手板。

② 室内施工使用手推车时,拐弯时不得猛拐。

③ 作业过程中遇有脚手架与建筑物之间拉结,未经领导同意,严禁拆除。必要时由架子工负责采取固定措施后,方可拆除。

④ 采用井字架、龙门架、外用电梯垂直运输材料时,卸料平台通道的两侧边安全防护必须齐全、牢固,吊盘(笼)内小推车必须加挡车掩,不得向井内探头张望。

⑤ 脚手板不得搭设在门窗、暖气片、洗脸池等非承重的器物上。

⑥ 夜间或阴暗做作业时,应用 36V 以下安全电压照明。

二、室外墙面抹灰施工

1. 工艺流程

室外墙面抹灰施工工艺流程,如图 11-5 所示。

抹灰

扫码观看视频

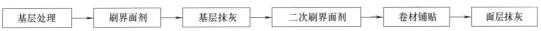

| 基层处理 | → | 刷界面剂 | → | 基层抹灰 | → | 二次刷界面剂 | → | 卷材铺贴 | → | 面层抹灰 |

图 11-5 室外墙面抹灰施工工艺流程

2. 施工要点

室外墙面抹灰与室内墙面抹灰基本相同，可参照室内抹灰进行施工。但应注意以下几点。

（1）放线

根据建筑高度确定放线方法，高层建筑可利用墙大角、门窗口两边，用经纬仪打直线找垂直。多层建筑时，可从顶层用大线坠吊垂直，绷铁丝找规矩，横向水平线可依据楼层标高或施工＋500mm线为水平基准线进行交圈控制，然后按抹灰操作层抹灰饼，做灰饼时应注意横竖交圈，以便操作。每层抹灰时则以灰饼做基准充筋，使其保证横平竖直。

（2）抹底层灰、中层灰

根据不同的基体，抹底层灰前可刷一道胶黏性水泥浆，然后抹1：3水泥砂浆（加气混凝土墙底层应抹1：6水泥砂浆），每层厚度控制在5～7mm为宜。分层抹灰抹与充筋平时用木杠刮平找直，木抹子搓毛，每层抹灰不宜跟得太紧，以防收缩影响质量。

（3）抹面层灰、起分格条

待底灰呈七八成干时开始抹面层灰，将底灰墙面浇水均匀湿润，先刮一层薄薄的素水泥浆，随即抹罩面灰与分格条平，并用木杠横竖刮平，木抹子搓毛，铁抹子溜光、压实。待其表面无明水时，用软毛刷蘸水，垂直于地面向同一方向轻刷一遍，以保证面层灰颜色一致，避免出现收缩裂缝，随后将分格条起出，待灰层干后，用素水泥膏将缝勾好。难起的分格条不要硬起，防止棱角损坏，待灰层干透后补起，并补勾缝。

（4）抹滴水线

在抹檐口、窗台、窗眉、阳台、雨篷、压顶和凸出墙画的腰线以及装凸线时，应将其上面作成向外的流水坡度，严禁出现倒坡。下面做滴水线（槽）。窗台上面的抹灰层应深入窗框下坎裁口内，堵塞密实，流水坡度及滴水线（槽）距外表面不小于40mm，滴水线深度和宽度一般不小于10mm，并应保证其流水坡度方向正确。

3. 注意事项

外墙上直通室内的管道应加套管，做到内高外低，并在外墙沿套管周边嵌填密封胶；外墙找平层材料的抗拉强度不应低于外墙饰面对基层黏结强度的要求。

三、顶棚抹灰施工

1. 工艺流程

顶棚抹灰施工工艺流程，如图11-6所示。

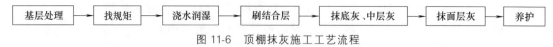

图11-6 顶棚抹灰施工工艺流程

2. 施工要点

混凝土顶棚抹灰宜用聚合物水泥砂浆或粉刷石膏砂浆，厚度小于5mm的可以直接用腻子刮平。预制混凝土顶棚找平、抹灰厚度不宜大于10mm，现浇混凝土顶棚抹灰厚度不宜大于5mm。抹灰前在四周墙上弹出控制水平线，先抹顶棚四周，圈边找平，横竖均匀、平顺，操作时用力使砂浆压实，使其与基体粘牢，最后压实压光。

3. 施工机具

抹灰亦可用机械喷涂，把砂浆搅拌、运输和喷涂有机地衔接起来进行机械化施工。喷涂抹灰机组如图 11-7 所示。搅拌均匀的砂浆经过振动筛进入集料斗，再由灰浆泵吸入经输送管送至喷枪，然后经压缩空气加压砂浆由喷枪口喷出喷涂于墙面上，再经人工找平、搓实即完成底子灰的全部施工。喷枪的构造如图 11-8 所示。喷嘴直径有 10mm、12mm、14mm 三种。应正确掌握喷嘴距墙面或顶棚的距离和选用适当的压力，否则会使滋弹过多或造成砂浆流淌。

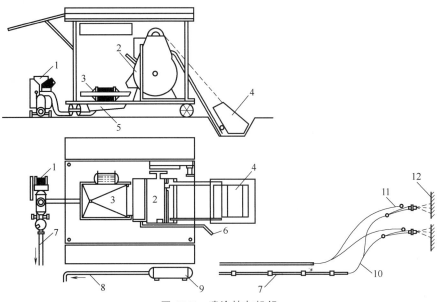

图 11-7 喷涂抹灰机组

1—灰浆泵；2—灰浆搅拌机；3—振动筛；4—上料斗；5—集料斗；6—进水管；7—灰浆输送管；
8—压缩空气管；9—空气压缩机；10—分叉管；11—喷枪；12—基层

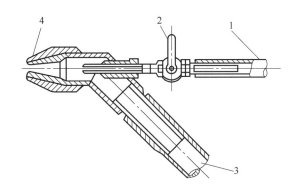

图 11-8 喷枪的构造

1—压缩空气管；2—阀门；3—灰浆输送管；4—喷嘴

4. 质量要求

一般抹灰质量要求见表 11-1。

表 11-1 一般抹灰质量要求

项次	项目	允许偏差/mm		检查方法
		普通抹灰	高级抹灰	
1	阴阳角方正	4	3	用 200mm 直角检查尺检查
2	立面垂直度	4	3	用 2m 托线板和尺检查
3	分格条(缝)直线度	4	3	拉 5m 线，不足 5m 拉通线，用钢直尺检查
4	墙裙、勒脚上口直线度	4	3	拉 5m 线，不足 5m 拉通线，用钢直尺检查

挂大理石

扫码观看视频

第二节 饰面工程

一、饰面砖施工

1. 陶瓷锦砖

陶瓷锦砖又称马赛克，施工采用粘贴法，将锦砖镶贴到基层上。施工时先用1∶3水泥砂浆做底层，厚为12mm，找平划毛，洒水养护。镶贴前弹出水平、垂直分格线，找好规矩。然后在湿润的底层上刷水泥浆一道，再抹一层厚2～3mm、1∶0.3的水泥纸筋灰或厚3mm、1∶1的水泥砂浆（砂须过筛）作黏结层，用靠尺刮平，同时将锦砖底面向上铺在木垫板上，缝灌细砂（或刮白水泥浆），并用软毛刷刷净底面浮砂，再在底面上薄涂一层黏结灰浆。然后逐张将陶瓷锦砖沿线由下往上、对齐接缝粘贴于墙上。粘贴时应仔细拍实，使其表面平整。待水泥初凝后，用软毛刷将护纸蘸水湿润，半小时后揭纸，并检查缝的平直大小，随手拨正。粘贴48小时后，取出分格条，大缝用1∶1水泥砂浆嵌缝，其他小缝均用素水泥浆嵌平。待嵌缝材料硬化后，用稀盐酸溶液刷洗，随即再用清水冲洗干净。

2. 釉面瓷砖

釉面瓷砖的施工采用镶贴方法，将瓷砖镶贴到基层上。镶贴前应经挑选、预排，使规格、颜色一致，灰缝均匀。基层应清扫干净，浇水湿润，用1∶3水泥砂浆打底，厚度6～10mm，找平划毛，打底后3～4天开始镶贴瓷砖。镶贴前找好规矩，按砖的实际尺寸弹出横竖控制线，定出水平标准和皮数。接缝宽度应符合设计要求，一般为1～1.5mm。然后用废瓷砖按黏结层厚度用混合砂浆贴灰饼，找出标准。灰饼间距一般为1.5～1.6mm。阳角处要两面挂直。镶贴时先润湿底层，根据弹线稳好水平尺板，作为第一皮瓷砖镶贴的依据，由下往上逐层粘贴。为确保黏结牢固，瓷砖的吸水率不得大于18％，且在镶贴前应浸水2小时以上，取出晾干备用。采用聚合物水泥砂浆为黏结层时，可抹一行（或数行）贴一行（或数行）；采用厚6～10mm、1∶2的水泥砂浆（或掺入水泥重量的15％石灰膏）作黏结层时，则将砂浆均匀刮抹在瓷砖背面，放在水平尺板上口贴于墙面，并将挤出的砂浆随时擦净。镶贴后轻敲瓷砖，使其黏结牢固，并用靠尺靠平，修正缝隙。

室外接缝应用水泥浆或水泥砂浆嵌缝；室内接缝宜用与瓷砖相同颜色的石灰膏或水泥浆嵌缝。待整个墙面与嵌缝材料硬化后，用棉纱擦干净或用稀盐酸溶液刷洗，然后用清水冲洗干净。

二、饰面板施工

大理石和水磨石饰面板分为小规格板块（边长＜400mm）和大规格板块（边长＞400mm）两种。一般情况下，小规格板块多采用粘贴法安装；大规格板块或高度超过1m时，多采用安装法施工。

墙面与柱面粘贴或安装饰面板，应先抄平，分块弹线，并按弹线尺寸及花纹图案预拼和编号。安装时应找正吊直后采取临时固定措施，再校正尺寸，以防灌注砂浆时板位移动。

1. 小板块施工

小规格的大理石和水磨石板块施工时,首先采用 1:3 的水泥砂浆做底层,厚度约 12mm,要求刮平,找出规矩,并将表面划毛。底层浆凝固后,将湿润的大理石或水磨石板块,抹上厚度 2~3mm 的素水泥浆粘贴到底层上,随手用木槌轻敲、用水平尺找平找直。大理石或水磨石板块使用前应在清水中浸泡 2~3 小时后阴干备用。整个大理石或水磨石饰面工程完工后,应用清水将表面冲洗干净。

2. 大板块施工

大规格的大理石和水磨石采用安装法施工,如图 11-9 所示。施工时首先在基层的表面上绑扎 $\phi 6$ 的钢筋骨架与结构中预埋件固定。安装前大理石或水磨石板块侧面和背面应清扫干净并修边打眼,每块板材上、下边打眼数量均不少于两个,然后穿上铜丝或铅丝把板块固定在钢筋骨架上,离墙保持 20mm 空隙,用托线板靠直靠平,要求板块交接处四角平整。水平缝中插入木楔控制厚度,上下口用石膏临时固定(较大的板块则要加临时支撑)。板块安装由最下一行的中间或一端开始,依次安装。每铺完一行后,用 1:2.5 水泥砂浆分层灌浆,每层灌浆高度 150~200mm,并插捣密实,待其初凝后再灌上一层浆,至距上口 50~100mm 处停止。安装第二行板块前,应将上口临时固定的石膏剔掉并清理干净缝隙。

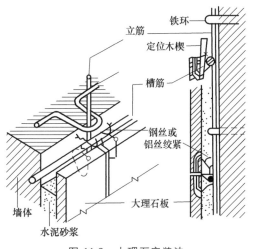

图 11-9 大理石安装法

采用浅色的大理石或水磨石饰面板时,灌浆须用白水泥和白石渣,以防变色,影响质量。完工后,表面应清洗干净,晾干后方可打蜡、擦亮。

3. 质量检验

① 采用由上往下铺贴方式,应严格控制好时间和顺序,否则易出现锦砖下坠而造成缝隙不均或不平整。

② 饰面工程的表面不得有变色、起碱、污点、砂浆流痕和显著的光泽受损处,不得有歪斜、翘曲、空鼓、缺棱、掉角、裂缝等缺陷。

③ 饰面工程的表面颜色应均匀一致,花纹线条应清晰、整齐、深浅一致,不显接槎,表面平整度的允许偏差小于 4mm。

第三节 吊顶工程

一、吊筋

吊筋主要承受吊顶棚的重力,并将这一重力直接传递给结构层。同时还能用来调节吊顶的空间高度。

吊筋固定方法如图 11-10 所示。在预制板上设吊筋的方法如图 11-11 所示。

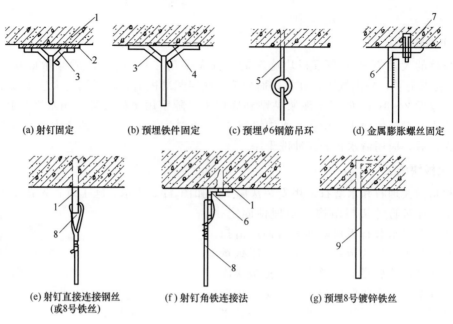

(a) 射钉固定　　(b) 预埋铁件固定　　(c) 预埋ϕ6钢筋吊环　　(d) 金属膨胀螺丝固定

(e) 射钉直接连接钢丝　　(f) 射钉角铁连接法　　(g) 预埋8号镀锌铁丝
　　(或8号铁丝)

图 11-10　吊筋固定方法

1—射钉；2—焊板；3—ϕ10钢筋吊环；4—预埋钢板；5—ϕ6钢筋；6—角钢；
7—金属膨胀螺丝；8—铝合金丝（8号、12号、14号）；9—8号镀锌钢丝

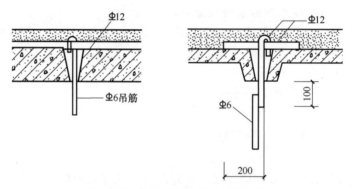

图 11-11　在预制板上设吊筋的方法

二、龙骨安装

按制作材料的不同，吊顶骨架可采用木龙骨、轻钢龙骨和铝合金龙骨的构造形式。

1. 木龙骨

使用木龙骨其优点是加工容易、施工也较方便，容易做出各种造型，但因其防火性能较差，只能适用于局部空间内使用。木龙骨系统又分为主龙骨、次龙骨、横撑龙骨，木龙骨规格范围为 60mm×80mm～20mm×30mm。在施工中应做防火、防腐处理。木龙骨吊顶的构造形式如图 11-12 所示。

主龙骨沿房间短向布置，用事先预埋的钢筋圆钩穿上 8 号镀锌铁丝将龙骨拧紧，或用 ϕ6 或 ϕ8 螺栓与预埋钢筋焊牢，穿透主龙骨上紧螺母。吊顶的起拱一般为房间短向的 1/200。次龙骨安装时，按照墙上弹出的水平线，先钉四周小龙骨，然后按设计要求分档划线钉次龙骨，最后横撑龙骨。

2. 轻钢龙骨

轻钢龙骨有很好的防火性能，再加上轻钢龙骨都是标准规格且都有标准配件，施工速度快，装配化程度高，轻钢骨架是吊顶装饰最常用的骨架形式。轻钢龙骨按断面形状可分为U形、C形、T形、L形等几种类型；按荷载类型分有U60系列、U50系列、U38系列等几类。每种类型的轻钢龙骨都应配套使用。轻钢龙骨的缺点是不容易做成较复杂的造型，轻钢龙骨构造形式如图11-13所示。

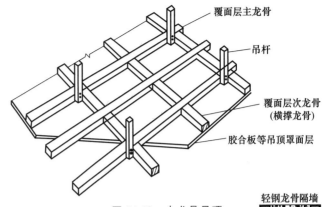

图 11-12 木龙骨吊顶

轻钢龙骨隔墙

扫码观看视频

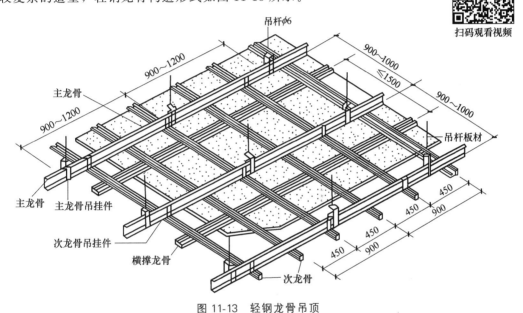

图 11-13 轻钢龙骨吊顶

3. 铝合金龙骨

合金龙骨常与活动面板配合使用，其主龙骨多采用U60、U50、U38系列及厂家定制的专用龙骨，其次龙骨则采用T形及L形的合金龙骨，次龙骨主要承担着吊顶板的承重功能，又是饰面吊顶板装饰面的封、压条。合金龙骨因其材质特点不易锈蚀，但刚度较差，容易变形。

4. 安装程序

龙骨的安装顺序是：弹线定位→固定吊杆→安装主龙骨→安装次龙骨→固定横撑龙骨。

（1）弹线定位

根据楼层标高水平线，用尺竖向量至顶棚设计标高，沿墙四周弹出顶棚标高水平线（水平允许偏差±5mm），并沿顶棚标高水平线在墙上划好龙骨分档位置线。

（2）固定吊杆

按照墙上弹出的标高线和龙骨位置线，找出吊点中心，将吊杆焊接在预埋件上。未设预埋件时，可在吊点中心用射钉固定吊杆或铁丝，计算好吊杆的长度，确定吊杆下端的杆高。与吊挂件连接一端的螺纹长度应留好余地，并配好螺母。同时，按设计要求是否上人，查标准图集选用。

（3）安装主龙骨

吊杆安装在主龙骨上，根据龙骨的安装程序，因为主龙骨在上，所以吊件同主龙骨相连，再将次龙骨用连接件与主龙骨固定。在主、次龙骨安装程序上，可先将主龙骨与吊杆安装完毕，再安次龙骨；也可主、次龙骨一齐安装。然后调平主龙骨，拧动吊杆螺栓，升降调平。

（4）固定次龙骨

次龙骨垂直于主龙骨布置，交叉点用次龙骨吊挂件将其固定在主龙骨上。吊挂件上端挂在主龙骨上，挂件 U 形腿用钳子扣入主龙骨内，次龙骨的间距因饰面板是密缝安装还是离缝安装而异。次龙骨中距应计算准确，并要翻样而定。次龙骨的安装程序是预先弹好位置，从一端依次安装到另一端。

（5）固定横撑龙骨

横撑龙骨应用次龙骨截取。安装时，将截取的次龙骨的端头插入支托，扣在次龙骨上，并用钳子将挂搭弯入次龙骨内。组装好后的次龙骨和横撑龙骨底面要求平齐。

三、饰面板安装

吊顶的饰面板材包括：纸面石膏装饰吸声板、石膏装饰吸声板、矿棉装饰吸声板、珍珠岩装饰吸声板、聚氯乙烯塑料天花板、聚苯乙烯泡沫塑料装饰吸声板、钙塑泡沫装饰吸声板、金属微穿孔吸声板、穿孔吸声石棉水泥板、轻质硅酸钙吊顶板、硬质纤维装饰吸声板、玻璃棉装饰吸声板等。选材时要考虑材料的密度、保温、隔热、防火、吸声、施工装卸等性能，同时应考虑饰面的装饰效果。

1. 板面的接缝处理

（1）密缝法

指板之间在龙骨处对接，也叫对缝法。板与龙骨的连接多为粘接和钉接。接缝处易产生不平现象，需在板上不超过 200mm 间距用钉或用胶黏剂连接，并对不平处进行修整。

（2）离缝法

① 凹缝。两板接缝处利用板面的形状和长短做出凹缝，有 V 形缝和矩形缝两种，缝的宽度不小于 10mm。由板的形状形成的凹缝可不必另加处理；利用板厚形成的凹缝中，可涂颜色，以强调吊顶线条的立体感。

② 盖缝。板缝不直接暴露在外，而用次龙骨或压条盖住板缝，这样可避免缝隙宽窄不均，使饰面的线型更为强烈。

饰面板的边角处理，根据龙骨的具体形状和安装方法有直角、斜角、企口角等多种形式。

2. 饰面板与龙骨连接

① 黏结法，指用各种胶黏剂将板材粘贴于龙骨上或其他基板上。

② 钉接法，是用铁钉或螺钉将饰面板固定于龙骨上。木龙骨以铁钉钉接，型钢龙骨以螺钉连接，钉距视材料而异。适用于钉接的饰面板有胶合板、纤维板、木板、铝合金板、石膏板、矿棉吸声板和石棉水泥板等。

③ 挂牢法，是利用金属挂钩将板材挂于龙骨下的方法。

④ 搁置法，是将饰面板直接搁于龙骨翼缘上的做法。

⑤ 卡牢法，是利用龙骨本身或另用卡具将饰面板卡在龙骨上的做法，常用于以轻钢、型钢龙骨配以金属板材等。

第四节 门窗工程

一、木门窗的安装

1. 工艺流程

木门窗的安装工艺流程，如图 11-14 所示。

图 11-14 木门窗的安装工艺流程

2. 施工要点

（1）找规矩弹线，找出门窗框安装位置

结构工程经过核验合格后，即可从顶层开始用大线坠吊垂直，检查窗口位置的准确度，并在墙上弹出墨线，门窗洞口结构凸出窗框线时进行剔凿处理。

窗框安装的高度应根据室内+50cm 水平线核对检查，使其窗框安装在同一标高上。

室外内门框应根据图纸位置和标高安装，并根据门的高度合理设置木砖数量，且每块木砖应钉 2 个 10cm 长的钉子并应将钉帽砸扁钉入木砖内，使门框安装牢固。

轻质隔墙应预设带木砖的混凝土块，以保证其门窗安装的牢固性。

（2）掩扇及安装样板

把窗扇根据图纸要求安装到窗框上，此道工序称为掩扇。对掩扇的质量按检验评价标准检查缝隙大小、五金位置、尺寸及牢固等，符合标准要求作为样板，以此为验收标准和依据。

（3）窗框、扇安装

弹线安装窗框扇应考虑抹灰层的厚度，并根据门窗尺寸、标高、位置及开启方向，在墙上画出安装位置线。有贴脸的门窗、立框时应与抹灰面平，有预制水磨石板的窗，应注意窗台板的出墙尺寸，以确定立框位置。

窗框的安装标高，以墙上弹+50cm 水平线为准，用木楔将框临时固定于窗洞内，为保证与相隔窗框的平直，应在窗框下边拉小线找直，并用铁水平尺将平线引入洞内作为立框时的标准，再用线坠校正吊直。

（4）门框安装

应在地面工程施工前完成，门框安装应保证牢固，门框应用钉子与木砖钉牢，一般每边不少于 2 点固定，间距不大于 1.2m。若隔墙为加气混凝土条板时，应按要求间距预留 45mm 的孔，孔深 7～10cm，并在孔内预埋木橛粘 107 胶水泥浆加入孔中（木橛直径应大于孔径 1mm 以使其打入牢固）。待其凝固后再安装门框。

（5）门扇安装

① 先确定门的开启方向及小五金型号和安装位置，对开门扇扇口的裁口位置开启方向，一般右扇为盖口扇。

② 检查门口尺寸是否正确，边角是否方正，有无窜角；检查门口宽度应量门口的上、

中、下三点并在扇的相应部位定点画线；检查门口高度应量门的两侧。

③ 将门扇靠在门框上画出相应的尺寸线，如果扇大，则应根据框的尺寸将大出的部分刨去；若扇小，应绑木条，且木条应绑在装合页的一面，用胶粘后并用钉子打牢，钉帽要砸扁，顺木纹送入框内 1~2mm。

④ 第一次修刨后的门扇应以能塞入口内为宜，塞好后用木楔顶住临时固定。按门扇与口边缝宽合适尺寸，画第二次修刨线，标上合页槽的位置（距门扇的上、下端 1/10，且避开上、下冒头）。同时应注意口与扇安装的平整。

⑤ 门扇二次修刨，缝隙尺寸合适后即安装合页。应先用线勒子勒出合页的宽度，根据上、下冒头 1/10 的要求，钉出合页安装边线，分别从上、下边线往里量出合页长度，剔合页槽时应留线，不应剔得过大、过深。

⑥ 合页槽剔好后，即安装上、下合页，安装时应先拧一个螺钉，然后关上门检查缝隙是否合适，口与扇是否平整，无问题后方可将螺钉全部拧上拧紧。木螺钉应钉入全长 1/3、拧入 2/3。如门窗为黄花松或其他硬木时，安装前应先打眼。眼的孔径为木螺钉直径的90%，眼深为螺线长的 2/3，打眼后再拧螺钉，以防安装时劈裂或将螺钉拧断。

⑦ 安装玻璃门时，一般玻璃裁口在走廊内，厨房、厕所玻璃裁口在室内。

3. 注意事项

① 有贴脸的门框安装后与抹灰面不平：主要原因是立口时没掌握好抹灰层的厚度。

② 门窗洞口预留尺寸不准：安装门窗框后四周的缝子过大或过小；砌筑时门窗洞口尺寸不准，所留余量大小不均；砌筑上下左右，拉线找规矩，偏位较多。一般情况下安装门窗框上皮应低于窗过梁 10~15mm，窗框下皮应比窗台上皮高 5mm。

③ 门窗框安装不牢：预埋的木砖数量少或木砖不牢；砌半砖墙没设置带木砖的预制混凝土块，而是直接使用木砖，干燥收缩松动，预制混凝土隔板，应在预制时埋设木砖使之牢固，以保证门窗框的安装牢固。木砖的设置一定要满足数量和间距的要求。

④ 合页不平，螺钉松动，螺帽斜露，缺少螺钉，合页槽深浅不一。安装时螺钉入太长或倾斜拧入。要求安装时螺钉应钉入 1/3 拧入 2/3，拧时不能倾斜，安装时如遇木节，应在木节处钻眼，重新塞入木塞后再拧螺钉，同时应注意不要遗漏螺钉。

⑤ 上下层门窗不顺直，左右门窗安装不跟线，洞口预留偏位：安装前没按要求弹线找规矩，没吊好垂直立线，安装时没按 50cm 拉线找规矩。为解决此问题，要求施工者必须按工艺要求，施工安装前先弹线找规矩，做好准备工作后，先安样板，经鉴定符合要求后再全面安装。

二、铝合金门窗的安装

1. 工艺流程

铝合金门窗安装的工艺流程，如图 11-15 所示。

2. 施工要点

（1）画线定位

根据设计图纸中窗户的安装位置、尺寸，依据窗户中线向两边量出窗户边线。多层地下结构时，以顶层窗户边线为准，用经纬仪将窗边线下引，并在各层窗户口处画线标记，对个别不直的窗口边应及时处理。

窗户的水平位置应以楼层室内 +50cm 的水平线为准，量出窗户下皮标高，弹线找直。

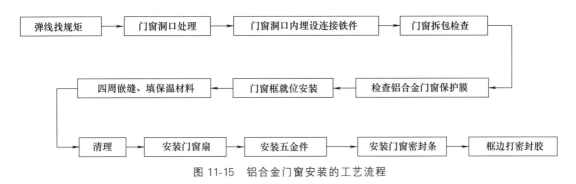

图 11-15 铝合金门窗安装的工艺流程

每一层同标高窗户必须保持窗下皮标高一致。

（2）防腐处理

窗框四周外表面的防腐处理应按设计要求进行。如设计无要求时，可涂刷防腐涂料或粘贴塑料薄膜进行保护，以免水泥砂浆直接与铝合金门窗表面接触，产生电化学反应，腐蚀铝合金门窗。

安装铝合金窗户时，如果采用连接铁件固定，则连接铁件、固定件等安装用金属零件应优先选用不锈钢件，否则必须进行防腐处理，以免产生电化学反应，腐蚀铝合金窗户。

（3）铝合金窗户的安装就位

根据画好的窗户定位线，安装铝合金窗框，并及时调整好窗框的水平、垂直及对角线长度等符合质量标准，然后用木楔临时固定窗框。

（4）固定铝合金窗

当墙体上预埋有铁件时，可把铝合金窗框上的铁脚直接与墙体上的预埋铁件焊牢；当墙体上没有预埋铁件时，可用金属膨胀螺栓或塑料膨胀螺栓将铝合金窗的铁脚固定到墙上。混凝土墙体可用射钉枪把铝合金窗的铁脚固定到墙体上；当墙体上没有预埋件时，也可用电锤在墙体上钻 80mm 深、直径为 6mm 的孔，用∟ 80mm×50mm 的 $\phi6$ 钢筋，在长的一端粘涂 107 胶水泥浆，然后打入孔中。待 107 胶水泥浆终凝后，再将铝合金门窗的铁脚与埋置的 $\phi6$ 钢筋焊牢。

铝合金门窗常用固定方法如图 11-16 所示。

（5）窗框与墙体间缝隙的处理

铝合金窗安装固定后，应先进行隐蔽工程验收。合格后及时按设计要求处理窗框与墙体之间的缝隙。

如果设计没有要求时，可采用矿棉或玻璃棉毡条分层填塞门窗框与墙体间的缝隙，外表面留 5～8mm 深槽口填嵌密封胶，严禁用水泥砂浆填塞。

（6）安装窗扇及窗玻璃

窗扇和窗户玻璃应在洞口墙体表面装饰完工后安装；平开窗户在框与扇格架组装上墙、安装固定好后再安玻璃，即先调整好框与扇的缝隙，再将玻璃安入框、扇并调整好位置，最后镶嵌密封条、填嵌密封胶。

（7）安装五金配件

五金配件与窗户连接用镀锌螺钉。安装的五金配件应结实牢固，使用灵活。

三、钢门窗的安装

1. 工艺流程

钢门窗安装的工艺流程，如图 11-17 所示。

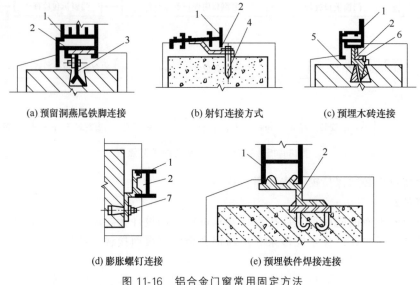

(a) 预留洞燕尾铁脚连接   (b) 射钉连接方式   (c) 预埋木砖连接

(d) 膨胀螺钉连接   (e) 预埋铁件焊接连接

图 11-16 铝合金门窗常用固定方法

1—门窗框；2—连接铁件；3—燕尾铁脚；4—射（钢）钉；
5—木砖；6—木螺钉；7—膨胀螺钉

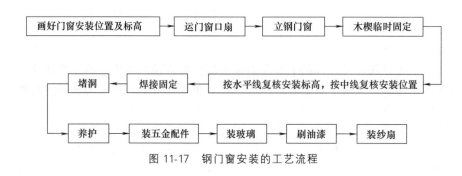

图 11-17 钢门窗安装的工艺流程

2. 施工要点

（1）弹控制线

门窗安装前应弹出离楼地面 500mm 高的水平控制线，按门窗安装标高、尺寸和开启方向，在墙体预留洞口四周弹出门窗就位线。

（2）立钢门窗、校正

钢门窗采用后塞框法施工，安装时先用木楔块临时固定，木楔块应塞在四角和中梃处；然后用水平尺、对角线尺、线锤校正其垂直于水平。框扇配合间隙在合页面不应大于 2mm，安装后要检查开关灵活、无阻滞和回弹现象。

（3）门窗框固定

门窗位置确定后，将铁脚与预埋件焊接或埋入预留墙洞内，用 1：2 水泥砂浆或细石混凝土将洞口缝隙填实；养护 3 天后取如木楔，用 1：2 泥砂浆嵌填框与墙之间缝隙。钢窗预埋铁脚如图 11-18 所示，每隔 500～700mm 设置一个，且每边不少于 2 个。

（4）安装五金零件

安装零附件宜在内外墙装饰结束后进行。安装零附件前，应检查门窗在洞口内是否牢固，开启应灵活，关闭要严密。五金零件应按生产厂家提供的装配图试装合格后，方可进行全面安装。密封条应在钢门窗涂料干燥后按型号安装压实。各类五金零件的转动和滑动配合处应灵活，无卡阻现象。装配螺钉拧紧后不得松动，埋头螺钉不得高于零件表面。钢门窗上的渣土应及时清除干净。

（5）安装纱门窗

高度或宽度大于 1400mm 的纱窗，装纱前应在纱扇中部用木条临时支撑。检查压纱条和扇配套后，将纱裁成比实际尺寸宽 50mm 的纱布，绷纱时先用螺钉拧入上下压纱条再装两侧压纱条，切除多余纱头。金属纱装完后集中刷油漆，交工前再将门窗扇安在钢门窗框上。

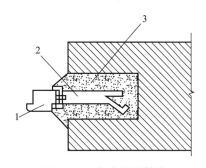

图 11-18　钢窗预埋铁脚
1—窗框；2—铁脚；3—留洞 60×60×100

第五节　涂饰工程

一、建筑涂料施工

1. 工艺流程

建筑涂料施工工艺流程，如图 11-19 所示。

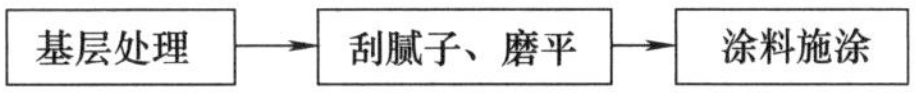

基层处理 → 刮腻子、磨平 → 涂料施涂

图 11-19　建筑涂料施工工艺流程

2. 施工要点

（1）基层处理

① 混凝土及砂浆的基层处理。为保证涂膜能与基层牢固黏结在一起，基层表面必须干净、坚实，无酥松、脱皮、起壳、粉化等现象，基层表面的泥土、灰尘、污垢、黏附的砂浆等应清扫干净，酥松的表面应铲除。为保证基层表面平整，缺棱掉角处应用 1∶3 水泥砂浆（或聚合物水泥砂浆）修补，表面的麻面、缝隙及凹陷处应用腻子填补修平。

② 木材与金属基层的处理。为保证涂抹与基层粘接牢固，木材表面的灰尘、污垢和金属表面的油渍、鳞皮、锈斑、焊渣、毛刺等必须清除干净。木料表面的裂缝等在清理和修整后应用石膏腻子填补密实、刮平收净，用砂纸磨光以使表面平整。木材基层缺陷处理好后表面上应做打底子处理，使基层表面具有均匀吸收涂料的性能，以保证面层的色泽均匀一致。金属表面应刷防锈漆，涂料施涂前被涂物件的表面必须干燥，以免水分蒸发造成涂膜起泡，一般木材含水率不得大于 12%，金属表面不得有湿气。

（2）刮腻子与磨平

涂膜对光线的反射比较均匀，因而在一般情况下不易觉察的基层表面细小的凹凸不平和砂眼，在涂刷涂料后由于光影作用都将显现出来，影响美观。所以基层必须刮腻子数遍予以找平，并在每遍所刮腻子干燥后用砂纸打磨，保证基层表面平整光滑。需要刮腻子的遍数，视涂饰工程的质量等级、基层表面的平整度和所用的涂料品种而定。

（3）涂料的施涂

① 一般规定。涂料在施涂前及施涂过程中，必须充分搅拌均匀，用于同一表面的涂料，应注意保证颜色一致。涂料黏度应调整合适，使其在施涂时不流坠、不显刷纹，如需稀释应用该种涂料所规定的稀释剂稀释。涂料的施涂遍数应根据涂料工程的质量等级而定。施涂溶剂型涂料时，后一遍涂料必须在前一遍涂料干燥后进行；施涂乳液型和水溶性涂料时后一遍涂料必须在前一遍涂料表干后进行。每一遍涂料不宜施涂过厚，应施涂均匀，各层必须结合

牢固。

② 施涂基本方法。涂料的施涂方法有刷涂、滚涂、刮涂、弹涂和喷涂等。

a. 刷涂。它是用油漆刷、排笔等将涂料刷涂在物体表面上的一种施工方法。此法操作方便，适应性广，除极少数流平性较差或干燥太快的涂料不宜采用外，大部分薄涂料或云母片状厚质涂料均可采用。刷涂顺序是先左后右、先上后下、先难后易。

b. 滚涂。它是利用滚筒（或称辊筒、涂料辊）蘸取涂料并将其涂布到物体表面上的一种施工方法。滚筒表面有的是粘贴合成纤维长毛绒，也有的是粘贴橡胶（称之为橡胶压辊），当绒面压花滚筒或橡胶压花压辊表面为凸出的花纹图案时，即可在涂层上滚压出相应的花纹。

c. 刮涂。它是利用刮板将涂料厚浆均匀地批刮于饰涂面上，形成厚度为 $1\sim2mm$ 的厚涂层，常用于地面厚层涂料的施涂。

d. 弹涂。它是利用弹涂器通过转动的弹棒将涂料以圆点形状弹到被涂面上的一种施工方法。若分数次弹涂，每次用不同颜色的涂料，被涂面由不同色点的涂料装饰，相互衬托，可使饰面增加装饰效果。

e. 喷涂。它是利用压力或压缩空气将涂料涂布于物体表面的一种施工方法。涂料在高速喷射的空气流带动下，呈雾状小液滴喷到基层表面上形成涂层。喷涂的涂层较均匀，颜色也较均匀，施工效率高，适用于大面积施工。可使用各种涂料进行喷涂，尤其是外墙涂料用得较多。

二、油漆施工

油漆是一种胶体溶液，主要由胶黏剂、溶剂（稀释剂）及颜料和其他填充料或辅助材料（如催干剂、增塑剂、固化剂）等组成。胶黏剂常用桐油、梓油和亚麻仁油及树脂等，是硬化后生成漆膜的主要成分。颜料除使涂料具有色彩外，尚能起充填作用，能提高漆膜的密实度，减小收缩，改善漆膜的耐水性和稳定性。溶剂为稀释油漆涂料用，常用的有松香水、酒精及溶剂油（代松香水用），溶剂的掺量过多，会使油漆的光泽不耐久。如需加速油漆的干燥，可加入少量的催干剂，但如掺加太多会使漆膜变黄、发软或破裂。

1. 油漆种类

常用的油漆主要有清油、调和漆、清漆、聚醋酸乙烯乳胶漆和厚漆等，如图 11-20 所示。

2. 工艺流程

油漆施工工艺流程，如图 11-21 所示。

3. 施工要点

（1）基层处理

木材表面应清除钉子、油污等，除去松动节疤及脂囊，裂缝和凹陷处均应用腻子填补，用砂纸磨光。金属表面应清除一切鳞皮、锈斑和油渍等。基体如为混凝土和抹灰层，含水率均不得大于 8%。新抹灰的灰泥表面应仔细除去粉质浮粒。为使灰泥表面硬化，尚可采用氟硅酸镁溶液进行多次涂刷处理。

（2）打底子和抹腻子

打底子的目的是使基层表面有均匀吸收色料的能力，以保证整个油漆面的色泽均匀一致。腻子是由涂料、填料（石膏粉、大白粉）、水或松香水等拌制成的膏状物。抹腻子的目的是使表面平整。对于高级油漆需在基层上全面抹一层腻子，待其干后用砂纸打磨，然后再

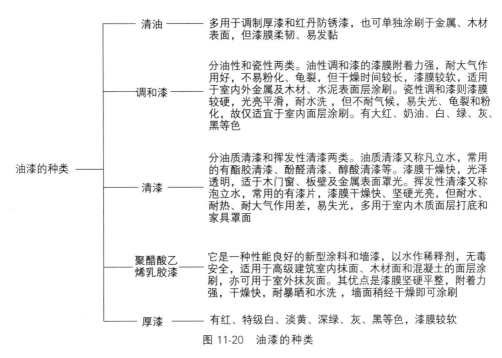

图 11-20　油漆的种类

满抹腻子，再打磨，磨至表面平整光滑为止。有时还要和涂刷油漆交替进行。所用腻子，应按基层、底漆和面漆的性质配套选用。

图 11-21　油漆施工工艺流程

（3）涂刷油漆

涂刷油漆木料表面涂刷混色油漆，按操作工序和质量要求分为普通、中级、高级三级。金属面涂刷也分三级，但多采用普通或中级油漆，混凝土和抹灰表面涂刷只分为中级、高级二级。油漆涂刷方法有刷涂、喷涂、擦涂、揩涂及滚涂等。方法的选用与涂料有关，应根据涂料能适应的涂漆方式和现有设备来选定。

① 刷除法。刷涂法是用鬃刷蘸油漆涂刷在表面上，其设备简单、操作方便，但工效低，不适于快干和扩散性不良的油漆施工。

② 喷涂法。喷涂法是用喷雾器或喷浆机将油漆喷射在物体表面上。一次不能喷得过厚，要分几次喷涂，要求喷嘴移动均匀。喷涂法的优点是工效高，漆膜分散均匀，平整光滑，干燥快。缺点是油漆消耗大，需要喷枪和空气压缩机等设备，施工时还要有通风、防火、防爆等安全措施。

③ 擦涂法。擦涂法是用棉花团外包纱布蘸油漆在物面上擦涂，待漆膜稍干后再连续转圈揩擦多遍，直到均匀擦亮为止。此法漆膜光亮、质量好，但效率低。

④ 揩涂法。揩涂法仅用于生漆涂刷施工，是用布或丝团浸油漆在物体表面上来回左右滚动，反复搓揩达到漆膜均匀一致。

⑤ 滚涂法。滚涂法是用羊皮、橡皮或其他吸附材料制成的滚筒滚上油漆后，再滚涂于物面上。适用于墙面滚花涂刷，可用较稠的油漆涂料，漆膜均匀。

在涂刷油漆时，后一遍油漆必须在前一遍油漆干燥后进行。每遍油漆都应涂刷均匀，各层必须结合牢固，干燥得当，以使漆膜均匀而密实。如果干燥不当，会造成涂层起皱、发黏、麻点、针孔、失光、泛白等弊病。

一般油漆工程施工时的环境温度不宜低于 10℃，相对湿度不宜大于 60%。当遇有大风、雨、雾情况时，不可施工。

第六节　建筑装饰装修工程常见问题

一、天然石材泛碱现象的处理

天然石材泛碱现象严重影响建筑物室内外石材的装饰效果，因此，在天然石材安装前，可以对石材饰面采用"防碱背涂处理剂"的方法进行背涂处理，具体处理方法如下。

① 清理饰面石材板，用毛刷清扫石材表面的尘土，用干净的棉丝将石材装饰板背面和侧边擦拭干净。

② 开启石材处理剂的容器，将其搅拌均匀后倒入塑料小桶内，接着用毛刷在饰面石材板的背面和侧边涂布处理剂。涂饰时，应当注意不得将石材处理剂涂布或流淌到饰面石材板的正面，如果不小心污染了饰面石材板的正面，应及时用棉丝反复擦拭干净，不得留下任何痕迹。

③ 第一遍石材处理剂的干燥时间一般需要 20 分钟左右，干燥时间的长短主要取决于环境的温度与湿度，待第一遍石材处理剂干燥后，方可涂布第二遍石材处理剂。

④ 涂布时应注意：避免出现气泡和漏刷现象，在石材处理剂未干燥前，应防止尘土等杂物被风吹到石材表面上，当气温在 5℃ 以下或阴雨天应当暂停施工，已处理的饰面石材板在现场如有切割时，应及时在切割处涂刷石材处理剂。

二、花岗石饰面板接缝出现漏浆现象的处理

花岗石饰面板接缝处漏出水泥浆液，会污染饰面板的表面，对建筑物外观有较大影响，可以采取下列措施进行预防。

① 用垫楔调整接缝宽度，尽量保持缝宽一致。

② 灌浆时可先在竖缝内填塞 15～20mm 深的麻丝或沿接缝表面封石膏浆，待砂浆硬化后取出，再进行嵌缝。

三、大理石墙面板块出现接缝高低不平等现象的处理

防治大理石墙面板块出现接缝高低不平、板面纹理不顺、色泽不匀现象的措施如下。

① 对于偏差较大的基层应当事先剔平或修补，清扫并浇水湿润。

② 安装大理石饰面板前，基层应弹出水平和垂直控制线。

③ 大理石饰面板安装前，应事先剔选，凡有缺楞、掉角、裂纹和局部污染的板材均应剔除，并进行套方检验。对于规格尺寸有偏差的，应进行磨边修正，外露边口应磨光，并按照色泽、纹理进行试拼，然后由下至上进行编号。

④ 对号镶贴。小规格块材可以采用粘贴法，大规格块材（边长大于 400mm）应用挂片安装方法，一般应按设计要求与结构埋件连接牢固，每块板材其上下边打孔数量各不少于 2 个，当板宽大于 700mm 时，其上下边均不得少于 2 个固定点。

⑤ 用配合比为 1：2.5（水泥：砂子）的水泥砂浆分层灌筑，其砂浆稠度为 8～12cm，每次灌筑不宜过高，第一层灌筑高宜为 15cm，且不超过板高的 1/3，动作要轻，慢慢倒入板内缝中，待砂浆初凝时（过 1～2 小时），检查板块有否移动错位，如果有移动，则应返工重新安装，第二层灌筑到板高的 1/2 处，第三层灌筑应低于板口 5cm，作为上皮板材安装时的结合层。待上层砂浆终凝后，方可将上口固定木楔抽出，清理上口，然后进行第二块板安装。

⑥ 每天工作完成后应及时清理板面，不准水泥浆污染板面。

第十二章 ▶▶
建筑工程施工现场管理

第一节　施工现场安全管理

一、施工现场安全管理基本要求

施工现场安全基本要求的制定是为了保障安全、保障效率以及工程质量。

电梯口安全防护栏

扫码观看视频

① 应确保员工严格遵守个人防护装备穿戴制度和规定，在施工区域内活动都应穿戴好适应工作场所环境的个人防护装备（安全帽、安全带、防护眼镜、工作服、工作鞋、耳塞等）。

② 在工作时，每个人都应将工作服穿戴整齐。不允许佩戴戒指、项链、头饰、耳坠或其他宽松的珠宝首饰和手表等，因其有可能对员工造成危害。

③ 在施工现场，除指定的"吸烟区"可以吸烟外，其他场所严禁吸烟。

④ 所有人员都应遵守施工现场内的各种标志要求。

⑤ 施工人员在施工过程中，必须严格执行国家及本公司、项目部的安全法规和制度，搞好职业健康安全，文明施工，做到工完料净场地清。

二、安全管理保证项目的检查评定

安全管理保证项目的检查评定应符合下列规定。

（1）安全生产责任制

① 工程项目部应建立以项目经理为第一责任人的各级管理人员安全生产责任制；

② 安全生产责任制应经责任人签字确认；

③ 工程项目部应有各工种安全技术操作规程；

④ 工程项目部应按规定配备专职安全员；

⑤ 对实行经济承包的工程项目，承包合同中应有安全生产考核指标；

⑥ 工程项目部应制定安全生产资金保障制度；

⑦ 按安全生产资金保障制度，应编制安全资金使用计划，并应按计划实施；

⑧ 工程项目部应制定以伤亡事故控制、现场安全达标、文明施工为主要内容的安全生产管理目标；

⑨ 按安全生产管理目标和项目管理人员的安全生产责任制，应进行安全生产责任目标分解；

⑩ 应建立对安全生产责任制和责任目标的考核制度；

⑪ 按考核制度，应对项目管理人员定期进行考核。

（2）施工组织设计及专项施工方案

① 工程项目部在施工前应编制施工组织设计，施工组织设计应针对工程特点、施工工艺制定安全技术措施；

② 危险性较大的分部分项工程应按规定编制安全专项施工方案，专项施工方案应有针对性，并按有关规定进行设计计算；

③ 超过一定规模危险性较大的分部分项工程，施工单位应组织专家对专项施工方案进行论证；

④ 施工组织设计、专项施工方案，应由有关部门审核，施工单位技术负责人、监理单位项目总监批准；

⑤ 工程项目部应按施工组织设计、专项施工方案组织实施。

（3）安全技术交底

① 施工负责人在分派生产任务时，应对相关管理人员、施工作业人员进行书面安全技术交底；

② 安全技术交底应按施工工序、施工部位、施工栋号分部分项进行；

③ 安全技术交底应结合施工作业场所状况、特点、工序，对危险因素、施工方案、规范标准、操作规程和应急措施进行交底；

④ 安全技术交底应由交底人、被交底人、专职安全员进行签字确认。

（4）安全检查

① 工程项目部应建立安全检查制度；

② 安全检查应由项目负责人组织，专职安全员及相关专业人员参加，定期进行并填写检查记录；

③ 对检查中发现的事故隐患应下达隐患整改通知单，定人、定时间、定措施进行整改。重大事故隐患整改后，应由相关部门组织复查。

（5）安全教育

① 工程项目部应建立安全教育培训制度；

② 当施工人员入场时，工程项目部应组织进行以国家安全法律法规、企业安全制度、施工现场安全管理规定及各工种安全技术操作规程为主要内容的三级安全教育培训和考核；

③ 当施工人员变换工种或采用新技术、新工艺、新设备、新材料施工时，应进行安全教育培训；

④ 施工管理人员、专职安全员每年度应进行安全教育培训和考核。

（6）应急救援

① 工程项目部应针对工程特点，进行重大危险源的辨识；应制定防触电、防坍塌、防高处坠落、防起重及机械伤害、防火灾、防物体打击等主要内容的专项应急救援预案，并对施工现场易发生重大安全事故的部位、环节进行监控；

② 施工现场应建立应急救援组织，培训、配备应急救援人员，定期组织员工进行应急救援演练；

③ 按应急救援预案要求，应配备应急救援器材和设备。

三、安全管理一般项目的检查评定

安全管理一般项目的检查评定应符合下列规定。

施工现场
安全通道

扫码观看视频

（1）分包单位安全管理

① 总包单位应对承揽分包工程的分包单位进行资质、安全生产许可证和相关人员安全生产资格的审查；

② 当总包单位与分包单位签订分包合同时，应签订安全生产协议书，明确双方的安全责任；

③ 分包单位应按规定建立安全机构，配备专职安全员。

（2）持证上岗

① 从事建筑施工的项目经理、专职安全员和特种作业人员，必须经行业主管部门培训考核合格，取得相应资格证书，方可上岗作业；

② 项目经理、专职安全员和特种作业人员应持证上岗。

（3）生产安全事故处理

① 当施工现场发生生产安全事故时，施工单位应按规定及时报告；

② 施工单位应按规定对生产安全事故进行调查分析，制定防范措施；

③ 应依法为施工作业人员办理保险。

（4）安全标志

① 施工现场入口处及主要施工区域、危险部位应设置相应的安全警示标志牌；

② 施工现场应绘制安全标志布置图；

③ 应根据工程部位和现场设施的变化，调整安全标志牌设置；

④ 施工现场应设置重大危险源公示牌。

第二节　施工现场消防安全管理

一、建筑工地存在的消防安全问题

① 消防安全责任不落实，意识淡薄。许多施工单位重视施工进度、施工质量，就是不重视消防安全，未落实消防安全责任制，未制定各项消防安全管理制度，有的施工单位多层转包或转包给多个施工队伍，造成工地消防安全管理脱节，致使制定了消防安全措施也无法贯彻落实。

② 易燃可燃材料多。施工工地的特点是现场可燃易燃物多，施工现场存放和使用大量油毡、木材、油漆、塑料制品及装饰、装修材料等易燃品。有些工地由于受到场地的制约，房屋、棚屋之间，建筑材料之间缺乏必要的防火间距，甚至有些材料堆垛堵塞了消防通道，一旦发生火灾，势必造成极大的损失。

③ 在施工过程中用火多，极易引起火灾。现在大型工地各种设备多、施工技术复杂，现场通常布满大量的金属骨架、框架、支架、吊架以及各种管道、线管，而它们之间的连接一般都靠电焊施工。由于高层建筑中的框骨架施工和设备安装及工程装修中的电焊火花飞溅、散落，加上有的电焊施工无证上岗或不遵守消防安全操作规程。电焊火花很容易引燃施工现场的各种可燃材料造成火灾。

④ 施工工地临时线路多，容易跑电。现代化的施工，使电刨、电锯等各种电气设备在施工中广泛使用。临时性的电气线路纵横交错，容易跑电或漏电，导致电火花引燃物品形成火灾。

⑤ 职工宿舍大多是简易可燃临时用房，屋内人员密集，衣物、被子等可燃较多，乱拉电线现象较多，尤其到了冬季，室内使用电暖器、电褥子取暖，用电炉子做饭等，在用火用电方面稍有不慎就会引起火灾。

⑥ 消防设施存在不足。施工场地大多采用临时水源，水压存在严重不足，且未设置消防水池，尤其是可燃建筑材料附近，一旦发生火灾，扑救火灾最基本的水源问题都解决不了。配置灭火器，是扑救初期火灾的一个有效办法，但就有些施工单位只讲究经济利益，不重视消防安全，不舍得在消防方面投资，尤其是一些室内装修工程，在现场不配置灭火器或配置数量不足。有些施工现场配置了灭火器，但是型号不对。有些施工单位为防止灭火器丢失、损坏，不是锁起来就是固定在某个位置，致使发生火灾时，不能及时使用灭火器材。

⑦ 消防知识缺乏，自防自救能力差。施工单位强调的只是施工速度，施工质量，对消防安全的强调较少，未举办过消防培训班，同时大多施工人员自我消防安全意识淡薄，消防知识了解甚少，一旦发生火灾，自防自救能力差。

二、消防安全采取的措施

1. 建立健全消防安全规章制度，逐级落实安全责任

要按照《机关、团体、企事业单位消防安全管理规定》，确定法人代表或主要负责人为本单位的消防安全责任人，负责本单位的消防工作，再按照分级管理原则，把防火责任切实落实到各个施工单位的具体责任人，确保每个环节不失控漏管，要建立健全各项有效的规章制度，可把防火责任与经济利益挂钩，与年终考核结合，实行奖惩制度，全面提高对消防安全重要性的认识。平时加强监督、检查，尽可能做到隐患早发现，措施早制定，设施早到位，保证已有的各种防火措施真正落到实处。

2. 严格施工管理，加强防火措施

在施工现场，要时刻绷紧安全意识这根弦，尤其是在重点部位用火用电时。施工中必须严禁擅自明火。施工现场要严禁吸烟，严格禁止擅自运用各种形式的明火。因施工必要时，必须事先向现场主管部门申请并办理必要的动火手续，在确保安全的前提下方可进行明火作业。同时要加强临时用电管理，采用合格电线，线路合理，电线不要铺设在可燃物上面，严禁乱接乱拉用电，尽量不用老化电线，避免电气起火。

3. 合理布置现场

针对建筑施工中的火险特点，在进行施工组织时，对施工现场的平面布局进行合理规划，设置消防通道，办公区生活区建筑要设置一定的防火间距，划分明确的用火区，易燃、可燃材料要集中堆放，留出必要的防火间距，存放易燃、可燃材料的仓库要作为防火检查的重点部位，加强日常管理。

4. 配全灭火器材，提供消防水源

建筑施工现场重点防火部位，（电气焊工作点、办公室、食堂、仓库等）要配备齐全且符合要求的灭火器材，可配置适当数量的临时手提式灭火器，消防水桶、消防沙袋等。各种消防器材一定要放在明显和方便提取的位置并作"消防用品，不得挪用"的明显标志，临时用水不能满足消防要求的，在附近应设置消防水池，以便发生火灾时能及时就近取水灭火。

5. 加强宿舍管理

宿舍内严禁乱拉乱扯电线，采用电炉子做饭，使用电暖器要注意周围近距离内不要放置可燃物，无人时要关闭电源，使用电褥子时，首先要购买合格产品，防止使用时漏电，无人时不要开通电源，防止温度过高引燃褥子、被子等可燃物。

6. 加强安全教育

施工单位要重视日常的安全教育，开展消防安全培训，可利用黑板报、墙报、宣传栏，

介绍一些消防知识、火灾案例，有条件的施工单位，还可组织职工进行灭火演习，从而提高职工的消防安全意识和自防自救能力。

第三节 施工现场临时用电安全管理

一、编制临时用电组织设计

临时用电工程必须经编制、审核、批准部门和使用单位共同验收，合格后方可投入使用。施工现场临时用电组织设计应包括下列内容。

① 现场勘测。

② 确定电源进线、变电所或配电室、配电装置、用电设备位置及线路走向。

③ 进行负荷计算。

④ 选择变压器。

⑤ 设计配电系统：

a. 设计配电线路，选择导线或电缆；

b. 设计配电装置，选择电器；

c. 设计接地装置；

d. 绘制临时用电工程图纸，主要包括用电工程总平面图、配电装置布置图、配电系统接线图、接地装置设计图。

⑥ 设计防雷装置。

⑦ 确定防护措施。

⑧ 制定安全用电措施和电气防火措施。

临时用电组织设计及变更时，必须履行"编制、审核、批准"程序，由电气工程技术人员组织编制，经相关部门审核及具有法人资格企业的技术负责人批准后实施。变更用电组织设计时应补充有关图纸资料。

二、电工及用电人员管理

电工必须经过按国家现行标准考核合格后，持证上岗工作；其他用电人员必须通过相关安全教育培训和技术交底，考核合格后方可上岗工作。

各类用电人员应掌握安全用电基本知识和所用设备的性能，并应符合下列规定：

① 使用电气设备前必须按规定穿戴和配备好相应的劳动防护用品，并应检查电气装置和保护设施，严禁设备带"缺陷"运转；

② 保管和维护所用设备，发现问题及时报告解决；

③ 暂时停用设备的开关箱必须分断电源隔离开关，并应关门上锁；

④ 移动电气设备时，必须经电工切断电源并做妥善处理后进行。

三、编制安全技术档案

安全技术档案应由主管该现场的电气技术人员负责建立与管理。其中"电工安装、巡检、维修、拆除工作记录"可指定电工代管，每周由项目经理审核认可，并应在临时用电工程拆除后统一归档。

施工现场临时用电安全技术档案应包括下列内容：

① 用电组织设计的全部资料；

② 修改用电组织设计的资料；

③ 用电技术交底资料；

④ 用电工程检查验收表；

⑤ 电气设备的试、检验凭单和调试记录；

⑥ 接地电阻、绝缘电阻和漏电保护器漏电动作参数测定记录表；

⑦ 定期检（复）查表；

⑧ 电工安装、巡检、维修、拆除工作记录。

第四节　施工现场安全事故的处理

一、常见职工伤亡事故类型及处理

1. 事故处理程序

伤亡事故处理的程序一般如图 12-1 所示。

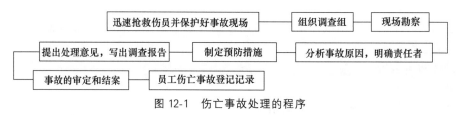

图 12-1　伤亡事故处理的程序

2. 事故处理结案

事故处理结案后需保存的资料，如图 12-2 所示。

二、工程重大事故的分级、报告和调查

1. 重大事故的分级

重大事故的分级如图 12-3 所示。

2. 重大事故的报告

（1）事故报告程序

① 重大事故发生后，事故发生单位必须以最快方式，将事故的简要情况向上级主管部门和事故发生地的市、县级建设行政主管部门及检察、劳动（如有人身伤亡）部门报告；事故发生单位属于国务院部委的，应同时向国务院有关主管部门报告。

② 事故发生地的市、县级建设行政主管部门接到报告后，应当立即向人民政府和省、自治区、直辖市建设行政主管部门报告；省、自治区、直辖市建设行政主管部门接到报告后，应当立即向人民政府和建设部报告。

（2）书面报告内容

重大事故发生后，事故发生单位应当在 24 小时内写出书面报告，书面报告应当包括以下内容。

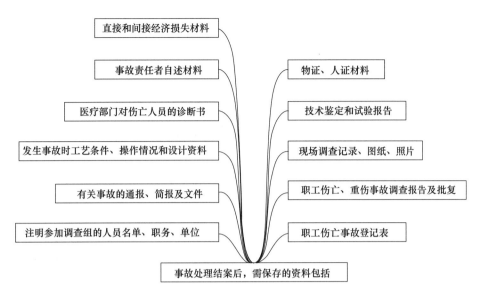

图 12-2　事故处理结案后需保存的资料

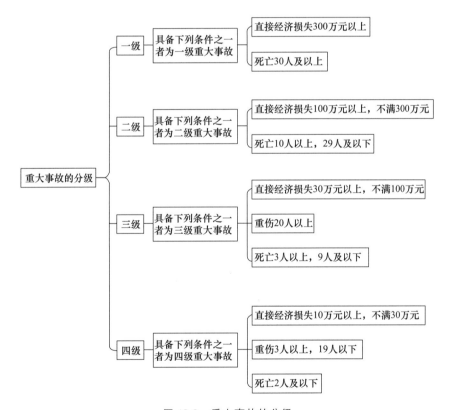

图 12-3　重大事故的分级

① 事故发生的时间、地点、工程项目、企业名称。

② 事故发生的简要经过、伤亡人数和直接经济损失的初步估计。

③ 事故发生原因的初步判断。

④ 事故发生后采取的措施及事故控制情况。

⑤ 事故报告单位。

3. 重大事故的调查

（1）事故调查要求

① 重大事故的调查由事故发生地的市、县级以上建设行政主管部门或国务院有关主管部门组织成立调查组负责进行。

② 一、二级重大事故由省、自治区、直辖市建设行政主管部门提出调查组组成意见，报请人民政府批准；三、四级重大事故由事故发生地的市、县级建设行政主管部门提出调查组组成意见，报请人民政府批准。

事故发生单位属于国务院部委的，由国务院有关主管部门或其授权部门会同当地建设行政主管部门提出调查组组成意见调查组。

（2）人员组成与工作要求

① 调查组由建设行政主管部门、事故发生单位的主管部门和劳动等有关部门的人员组成，并应邀请人民检察机关和工会派员参加。必要时，调查组可以聘请有关方面的专家协助进行技术鉴定、事故分析和财产损失的评估工作。

② 重大事故调查组的职责如下。

a. 组织技术鉴定；

b. 查明事故发生的原因、过程、人员伤亡及财产损失情况；

c. 查明事故的性质、责任单位和主要责任者；

d. 提出事故处理意见及防止类似事故再次发生所应采取措施的建议；

e. 提出对事故责任者的处理建议；

f. 写出事故调查报告。

③ 调查组有权向事故发生单位、各有关单位和个人了解事故的有关情况，索取有关资料，任何单位和个人不得拒绝和隐瞒。

④ 任何单位和个人不得以任何方式阻碍、干扰调查组的正常工作。

⑤ 调查组在调查工作结束后 10 天内，应当将调查报告报送批准组成调查组的人民政府和建设行政主管部门以及调查组其他成员部门。经组织调查的部门同意，调查工作即告结束。

⑥ 事故处理完毕后，事故发生单位应当尽快写出详细的事故处理报告，按程序逐级上报。

第五节　文明施工

一、加强现场文明施工的管理

1. 建立文明施工的管理组织

应确立项目经理为现场文明施工的第一责任人，以各专业工程师、施工质量、安全、材料、保卫等现场项目经理部人员为成员的施工现场文明管理组织，共同负责本工程现场文明施工工作。

2. 健全文明施工的管理制度

包括建立各级文明施工岗位责任制、将文明施工工作考核列入经济责任制，建立定期的检查制度，实行自检、互检、交接检制度，建立奖惩制度，开展文明施工立功竞赛，加强文明施工教育培训等。

二、落实现场文明施工的各项管理措施

1. 施工平面布置

施工总平面图是现场管理、实现文明施工的依据。施工总平面图应对施工机械设备、材料和构配件的堆场、现场加工场地，以及现场临时运输道路、临时供水供电线路和其他临时设施进行合理布置，并随工程实施的不同阶段进行场地布置和调整。

2. 现场围挡、标牌

① 施工现场必须实行封闭管理，设置进出口大门，制定门卫制度，严格执行外来人员进场登记制度。沿工地四周连续设置围挡，市区主要路段和其他涉及市容景观路段的工地设置围挡的高度不低于 2.5m，其他工地的围挡高度不低于 1.8m，围挡材料要求坚固、稳定、统一、整洁、美观。

② 施工现场必须设有"五牌一图"，即工程概况牌、管理人员名单及监督电话牌、消防保卫（防火责任）牌、安全生产牌、文明施工牌和施工现场总平面图。

③ 施工现场应合理悬挂安全生产宣传和警示牌，标牌悬挂牢固可靠，特别是主要施工部位、作业点和危险区域以及主要通道口都必须有针对性地悬挂醒目的安全警示牌。

3. 施工场地

① 施工现场应积极推行硬地坪施工，作业区、生活区主干道地面必须用一定厚度的混凝土硬化，场内其他道路地面也应硬化处理。

② 施工现场道路畅通、平坦、整洁，无散落物。

③ 施工现场设置排水系统，排水畅通，不积水。

④ 严禁泥浆、污水、废水外流或未经允许排入河道，严禁堵塞下水道和排水河道。

⑤ 施工现场适当地方设置吸烟处，作业区内禁止随意吸烟。

⑥ 积极美化施工现场环境，根据季节变化，适当进行绿化布置。

4. 材料堆放、周转设备管理

① 建筑材料、构配件、料具必须按施工现场总平面布置图堆放，布置合理。

② 建筑材料、构配件及其他料具等必须做到安全、整齐堆放（存放），不得超高。堆料分门别类，悬挂标牌，标牌应统一制作，标明名称、品种、规格数量等。

③ 建立材料收发管理制度，仓库、工具间材料堆放整齐，易燃易爆物品分类堆放，专人负责，确保安全。

④ 施工现场建立清扫制度，落实到人，做到工完料尽场地清，车辆进出场应有防泥带出措施。建筑垃圾及时清运，临时存放现场的也应集中堆放整齐、悬挂标牌。不用的施工机具和设备应及时出场。

⑤ 施工设施、大模板、砖夹等，集中堆放整齐，大模板成对放稳，角度正确。钢模及零配件、脚手扣件分类分规格，集中存放。竹木杂料，分类堆放、规则成方，不散不乱，不作他用。

5. 现场生活设施

① 施工现场作业区与办公、生活区必须明显划分，确因场地狭窄不能划分的，要有可靠的隔离栏防护措施。

② 宿舍内应确保主体结构安全，设施完好。宿舍周围环境应保持整洁、安全。

③ 宿舍内应有保暖、消暑、防煤气中毒、防蚊虫叮咬等措施。严禁使用煤气灶、煤油

炉、电饭煲、热得快、电炒锅、电炉等器具。

④ 食堂应有良好的通风和洁卫措施，保持卫生整洁，炊事员持健康证上岗。

⑤ 建立现场卫生责任制，设卫生保洁员。

⑥ 施工现场应设固定的男、女简易淋浴室和厕所，并要保证结构稳定、牢固和防风雨。并实行专人管理、及时清扫，保持整洁，要有灭蚊蝇防滋生措施。

三、建立检查考核制度

对于建设工程文明施工，国家和各地大多制定了标准或规定，也有比较成熟的经验。在实际工作中，项目应结合相关标准和规定建立文明施工考核制度，推进各项文明施工措施的落实。

四、抓好文明施工建设工作

① 建立宣传教育制度。现场宣传安全生产、文明施工、国家大事、社会形势、企业精神、优秀事迹等。

② 坚持以人为本，加强管理人员和班组文明建设。教育职工遵纪守法，提高企业整体管理水平和文明素质。

③ 主动与有关单位配合，积极开展共建文明活动，树立企业良好的社会形象。

第六节 冬、雨季施工

一、冬季施工

1. 一般规定

① 施工组织设计中应明确冬季施工安全技术措施，并在施工中严格执行。

② 加强作业人员冬季劳动保护，做好冬季施工安全技术交底，落实防滑、防冻、防火、防中毒、防坍塌等措施。

2. 安全防护设施

① 脚手架、作业平台应铺设防滑条、防滑垫等防滑设施。

② 施工便道、便桥、临时码头、作业船舶等应铺设防滑材料。

③ 冬季施工时，应备好保温用的厚毡毯、塑料薄膜、防雨帆布、保温棉等材料。

④ 应在施工便道陡坡、急弯路段和施工作业场所设置醒目的防滑警示牌。

3. 安全管理要点

① 冬季施工须加强消防、易燃易爆危险品、防中毒等管理，并做好日常巡查检查。

② 电闸箱、电焊机、变压器和电动工具、电线等应远离保温物资，避免线路打火引发火灾。

③ 工地临时用水管应用保温材料进行包裹，防止结冰冻裂。

④ 所有在用的施工机械设备应结合例行保养进行一次换季保养，换用适合冬季低温的燃油、润滑油、液压油、防冻液和蓄电池等。对于长期停用的机械设备，应放净设备和容器内的存水，并逐台检查做好记录，对于正常使用的机械设备，工作结束停机后要将设备内的存水放净。

⑤ 雪后应立即对所有用电设备、线路进行全面检查，发现问题立即处理，配电箱、电器设备等应停电后处理潮湿部位，使其干燥恢复绝缘后，经摇测绝缘电阻达到合格后再进行送电作业。

⑥ 大风雪前须及时将露天放置的配电箱、开关箱、电焊机、切割机、钢筋加工机械等设备设置防风雪防潮设施，防止雪水进入箱内、电器设备内，造成危险。

⑦ 雨雪天气应及时清除施工工棚、作业平台等设施上积雪、冰块，必要时进行加固处理。施工作业前，应清除作业平台、上下通道等设施的积雪、冰块。

⑧ 霜雪过后，应对使用的临时支架和临边防护设施进行检查。

⑨ 施工车辆在严重冰雪路面行车须加装防滑链，行进中应保持安全行车距离，降低车速，防止发生追尾事故。

二、雨季施工

1. 一般规定

① 施工组织设计中应明确雨季施工安全技术措施和应急措施，并在施工中严格执行。需做好防洪防汛的单位，应编制相应的应急预案，并经相关部门批准。

② 应成立防汛应急组织机构，落实雨季施工安全值班制度，准备充足的应急物资，加强现场巡查。

③ 应与气象、防汛等部门建立防汛联动机制，及时掌握气象、水文等信息。

2. 安全防护设施

① 雨季施工所需要的各种物资、材料都要有一定的库存量，库房要做要保管和防潮工作，确保雨季的物资供应，储备必要的抗洪抢险物资（编织袋、防雨棚、彩条布、铁锹及必要的雨具）。

② 在雨季来临之前，对机电设备的电闸箱要采取防雨、防潮措施，并严格按照规范要求安装接地保护装置。同时要备足抗洪用的抽水机、泥浆泵等设备。

③ 脚手板、作业平台应采取防滑措施，人行道、上下坡应挖设步梯或铺砂。露天作业机具应设置防雨设施。

④ 应在施工便道陡坡、急弯路段设置醒目的防滑警示牌，并设置必要的防滑措施。

3. 安全管理要点

① 加强汛期雨季安全巡查，加强对现场作业人员的教育管理，当达到汛情预警值条件时，立即启动应急救援预案。

② 雨季前应做好傍山施工现场边缘的危石处理，清除浮石，防止滑坡、坍方威胁工地。

③ 雨季施工期间，应疏通施工现场排水系统，保证水流畅通，不积水。在河道、河滩上进行施工的单位，应及时疏通河道、沟渠，确保行洪面，不得在河道、河滩或可能引发山洪泥石流的山体、山坡上设置施工棚，夜间不得留宿值班人员。

④ 大雨后作业，应当检查塔吊的基础、塔身的垂直度、缆风绳和附着结构，以及安全保险装置并先试吊，确认无异常方可作业。对龙门吊还应对轨道基础进行全面检查，检查轨距偏差、轨顶倾斜度、轨道基础沉降、钢轨平直度和轨道通过性能等。

⑤ 高处作业时，应完善作业场所的防滑措施，加强对安全带、安全网的检查。

参 考 文 献

［1］ 北京土木建筑学会. 施工员必读［M］. 北京：中国电力出版社，2013.

［2］ 本书编委会. 施工员一本通：第 2 版［M］. 北京：中国建材工业出版社，2013.

［3］ 刘鑫，张颂娟. 土建施工员应知应会［M］. 北京：机械工业出版社，2017.

［4］ 李燕. 施工员上岗必修课［M］. 北京：机械工业出版社，2016.

［5］ 潘旺林，杨发青. 建筑施工员一本通：第 2 版［M］. 合肥：安徽科学技术出版社，2019.

［6］ 双全. 施工员：第 3 版［M］. 北京：机械工业出版社，2015.

［7］ 袁磊. 施工员必读：第 2 版［M］. 北京：中国电力出版社，2017.